"十二五"普通高等教育本科国家级规划教材

材料力学 II

第 6 版

刘鸿文　主编

刘鸿文　林建兴　曹曼玲　编著

王惠明　修订

U0322702

高等教育出版社·北京

内容提要

本教材是"十二五"普通高等教育本科国家级规划教材。 本教材自1979年第1版出版以来,一直受到广大教师和学生的好评,是高校机械类各专业材料力学课程广泛采用的教材。 第2版于1988年获国家优秀教材奖;第3版于1997年获国家科学技术进步二等奖和高等教育国家级教学成果一等奖;第4版于2007年获第七届全国高校出版社优秀畅销书一等奖。 本教材第6版在保持原有风格和特色的基础上,对原有内容作了小部分修订,配备了二维码视频链接。

本教材由《材料力学 I 》和《材料力学 II 》组成,共分18章。 第 I 册为材料力学课程的基本内容,包括:绪论、拉伸、压缩与剪切、扭转、弯曲内力、弯曲应力、弯曲变形、应力和应变分析、强度理论、组合变形、压杆稳定以及平面图形的几何性质等。 第 II 册为材料力学课程较深入的内容,包括:动载荷、交变应力、弯曲的几个补充问题、能量方法、超静定结构、平面曲杆、厚壁圆筒和旋转圆盘、矩阵位移法、杆件的塑形变形等。

本教材可作为高等学校本科机械类各专业材料力学课程的教材。

刘鸿文主编的《材料力学实验》(第4版)可与本教材配套使用。 与本教材配套的《材料力学学习指导书》,可供使用本教材的学生复习、解题及教师备课时使用。

图书在版编目(CIP)数据

材料力学. II / 刘鸿文主编. ——6版. ——北京:高等教育出版社,2017.7(2022.2 重印)
  ISBN 978-7-04-047976-8

Ⅰ.①材… Ⅱ.①刘… Ⅲ.①材料力学—高等学校—教材 Ⅳ.①TB301

中国版本图书馆 CIP 数据核字(2017)第 151244 号

策划编辑	黄 强	责任编辑	黄 强	封面设计	张申申	版式设计	范晓红
插图绘制	杜晓丹	责任校对	刘娟娟	责任印制	赵 振		

出版发行	高等教育出版社	网　址	http://www.hep.edu.cn
社　址	北京市西城区德外大街4号		http://www.hep.com.cn
邮政编码	100120	网上订购	http://www.hepmall.com.cn
印　刷	高教社(天津)印务有限公司		http://www.hepmall.com
开　本	787mm×960mm　1/16		http://www.hepmall.cn
印　张	18	版　次	1979年7月第1版
字　数	320 千字		2017年7月第6版
购书热线	010-58581118	印　次	2022年2月第10次印刷
咨询电话	400-810-0598	定　价	35.80 元

本书如有缺页、倒页、脱页等质量问题,请到所购图书销售部门联系调换

版权所有　侵权必究

物料号　47976-00

材料力学

（第6版）

刘鸿文

1 计算机访问 http://abook.hep.com.cn/1248831，或手机扫描二维码、下载并安装 Abook 应用。

2 注册并登录，进入"我的课程"。

3 输入封底数字课程账号（20位密码，刮开涂层可见），或通过 Abook 应用扫描封底数字课程账号二维码，完成课程绑定。

4 单击"进入课程"按钮，开始本数字课程的学习。

材料力学数字课程是《材料力学》（第6版，刘鸿文）的配套资源。本数字课程涵盖课程教学基本要求、电子教案、Flash动画、视频、解题分析指导、思考题参考答案、典型例题、3D试验机模型等，可作为学生学习及教师教学时参考。

课程绑定后一年为数字课程使用有效期。受硬件限制，部分内容无法在手机端显示，请按提示通过计算机访问学习。

如有使用问题，请发邮件至 abook@hep.com.cn。

扫描二维码
下载 Abook 应用

第 6 版前言

本教材以前 5 版为基础,保持原来的特色和风格,精选的材料力学内容保持不变,同时为了体现材料力学研究内容的与时俱进,适当增加一些新的知识点和内容。主要变动如下:

1. 增加了一些新受关注的概念,如负泊松比、比强度和比模量等。

2. 增加了名义应力和真实应力、名义应变和真实应变的概念。

3. 增加了各向异性和正交各向异性材料的广义胡克定律。

4. 增加了两种材料理想结合组合梁的纯弯曲应力分析。

5. 增加了卡氏第一定理及其在非线性杆件变形研究中的应用。

6. 增加了有关材料力学知识点、实验设备、测试技术和方法、工程应用等方面的视频二维码链接。

另外,对本教材中采用的相关国家标准做了更新,相关内容也进行了修订。

本教材承北京航空航天大学单辉祖教授审阅。单辉祖教授提出了许多宝贵的意见,为提高第 6 版教材的质量作出了贡献,谨此致谢!

限于修订者的水平,书中可能存在疏漏和不当之处,敬请广大师生和读者批评指正。

修订者

2016 年 10 月

第 5 版前言

第 5 版在保持第 4 版原有风格和特色的基础上,仍由《材料力学(Ⅰ)》和《材料力学(Ⅱ)》组成。材料力学课程的基本内容汇集在《材料力学(Ⅰ)》,加宽、加深的内容汇集在《材料力学(Ⅱ)》。对于加宽、加深的内容,各校可根据后续课程或专业需要列为必修或选修。

为了更好地适应教学需要,我们参考了教育部高等学校力学教学指导委员会力学基础课程教学指导分委员会最新制订的"材料力学课程教学基本要求(A类)",研究了不少院校使用本教材的反馈意见,对教材进行了修订。主要有以下几点变化:(1) 将"动载荷"和"交变应力"两章从《材料力学(Ⅰ)》移到《材料力学(Ⅱ)》;(2) 删去了"用奇异函数求弯曲变形"和"有限差分法"两节内容;(3) 为帮助学生深入理解基本概念和基本方法,在多数章末增加了思考题,并对习题做了部分修改;(4) 对少量内容的叙述和全书文字表述进行了斟酌、修改。

第 5 版由本书主编刘鸿文教授委托浙江大学陈乃立教授修订,曹曼玲副教授和林建兴教授复核了全部改动后的习题答案。第 5 版书稿得到了大连理工大学郑芳怀教授认真、细致的审阅,提出了许多宝贵意见,谨致谢意。

恳请批评和指正。

编者

2010 年 6 月

第 4 版前言

第 4 版把材料力学课程中的基本内容汇集为《材料力学（Ⅰ）》；把供选修用的加深内容汇集为《材料力学（Ⅱ）》。在要求较高学时宽裕的情况下，除基本内容外，还可选读部分加深内容。如对《材料力学（Ⅰ）》作适当节删，它也可适用于学时较紧、要求略低的课程。

这次改版，除对第 3 版作了局部改动外，基本上保留了第 3 版的内容和风格。趁改版的机会，还将以前几版沿用的字符改变为当前规定使用的符号。

这本教材虽已使用多年，并经多次修改，但限于编者的水平，疏漏之处恐仍难免，深望广大教师和读者提出批评指正。

编者

2003 年 3 月

第3版前言

本书第2版出版以来已有九年。这期间国家教育委员会工科力学课程教学指导委员会制订了"材料力学课程教学基本要求",并经国家教育委员会批准试行。它就是本书这次修订的依据。

出于有利于教学的愿望,本书修订时对内容作了一些调整,例如把弯曲中几个较深入的问题集中到第七章,以便根据情况选讲或节删。为使论述较为完整和严谨,对部分内容作了修改和补充,例如应力和应变的概念、能量方法、静不定结构等。考虑到本书第2版使用较广,修订后仍然保持了原来的体系和风格。鉴于学时偏紧,第3版注意了内容的精简。但为给教学留有余地,总的说教材内容仍略多于课程的基本要求。

受材料力学课程教学指导小组的委托,哈尔滨建筑工程学院干光瑜同志审阅了书稿,提出很多中肯的意见。使用过本书第2版的广大教师也陆续提出过修改建议。对此我们都非常珍视,谨此致谢。借此机会,还向参加过本书第1版编写工作的陈瀚、吴士艳、金志刚、胡逾、胡增强、倪德耀、龚育宁、宁俊、梁广基、徐雅宜、吕荣坤等同志,深表谢意。

参加第3版修订工作的是刘鸿文、林建兴、曹曼玲等同志。仍由刘鸿文担任主编。浙江大学教务处和材料力学教研室给予了支持。张礼明同志担任描图工作。限于编者的水平,修订后的教材恐仍有疏漏和欠妥之处,深望广大教师和读者批评指正。

编者

1991 年 5 月

第 2 版前言

这本教材的第 1 版是浙江大学等九院校合编的《材料力学》。现在依据一九八〇年审订的 120 学时材料力学教学大纲(草案),作了修订。

修订后的教材,从第一章到第十四章和附录 I,包括了教学大纲中的基本部分。第十五章到第十八章是四个专题。专题和带有 * 号的内容,主要是大纲中列入的专题和大纲中本来就标注 * 号的部分。按照大纲要求,这些都不是必需讲授的内容,教师可以根据实际情况,决定取舍。当前有些院校给材料力学课安排的教学时数,有时不足大纲规定的 120 学时,这就要求教师在巩固基础,有利教学的原则下,对教学内容注意精选,妥善处理。至于教材的前后次序,更可按各自的教学经验作一些更动。例如能量法一章,就可先讲虚功原理,并以此为基础进行讲授。其他章节的次序同样也可作一些变化,不再一一列举。总之,我们恳切希望,这本教材的第 2 版能给教学带来一点方便,但不要束缚了教与学的灵活性。

应材料力学教材编审小组的邀请,重庆大学袁懋昶、上海交通大学金忠谋两同志审查了书稿。材料力学教材编审委员蔡强康同志进行了复审。材料力学教材编审小组组长张福范同志也对原稿作了审阅。他们都分别提出了不少修改意见,对本书的及时定稿起了很大作用。此外,使用本书第 1 版的广大教师,陆续提出过很多修改建议。在本书第 1 版出版后,国内又继续出版了多种材料力学教材,给了我们很好的借鉴。这些对修订工作都起了有益的作用。谨此一并致谢。

参加这次修订工作的是林建兴、曹曼玲、刘鸿文等三同志,仍由刘鸿文担任主编。浙江大学材料力学教研室和材料力学实验室的很多同志给予了支持。张礼明同志担任了描图工作。

限于编者的水平,修订后的教材恐难免还有疏漏和不妥之处。深望广大教师和读者继续提出批评和指正,使本书今后能不断得到改进。

编者
1982 年 7 月

第 1 版前言

本书是根据一九七七年十一月教育部委托召开的高等学校工科力学教材会议讨论的机械类多学时材料力学教材编写大纲编写的。参加编写工作的同志有：西安交通大学陈瀚,陕西机械学院吴士艳,西北工业大学金志刚,华中工学院胡逾,南京工学院胡增强,镇江农机学院倪德耀,华东工程学院龚育宁,上海工业大学宁俊,浙江大学林建兴、曹曼玲、刘鸿文。由刘鸿文负责主编。此外,华中工学院梁广基、镇江农业机械学院徐雅宜、浙江大学吕荣坤等同志也参加了部分编写工作。

1978 年 9 月在杭州为本书初稿召开了审稿会议。会议由上海交通大学金忠谋、夏有为,重庆大学袁懋昶、刘相臣等同志主持。参加会议的有哈尔滨工业大学、东北重型机械学院、清华大学、北京航空学院、天津大学、山东工学院、国防科学技术大学、中南矿冶学院等院校的同志。与会同志对初稿进行了认真的讨论,提出不少修改意见,对本书的定稿工作起了很大作用,谨此致谢。

按照机械类多学时材料力学教材编写大纲的要求,本书一至十五章和附录 I 为基本内容。十六至十八章和其他章节中标有 * 号的部分为选修内容。即使是基本内容,也不一定要全部讲授,教师可根据实际情况作一些必要的取舍。

编写本书时,我们在运用辩证唯物主义阐述材料力学基本规律,贯彻理论联系实际,反映科学技术的最新发展,删繁就简等方面,作过一些努力。但因时间仓促,并限于编者的政治和业务水平,难免还存在不少缺点和不妥之处,希望使用本书的广大教师和读者提出批评和指正,以利于教材质量的进一步提高。

编者

1979 年 2 月

目　　录

第十章 动 载 荷

§10.1 概 述

以前讨论杆件的变形和应力计算时,认为载荷从零开始平缓地增加,以致在加载过程中,杆件各点的加速度很小,可以不计。载荷加到最终值后将不再变化。此即所谓静载荷。

在实际问题中,有些高速旋转的部件或加速提升的构件等,其质点的加速度是明显的。又如锻压汽锤的锤杆、紧急制动的转轴等,在非常短暂的时间内速度发生急剧的变化。也有些构件因工作条件而引起振动。此外,大量的机械零件又长期在周期性变化的载荷下工作。这些情况都属于动载荷。构件受动载荷作用是非常普遍的。

实验结果表明,只要应力不超过比例极限,胡克定律仍适用于动载荷下应力、应变的计算,弹性模量也与静载下的数值相同。

本章讨论下述三类问题:(1)构件有匀加速度时的应力计算,(2)受迫振动,(3)冲击。至于载荷随时间循环变化的情况,将在第十一章中讨论。

§10.2 动静法的应用

构件受动载荷作用的应力和变形计算,有时可用动静法。为了介绍动静法,首先说明惯性力。对加速度为 a 的质点,惯性力等于质点的质量 m 与 a 的乘积,方向则与 a 的方向相反。达朗贝尔原理指出,对作加速运动的质点系,如假想地在每一质点上加上惯性力,则质点系上的原力系与惯性力系组成平衡力系。这样,就可把动力学问题在形式上作为静力学问题来处理,这就是动静法。于是,以前关于应力和变形的计算方法,也可直接用于增加了惯性力的杆件。

例如,图 10.1a 表示以匀加速度 a 向上提升的杆件。若杆件横截面面积为 A,单位体积的质量(密度)为 ρ,则杆件每单位长度的质量为 $A\rho$,相应的惯性力为 $A\rho a$,且方向向下。将惯性力加于杆件上,于是作用于杆件上的重力、惯性力

和吊升力 F 组成平衡力系(图 10.1b)。杆件成为在横向力作用下的弯曲问题。均布载荷的集度是

$$q = A\rho g + A\rho a = A\rho g\left(1 + \frac{a}{g}\right)$$

吊升力为

$$F = \frac{1}{2}ql$$

杆件中央横截面上的弯矩为

$$M = F\left(\frac{l}{2} - b\right) - \frac{1}{2}q\left(\frac{l}{2}\right)^2 = \frac{1}{2}A\rho g\left(1 + \frac{a}{g}\right)\left(\frac{l}{4} - b\right)l$$

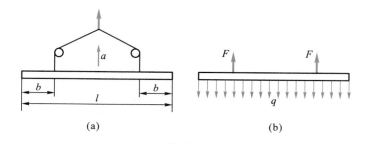

(a)　　　　　　　　　　　　　　(b)

图　10.1

相应的应力(一般称为动应力)为

$$\sigma_{\mathrm{d}} = \frac{M}{W} = \frac{A\rho g}{2W}\left(1 + \frac{a}{g}\right)\left(\frac{l}{4} - b\right)l \tag{a}$$

当加速度 a 等于零时,由上式求得杆件在静载下的应力为

$$\sigma_{\mathrm{st}} = \frac{A\rho g}{2W}\left(\frac{l}{4} - b\right)l$$

故动应力 σ_{d} 可以表示为

$$\sigma_{\mathrm{d}} = \sigma_{\mathrm{st}}\left(1 + \frac{a}{g}\right) \tag{b}$$

括号中的因子可称为动荷因数,并记为

$$K_{\mathrm{d}} = 1 + \frac{a}{g} \tag{c}$$

于是式(b)写成

$$\sigma_{\mathrm{d}} = K_{\mathrm{d}}\sigma_{\mathrm{st}} \tag{d}$$

这表明动应力等于静应力乘以动荷因数。强度条件可以写成

$$\sigma_{\rm d} = K_{\rm d}\sigma_{\rm st} \leqslant [\sigma] \tag{e}$$

由于在动荷因数 $K_{\rm d}$ 中已经包含了动载荷的影响,所以 $[\sigma]$ 即为静载下的许用应力。

还可用匀速旋转圆环为例说明动静法的应用。设圆环以匀角速度 ω,绕通过圆心且垂直于纸面的轴旋转(图 10.2a)。若圆环的厚度 δ 远小直径 D,便可近似地认为环内各点的向心加速度大小相等,且都等于 $\dfrac{D\omega^2}{2}$,以 A 表示圆环横截面面积,ρ 表示单位体积的质量(密度)。于是沿轴线均匀分布的惯性力集度为 $q_{\rm d} = A\rho a_{\rm n} = \dfrac{A\rho D}{2}\omega^2$,方向则背离圆心,如图 10.2b 所示。这就与计算薄壁圆筒周向应力 σ'' 的计算简图完全相似(参看 §7.2)。由半个圆环(图 10.2c)的平衡方程 $\sum F_y = 0$,得

$$2F_{\rm Nd} = \int_0^\pi q_{\rm d}\sin\varphi \cdot \frac{D}{2}{\rm d}\varphi = q_{\rm d}D$$

$$F_{\rm Nd} = \frac{q_{\rm d}D}{2} = \frac{A\rho D^2}{4}\omega^2$$

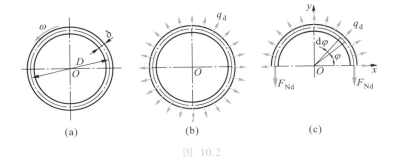

图 10.2

由此求得圆环横截面上的应力为

$$\sigma_{\rm d} = \frac{F_{\rm Nd}}{A} = \frac{\rho D^2 \omega^2}{4} = \rho v^2 \tag{f}$$

式中,$v = \dfrac{D\omega}{2}$ 是圆环轴线上的点的线速度。强度条件是

$$\sigma_{\rm d} = \rho v^2 \leqslant [\sigma] \tag{g}$$

从式(f)看出,环内应力与横截面面积 A 无关。要保证强度,应限制圆环的转速。增加横截面面积 A 无济于事。

例 10.1 在 AB 轴的 B 端有一个质量很大的飞轮(图 10.3)。与飞轮相比,轴的质量可以忽略不计。轴的另一端 A 装有刹车离合器。飞轮的转速为 $n = 100$ r/min,转动惯量为 $I_x = 0.5$ kN·m·s^2。轴的直径 $d = 100$ mm。刹车时使轴在 10 s 内均匀减速至停止转动。求轴内的最大动切应力。

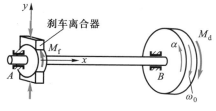

图 10.3

解:飞轮与轴的转动角速度为

$$\omega_0 = \frac{2\pi \cdot n}{60} = \frac{10\pi}{3} \text{ rad/s}$$

当飞轮与轴同时作匀减速转动时,其角加速度为

$$\alpha = \frac{\omega_1 - \omega_0}{t} = \frac{\left(0 - \frac{10}{3}\pi\right) \text{ rad/s}}{10 \text{ s}} = -\frac{\pi}{3} \text{ rad/s}^2$$

等号右边的负号只是表示 α 与 ω_0 的方向相反(如图 10.3 所示)。按动静法,在飞轮上加上方向与 α 相反的惯性力偶矩 M_d,且

$$M_d = -I_x\alpha = -(0.5 \text{ kN·m·s}^2)\left(-\frac{\pi}{3} \text{ rad/s}^2\right) = \frac{0.5\pi}{3} \text{ kN·m}$$

设作用于轴上的摩擦力矩为 M_f,由平衡方程 $\sum M_x = 0$,求出

$$M_f = M_d = \frac{0.5\pi}{3} \text{ kN·m}$$

AB 轴由于摩擦力矩 M_f 和惯性力偶矩 M_d 引起扭转变形,横截面上的扭矩为

$$T = M_d = \frac{0.5\pi}{3} \text{ kN·m}$$

横截面上的最大扭转切应力为

$$\tau_{max} = \frac{T}{W_t} = \frac{\frac{0.5\pi}{3} \times 10^3 \text{ N·m}}{\frac{\pi}{16} \times (100 \times 10^{-3} \text{ m})^3} = 2.67 \times 10^6 \text{ Pa} = 2.67 \text{ MPa}$$

例 10.2 汽轮机叶片在工作时通常要发生拉伸、扭转和弯曲的组合变形,确定其应力和变形是一个相当复杂的问题。这里,只计算在匀速转动时叶片的拉伸应力和轴向变形。为简单起见,设叶片可近似地简化为变截面直杆(图10.4),且横截面面积沿轴线按线性规律变化。叶根的横截面面积 A_0 为叶顶的横截面面积 A_1 的 2 倍,即 $A_0 = 2A_1$。令叶根和叶顶的半径分别为 R_0 和 R_1,转速为 ω,材

料单位体积的质量(密度)为 ρ。试求叶片根部的应力和叶片的总伸长。

解：设距叶根为 x 的横截面 $m-m$ 的面积为 $A(x)$，由于横截面面积沿轴线按线性规律变化，容易求出

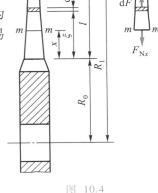

§图 10.4

$$A(x) = A_0 \left(1 - \frac{1}{2} \frac{x}{l} \right)$$

在距叶根为 ξ 处取长为 $\mathrm{d}\xi$ 的微段，其质量应为

$$\mathrm{d}m = \rho A(\xi) \mathrm{d}\xi$$

距叶根为 ξ 的点处向心加速度为

$$a_{\mathrm{n}} = \omega^2 (R_0 + \xi)$$

因而，$\mathrm{d}m$ 的惯性力应为

$$\mathrm{d}F = \omega^2 (R_0 + \xi) \mathrm{d}m$$
$$= \rho \omega^2 (R_0 + \xi) A(\xi) \mathrm{d}\xi$$

截面 $m-m$ 以上部分杆件的惯性力是

$$F = \int \mathrm{d}F = \int_x^l \rho \omega^2 (R_0 + \xi) A(\xi) \mathrm{d}\xi$$

若 $m-m$ 截面上的轴力为 $F_{\mathrm{N}x}$，由平衡方程 $\sum F_x = 0$，显然有

$$F_{\mathrm{N}x} = \int_x^l \rho \omega^2 (R_0 + \xi) A(\xi) \mathrm{d}\xi = \rho \omega^2 A_0 \int_x^l (R_0 + \xi) \left(1 - \frac{1}{2} \frac{\xi}{l} \right) \mathrm{d}\xi$$

$$= \rho \omega^2 A_0 \left[R_0 l \left(1 - \frac{x}{l} \right) + \frac{l^2}{2} \left(1 - \frac{R_0}{2l} \right) \left(1 - \frac{x^2}{l^2} \right) - \frac{l^2}{6} \left(1 - \frac{x^3}{l^3} \right) \right]$$

最大轴力发生在叶根横截面上，在上式中令 $x = 0$，得

$$F_{\mathrm{N}\max} = \rho \omega^2 A_0 \left(\frac{l^2}{3} + \frac{3}{4} R_0 l \right)$$

在叶根横截面上的拉应力为

$$\sigma = \frac{F_{\mathrm{N}\max}}{A_0} = \rho \omega^2 \left(\frac{l^2}{3} + \frac{3}{4} R_0 l \right) = \frac{\rho v^2}{3} \left(1 - \frac{R_0}{R_1} \right) \left(1 + \frac{5}{4} \frac{R_0}{R_1} \right)$$

式中 $v = R_1 \omega$ 为叶顶的线速度，且 $l = R_1 - R_0$。

若在距叶根为 x 处取出长为 $\mathrm{d}x$ 一段，根据胡克定律，其伸长应为

$$\mathrm{d}(\Delta l) = \frac{F_{\mathrm{N}x} \mathrm{d}x}{EA(x)}$$

积分求出叶片的总伸长为

$$\Delta l = \int_0^l \frac{F_{\mathrm{N}x} \mathrm{d}x}{EA(x)}$$

$$= \frac{\rho \omega^2 l}{E} \int_0^l \frac{R_0 \left(1 - \frac{x}{l}\right) + \frac{l}{2}\left(1 - \frac{R_0}{2l}\right)\left(1 - \frac{x^2}{l^2}\right) - \frac{l}{6}\left(1 - \frac{x^3}{l^3}\right)}{\left(1 - \frac{1}{2}\frac{x}{l}\right)} dx$$

$$= \frac{\rho \omega^2 l}{E}\left[\left(\frac{3}{4} - \frac{1}{2}\ln 2\right)R_0 l + \left(\frac{13}{18} - \frac{2}{3}\ln 2\right)l^2\right]$$

$$= 0.260 \frac{\rho v^2 l}{E}\left(1 - \frac{R_0}{R_1}\right)\left(1 + 0.552\frac{R_0}{R_1}\right)$$

从本例题的计算中可以发现,汽轮机叶片旋转过程中,叶根横截面上的拉应力 σ 与材料的密度 ρ 成正比。叶片的总伸长 Δl 也与材料的密度 ρ 成正比,且与弹性模量 E 成反比。可见,叶片旋转时要满足强度和刚度的要求,除了材料应有较高的强度极限和较高的弹性模量外,还应有较低的密度。材料的这种综合力学性能可用比强度和比模量来衡量。比强度定义为材料的强度极限除以材料的重度;比模量定义为材料的弹性模量除以材料的重度。比强度和比模量大的材料,说明在质量相当的情况下有更高的承载能力和更大的刚度。即满足轻质、高强的特点。在机械的高速旋转部件、飞机和航天器中,需要采用比强度和比模量大的材料。纤维增强复合材料有较大的比强度和比模量,因此在军用和民用飞机中被广泛应用。几种材料的比强度和比模量的值已列入表 10.1 中。

表 10.1 几种材料的比强度和比模量

材料名称	密度 /(10^3 kg/m³)	抗拉强度 /MPa	弹性模量 /GPa	比强度 /(10^3 m)	比模量 /(10^6 m)
高强钢	7.85	1 340	206	17.42	2.68
铝合金	2.80	480	70	17.49	2.55
玻璃纤维	2.55	2 500	75	100.04	3.00
碳纤维	1.75	3 000	230	174.93	13.40
玻璃纤维增强环氧复合材料	1.84	1 370	45	75.98	2.50
碳纤维增强环氧复合材料	1.53	1 330	155	88.70	10.34

*§10.3 受迫振动的应力计算

这里只讨论可以简化成一个自由度的弹性系统的受迫振动。设在图 10.5 所示简支梁的跨度中点 C 有一台重量为 P 的电动机,其转子以角速度 ω 转动。

由于转子偏心所引起的离心惯性力为 F_d，F_d 的垂直分量 $F_\mathrm{d}\sin\omega t$ 即为周期性变化的干扰力，从而引起梁的横向受迫振动。至于 F_d 的水平分量 $F_\mathrm{d}\cos\omega t$，将引起梁的纵向受迫振动，因为它的影响远小于横向振动，通常不作计算。这样就只需研究系统的横向振动。如梁的质量对系统振动的影响很小，则可以将梁的质量忽略，认为只有梁的弹性对系统的振动起作用，它相当于一根弹簧。这样，振动物体(电机)的位置只需用一个坐标就可以确定，问题就简化成一个自由度的振动系统。这里虽然是以弯曲为例，但是无论是拉伸、压缩或扭转，只要构件上只有一个振动物体，且构件质量可以不计而只需考虑其弹性，就都可简化成一个自由度的振动系统。其差别是各种情况的弹簧刚度系数不同。例如，图 10.5 所示简支梁在静载荷 P 作用下，静位移 Δ_st 为

$$\Delta_\mathrm{st} = \frac{Pl^3}{48EI} = \frac{P}{k}$$

故弹簧刚度系数为

$$k = \frac{48EI}{l^3}$$

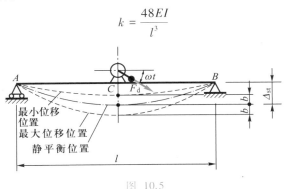

图 10.5

又如拉杆在静载荷 P 的作用下，

$$\Delta_\mathrm{st} = \frac{Pl}{EA} = \frac{P}{k}$$

$$k = \frac{EA}{l}$$

　　根据以上讨论，把一个自由度的振动系统简化成图 10.6 所示的计算简图。选定坐标 x 向下为正。作用于振动物体上的力有：重力 P、弹簧的恢复力 $k(\Delta_\mathrm{st} + x)$、惯性力 $\dfrac{P}{g}\ddot{x}$、干扰力 $F_\mathrm{d}\sin\omega t$ 和阻尼力 F_0。F_0 通常假设与速度成正比，即

$$F_0 = c\dot{x}$$

c 为比例常数。这样,得振动物体的运动方程为

$$\frac{P}{g}\ddot{x} + c\dot{x} + k(\Delta_{st} + x) - P - F_d\sin\omega t = 0$$

化简上式,并注意到 $k\Delta_{st} = P$,得

$$\ddot{x} + \frac{gc}{P}\dot{x} + \frac{kg}{P}x = \frac{F_d g}{P}\sin\omega t \qquad (a)$$

由于系统的固有频率(角频率)ω_0 为

$$\omega_0 = \sqrt{\frac{g}{\Delta_{st}}} = \sqrt{\frac{kg}{P}} \qquad (10.1)$$

如再引用记号

$$\delta = \frac{gc}{2P} \qquad (b)$$

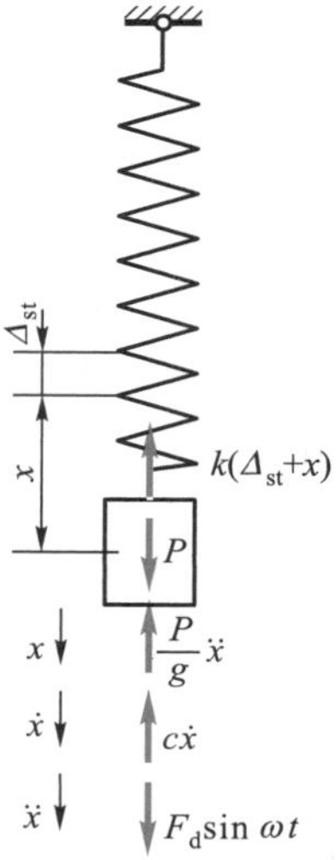

δ 称为阻尼系数,则式(a)就化为

$$\ddot{x} + 2\delta\dot{x} + \omega_0^2 x = \frac{F_d g}{P}\sin\omega t$$

在欠阻尼的情况下,$\delta<\omega_0$,以上方程式的通解[1]是

$$x = Ae^{-\delta t}\sin\left(\sqrt{\omega_0^2 - \delta^2}\,t + \alpha\right) + B\sin(\omega t - \varepsilon) \qquad (c)$$

式中 A 和 α 为积分常数,由初始条件决定。B 和 ε 分别为

$$B = \frac{F_d g}{P\omega_0^2\sqrt{\left[1 - \left(\frac{\omega}{\omega_0}\right)^2\right]^2 + 4\left(\frac{\delta}{\omega_0}\right)^2\left(\frac{\omega}{\omega_0}\right)^2}} \qquad (d)$$

$$\varepsilon = \arctan\frac{2\delta\omega}{\omega_0^2 - \omega^2} \qquad (e)$$

式(c)右边的第一部分为衰减振动,随时间的增加迅速减弱,最终消失;第二部分则为受迫振动。在第一部分消失后,剩下受迫振动。这时式(c)化为

$$x = B\sin(\omega t - \varepsilon) \qquad (f)$$

所以 B 是受迫振动的振幅,是振动物体偏离静平衡位置最远的距离。

在振幅 B 的表达式(d)中,

$$\frac{F_d g}{P\omega_0^2} = \frac{F_d}{k} = \Delta_{F_d}$$

是把干扰力 F_d 按静载荷的方式作用于弹性系统上的静位移,例如在图 10.5 的

图 10.6

---

[1] 式(c)所列通解在理论力学教材中一般都可查到。

情况下，

$$\Delta_{F_d} = \frac{F_d l^3}{48EI}$$

此外，如再引用称为放大因子的记号：

$$\beta = \frac{1}{\sqrt{\left[1 - \left(\dfrac{\omega}{\omega_0}\right)^2\right]^2 + 4\left(\dfrac{\delta}{\omega_0}\right)^2 \left(\dfrac{\omega}{\omega_0}\right)^2}} \qquad (10.2)$$

振幅 B 便可写成

$$B = \beta \Delta_{F_d} \qquad (g)$$

　　求得振幅 B 后，便可计算振动应力。仍以图 10.5 所示简支梁为例，跨度中点的最大挠度和最小挠度分别是

$$\Delta_{dmax} = \Delta_{st} + B = \Delta_{st} + \beta \Delta_{F_d}$$

$$\Delta_{dmin} = \Delta_{st} - B = \Delta_{st} - \beta \Delta_{F_d}$$

若材料服从胡克定律，则应力、载荷和变形之间成正比关系。梁在静平衡位置时的最大静应力 σ_{st} 与在最大位移位置时的最大动应力 σ_{dmax} 之间的关系是

$$\frac{\sigma_{dmax}}{\sigma_{st}} = \frac{\Delta_{dmax}}{\Delta_{st}} = 1 + \beta \frac{\Delta_{F_d}}{\Delta_{st}}$$

由于是线性系统，Δ_{F_d} 与 Δ_{st} 之比也应等于载荷之比，即 $\dfrac{\Delta_{F_d}}{\Delta_{st}} = \dfrac{F_d}{P}$，故上式又可写成

$$\sigma_{dmax} = \sigma_{st} \left(1 + \beta \frac{\Delta_{F_d}}{\Delta_{st}}\right) = \sigma_{st} \left(1 + \beta \frac{F_d}{P}\right) = K_d \sigma_{st} \qquad (10.3)$$

式中

$$K_d = 1 + \beta \frac{\Delta_{F_d}}{\Delta_{st}} = 1 + \beta \frac{F_d}{P} \qquad (10.4)$$

是振动的动荷因数。同理，还可求出梁在最小位移位置时的最小动应力为

$$\sigma_{dmin} = \sigma_{st} \left(1 - \beta \frac{\Delta_{F_d}}{\Delta_{st}}\right) = \sigma_{st} \left(1 - \beta \frac{F_d}{P}\right) \qquad (h)$$

梁在静平衡位置的上下作受迫振动，梁内危险点的应力就在 σ_{dmax} 和 σ_{dmin} 之间作周期性的交替变化。其他各点的应力也如此。这种情况称为交变应力。材料在交变应力下的强度与静载情形明显不同，不能再按 σ_{dmax} 不超过静载许用应力 $[\sigma]$ 的方法来建立强度条件。关于交变应力的强度计算，将于第十一章中讨论。

　　公式（10.3）和公式（10.4）表明，动应力和动荷因数与放大因子 β 有关。根据公式（10.2），在图 10.7 中，把 β 与 $\dfrac{\omega}{\omega_0}$ 和 $\dfrac{\delta}{\omega_0}$ 的关系用曲线表示出。利用这些曲

线,下面分成三种情况讨论。

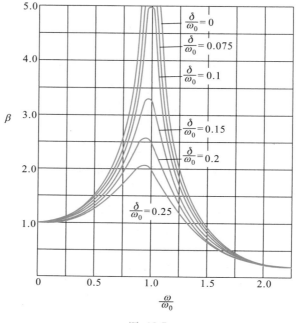

图 10.7

（1）当$\dfrac{\omega}{\omega_0}$接近于 1,即干扰力的频率ω接近于系统的固有频率ω_0时,放大因子β的值最大,将引起很大的动应力,这就是共振。通常应设法改变比值$\dfrac{\omega}{\omega_0}$,以避开共振。从图中看出,在共振区内,增大阻尼系数δ,可使β明显降低。所以如无法改变$\dfrac{\omega}{\omega_0}$避开共振,则应加大阻尼以降低β。

（2）当$\dfrac{\omega}{\omega_0}$远小于 1,即ω远小于ω_0时,β趋近于 1。式（g）表明,这时受迫振动的振幅B就是F_d作为静载荷时的挠度Δ_{F_d}。所以在这种情况下,干扰力F_d可作为静载荷处理。若干扰力的频率ω已经给定,要减小比值$\dfrac{\omega}{\omega_0}$,只有加大弹性系统的固有频率ω_0。由公式（10.1）看出,这就应该增加弹性系统的刚度,以减小静位移Δ_st。

（3）在$\dfrac{\omega}{\omega_0}$大于 1 的情况下,β随$\dfrac{\omega}{\omega_0}$的增加而减小,表明受迫振动的影响随$\dfrac{\omega}{\omega_0}$

的增加而减弱。当 $\dfrac{\omega}{\omega_0}$ 远大于 1,即 ω 远大于 ω_0 时,β 趋近于零。这时构件的应力相当于只有静载荷 P 作用的情况,无需考虑干扰力的影响。如干扰力的频率 ω 已经给定,要加大 $\dfrac{\omega}{\omega_0}$,应减小弹性系统的固有频率 ω_0,亦即应增加静位移 Δ_{st}。工程中经常在振源和构件之间加入弹簧、橡皮等,这样就可增加弹性系统的静位移 Δ_{st},降低系统的固有频率。

例 10.3 若图 10.5 所示简支梁由两根 No.20b 工字钢组成。已知跨度 $l = 3\ \mathrm{m}$,弹性模量 $E = 200\ \mathrm{GPa}$。安装于跨度中点的电动机重量为 $P = 12\ \mathrm{kN}$,转子偏心惯性力 $F_d = 2.5\ \mathrm{kN}$,转速为 $n = 1\,500\ \mathrm{r/min}$。若不计梁的质量和介质的阻力(即 $\delta = 0$),试求梁危险点的最大和最小动应力。

解:跨度中点截面的上、下边缘处的各点为危险点。在电动机重量 P 以静载方式作用下,最大静应力为

$$\sigma_{st} = \frac{M_{max}}{W} = \frac{Pl}{4W} = \frac{(12\times10^3\ \mathrm{N})(3\ \mathrm{m})}{4\times2\times(250\times10^{-6}\ \mathrm{m}^3)} = 18\times10^6\ \mathrm{Pa} = 18\ \mathrm{MPa}$$

在 P 作用下跨度中点的静挠度 Δ_{st} 为

$$\Delta_{st} = \frac{Pl^3}{48EI} = \frac{(12\times10^3\ \mathrm{N})(3\ \mathrm{m})^3}{48\times(200\times10^9\ \mathrm{Pa})\times2\times(2\,500\times10^{-8}\ \mathrm{m}^4)} = 0.675\times10^{-3}\ \mathrm{m}$$

系统的固有频率为

$$\omega_0 = \sqrt{\frac{g}{\Delta_{st}}} = \sqrt{\frac{9.8\ \mathrm{m/s}^2}{0.675\times10^{-3}\ \mathrm{m}}} = 120\ \mathrm{rad/s}$$

干扰力的频率为

$$\omega = \frac{2\pi n}{60} = \frac{2\pi(1\,500\ \mathrm{r/min})}{60} = 157\ \mathrm{rad/s}$$

将 ω 及 ω_0 代入公式(10.2),并令 $\delta = 0$,得出

$$\beta = \frac{1}{\sqrt{\left[1-\left(\dfrac{\omega}{\omega_0}\right)^2\right]^2}} = \frac{1}{\sqrt{\left[1-\left(\dfrac{157\ \mathrm{rad/s}}{120\ \mathrm{rad/s}}\right)^2\right]^2}} = 1.41$$

由公式(10.3)和式(h)两式求出最大及最小动应力分别为

$$\sigma_{dmax} = \sigma_{st}\left(1 + \beta\frac{F_d}{P}\right) = 23.3\ \mathrm{MPa}$$

$$\sigma_{dmin} = \sigma_{st}\left(1 - \beta\frac{F_d}{P}\right) = 12.7\ \mathrm{MPa}$$

§10.4 杆件受冲击时的应力和变形

锻造时,锻锤在与锻件接触的非常短暂的时间内,速度发生很大变化,这种现象称为冲击或撞击。以重锤打桩,用铆钉枪进行铆接,高速转动的飞轮或砂轮突然刹车等,都是冲击问题。在上述的一些例子中,重锤、飞轮等为冲击物,而被打的桩和固接飞轮的轴等则是承受冲击的构件。在冲击物与受冲构件的接触区域内,应力状态非常复杂,且冲击持续时间非常短,接触力随时间的变化难以准确分析。这些都使冲击问题的精确计算十分困难。下面介绍的用能量方法求解冲击问题,因概念简单,且大致上可以估算出冲击时的位移和应力,不失为一种有效的近似方法。

前面一节曾经指出,承受各种变形的弹性杆件都可看作是一个弹簧。例如图10.8 中受拉伸、弯曲和扭转的杆件的变形分别是

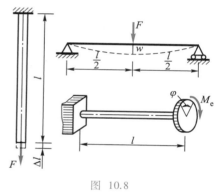

图 10.8

$$\Delta l = \frac{Fl}{EA} = \frac{F}{EA/l}$$

$$w = \frac{Fl^3}{48EI} = \frac{F}{48EI/l^3}$$

$$\varphi = \frac{M_e l}{GI_p} = \frac{M_e}{GI_p/l}$$

可见,当把这些杆件看作是弹簧时,其弹簧刚度系数分别是:$\dfrac{EA}{l}$,$\dfrac{48EI}{l^3}$ 和 $\dfrac{GI_p}{l}$。因而任一弹性杆件或结构都可简化成图 10.9 中的弹簧。现在回到冲击问题。设重量为 P 的冲击物一经与受冲弹簧接触(图 10.9a),就相互附着作共同运动。如忽略弹簧的质量,只考虑其弹性,便简化成一个自由度的运动系统。设冲击物与弹簧开始接触的瞬时动能为 T;由于弹簧的阻抗,当弹簧变形到达最大位置时(图 10.9b),系统的速度变为零,弹簧的变形为 Δ_d。从冲击物与弹簧开始接触到变形发展到最大位置,动能由 T 变为零,其变化为 $\Delta T = T$;重物 P 向下移动的距离为 Δ_d,势能的变化为

$$\Delta V = P\Delta_d \tag{a}$$

若以 $V_{\varepsilon d}$ 表示弹簧的应变能,并忽略冲击过程中变化不大的其他能量(如热能),根据能量守恒定律,冲击系统的动能和势能的变化应等于弹簧的应变能,即

$$\Delta T + \Delta V = V_{\varepsilon d} \tag{10.5}$$

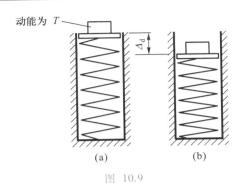

图 10.9

设系统的速度为零时作用于弹簧上的动载荷为 F_d,在材料服从胡克定律的情况下,它与弹簧的变形成正比,且都是从零开始增加到最终值。所以,冲击过程中动载荷完成的功为 $\frac{1}{2}F_d\Delta_d$,它等于弹簧的应变能,即

$$V_{\varepsilon d} = \frac{1}{2}F_d\Delta_d \tag{b}$$

若重物 P 以静载的方式作用于构件上,例如图 10.8 中的载荷,构件的静变形和静应力为 Δ_{st} 和 σ_{st}。在动载荷 F_d 作用下,相应的变形和应力为 Δ_d 和 σ_d。在线弹性范围内,载荷、变形和应力均成正比,故有

$$\frac{F_d}{P} = \frac{\Delta_d}{\Delta_{st}} = \frac{\sigma_d}{\sigma_{st}} \tag{c}$$

或者写成

$$F_d = \frac{\Delta_d}{\Delta_{st}}P, \quad \sigma_d = \frac{\Delta_d}{\Delta_{st}}\sigma_{st} \tag{d}$$

把上式中的 F_d 代入式(b),得

$$V_{\varepsilon d} = \frac{1}{2}\frac{\Delta_d^2}{\Delta_{st}}P \tag{e}$$

将式(a)和式(e)代入式(10.5)并注意到 $\Delta T = T$,经过整理,得

$$\Delta_d^2 - 2\Delta_{st}\Delta_d - \frac{2T\Delta_{st}}{P} = 0$$

从以上方程中解出

$$\Delta_d = \Delta_{st}\left(1 + \sqrt{1 + \frac{2T}{P\Delta_{st}}}\right) \tag{f}$$

引用记号

$$K_d = \frac{\Delta_d}{\Delta_{st}} = 1 + \sqrt{1 + \frac{2T}{P\Delta_{st}}} \qquad (10.6)$$

K_d 称为冲击动荷因数。这样,式(f)和式(d)就可写成

$$\Delta_d = K_d \Delta_{st}, \quad F_d = K_d P, \quad \sigma_d = K_d \sigma_{st} \qquad (10.7)$$

可见,以 K_d 乘静载荷、静变形和静应力,即可求得冲击时的载荷、变形和应力。这里 F_d,Δ_d 和 σ_d 是指受冲构件到达最大变形位置,冲击物速度等于零时的瞬时载荷、变形和应力。过此瞬时以后,构件的变形将即刻减小,引起系统的振动。在有阻尼的情况下,运动最终归于消失。当然,我们需要计算的,正是冲击过程中变形和应力的瞬时最大值。

若冲击是因重为 P 的物体从高为 h 处自由下落造成的(图 10.10),则物体与弹簧接触时,$v^2 = 2gh$,于是 $T = \frac{1}{2}\frac{P}{g}v^2 = Ph$,代入公式(10.6)得

$$K_d = 1 + \sqrt{1 + \frac{2h}{\Delta_{st}}} \qquad (10.8)$$

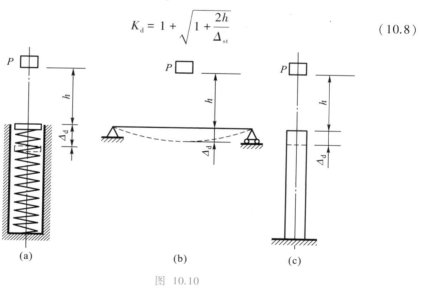

(a)   (b)   (c)

图 10.10

这是物体从 h 高度自由下落时的动荷因数。突然加于构件上的载荷,相当于物体自由下落时 $h = 0$ 的情况。由公式(10.8)可知,$K_d = 2$。所以在突加载荷下,构件的应力和变形皆为静载时的 2 倍。

对水平放置的系统,例如图 10.11 所示情况,冲击过程中系统的势能不变,$\Delta V = 0$。若冲击物与杆件接触时的速度为 v,则动能 $T = \frac{1}{2}\frac{P}{g}v^2$。以 $\Delta V, \Delta T = T$

和式（e）中的 $V_{\varepsilon d}$ 代入公式（10.5），得

$$\frac{1}{2}\frac{P}{g}v^2 = \frac{1}{2}\frac{\Delta_d^2}{\Delta_{st}}P$$

$$\Delta_d = \sqrt{\frac{v^2}{g\Delta_{st}}}\Delta_{st} \qquad\qquad （g）$$

由式（d）又可求出

$$F_d = \sqrt{\frac{v^2}{g\Delta_{st}}}P, \qquad \sigma_d = \sqrt{\frac{v^2}{g\Delta_{st}}}\sigma_{st} \qquad （h）$$

以上各式中带根号的系数也就是动荷因数

$$K_d = \sqrt{\frac{v^2}{g\Delta_{st}}}。$$

图 10.11

　　从公式（10.6）、公式（10.8）和式（h）都可看到，在冲击问题中，如能增大静位移 Δ_{st}，就可以降低冲击载荷和冲击应力。这是因为静位移的增大表示构件较为柔软，因而能更多地吸收冲击物的能量。但是，增加静变形 Δ_{st} 应尽可能地避免增加静应力 σ_{st}，否则，降低了动荷因数 K_d，却又增加了 σ_{st}，结果动应力未必就会降低。汽车大梁与轮轴之间安装叠板弹簧，火车车厢架与轮轴之间安装压缩弹簧，某些机器或零件上加上橡皮坐垫或垫圈，都是为了既能增大静变形 Δ_{st}，又不改变构件的静应力。这样可以明显地降低冲击应力，起到很好的缓冲作用。又如把承受冲击的汽缸盖螺栓，由短螺栓（图 10.12a）改为长螺栓（图 10.12b），增加了螺栓的静变形 Δ_{st}，可以提高其承受冲击的能力。

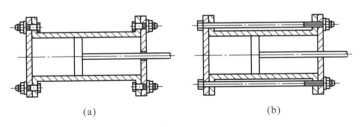

(a)　　　　　　　　　(b)

图 10.12

　　上述计算方法，忽略了其他种能量的损失。事实上，冲击物所减少的动能和势能不可能全部转变为受冲构件的应变能。所以，按上述方法算出的受冲构件的应变能的数值偏高。

　　例 10.4　在水平平面内的 AC 杆，绕通过 A 点的铅垂轴以匀角速 ω 转动，图

10.13a 是它的俯视图。杆的 C 端有一重为 P 的集中质量。如因发生故障在 B 点卡住而突然停止转动(图 10.13b),试求 AC 杆内的最大冲击应力。设 AC 杆的质量可以不计。

解：AC 杆将因突然停止转动而受到冲击,发生弯曲变形。C 端集中质量的初速度原为 ωl,在冲击过程中,最终变为零。损失的动能是

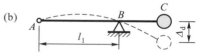

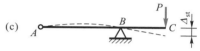

图 10.13

$$\Delta T = \frac{1}{2}\,\frac{P}{g}(\omega l)^2$$

因为是在水平平面内运动,集中质量的势能没有变化,即

$$\Delta V = 0$$

至于杆件的应变能 $V_{\varepsilon d}$,仍由式(e)来表达,即

$$V_{\varepsilon d} = \frac{1}{2}\,\frac{\Delta_d^2}{\Delta_{st}}P$$

将 $\Delta T, \Delta V$ 和 $V_{\varepsilon d}$ 代入公式(10.5),略作整理即可得到

$$\frac{\Delta_d}{\Delta_{st}} = \sqrt{\frac{\omega^2 l^2}{g\Delta_{st}}}$$

由式(d)知冲击应力为

$$\sigma_d = \frac{\Delta_d}{\Delta_{st}}\sigma_{st} = \sqrt{\frac{\omega^2 l^2}{g\Delta_{st}}}\cdot\sigma_{st} \tag{i}$$

若 P 以静载的方式作用于 C 端(图 10.13c),利用求弯曲变形的任一种方法,都可求得 C 点的静位移 Δ_{st} 为

$$\Delta_{st} = \frac{Pl(l-l_1)^2}{3EI}$$

同时,在截面 B 上的最大静应力 σ_{st} 为

$$\sigma_{st} = \frac{M}{W} = \frac{P(l-l_1)}{W}$$

把 Δ_{st} 和 σ_{st} 代入式(i)便可求出最大冲击应力为

$$\sigma_d = \frac{\omega}{W}\sqrt{\frac{3EIlP}{g}}$$

例 10.5 若例 10.1 中的 AB 轴在 A 端突然刹车(即 A 端突然停止转动),试求轴内最大动应力。设切变模量 $G = 80\text{ GPa}$,轴长 $l = 1\text{ m}$。

解：当 A 端急刹车时，B 端飞轮具有动能。因而 AB 轴受到冲击，发生扭转变形。在冲击过程中，飞轮的角速度最后降低为零，它的动能 T 全部转变为轴的应变能 $V_{\varepsilon d}$。飞轮动能的改变为

$$\Delta T = \frac{1}{2} I_x \omega^2$$

仿照 §3.6 计算弹簧应变能的方法，不难求得 AB 轴的扭转应变能为

$$V_{\varepsilon d} = \frac{T_d^2 l}{2 G I_p}$$

式中 T_d 为扭矩。令 $\Delta T = V_{\varepsilon d}$，从而求得

$$T_d = \omega \sqrt{\frac{I_x G I_p}{l}}$$

轴内的最大冲击切应力为

$$\tau_{d max} = \frac{T_d}{W_t} = \omega \sqrt{\frac{I_x G I_p}{l W_t^2}}$$

对于圆轴，

$$\frac{I_p}{W_t^2} = \frac{\pi d^4}{32} \times \left(\frac{16}{\pi d^3} \right)^2 = \frac{2}{\dfrac{\pi d^2}{4}} = \frac{2}{A}$$

于是

$$\tau_{d max} = \omega \sqrt{\frac{2 G I_x}{A l}}$$

可见扭转冲击时，轴内最大动应力 $\tau_{d max}$ 与轴的体积 Al 有关。体积 Al 越大，$\tau_{d max}$ 越小。把已知数据代入上式，得

$$\tau_{d max} = \left(\frac{10}{3} \pi \ rad/s \right) \sqrt{\frac{2 \times (80 \times 10^9 \ Pa)(0.5 \times 10^3 \ N \cdot m \cdot s^2)}{(1 \ m)(50 \times 10^{-3} \ m)^2 \pi}}$$

$$= 1\ 057 \times 10^6 \ Pa = 1\ 057 \ MPa$$

与例 10.1 比较，动应力的增大是惊人的。但这里给出的全无缓冲的急刹车是极端情况，实际上很难实现，而且，在应力达到如此高的数值之前，早已出现塑性变形。以上计算只是定性地指出冲击的危害。

例 10.6　在图 10.14 中，变截面杆 a 的最小截面与等截面杆 b 的截面相等。在相同的冲击载荷下，试比较两杆的强度。

解：在相同的静载荷作用下，两杆的静应力 σ_{st} 相同，但杆 a 的静变形 Δ_{st}^a 显然小于杆 b 的静变形 Δ_{st}^b。这样，由式(h)看出，杆 a 的动应力必然大于杆 b 的动

应力。而且,杆 a 削弱部分的长度 s 越小,则静变形越小,就更加增大了动应力的数值。

基于上述理由,对于抗冲击的螺钉,如汽缸螺钉,若使光杆部分的直径大于螺纹内径(图 10.15a),就不如使光杆部分的直径与螺纹的内径接近相等(图 10.15b),或使光杆部分的面积与螺纹段内径对应的面积相接近,可采用在光杆段钻孔的方式来实现(图 10.15c)。这样,螺钉接近于等截面杆,静变形 Δ_{st} 增大,而静应力未变,从而降低了动应力。

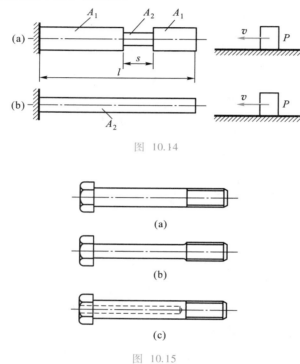

图 10.14

图 10.15

§10.5 冲 击 韧 性

工程上衡量材料抗冲击能力的指标,是用冲断试样所需能量的多少来表达的。试验时,将带有缺口的弯曲试样置放于试验机的支架上,并使缺口位于受拉的一侧(图 10.16)。当重摆从一定高度自由落下将试样冲断时,试样所吸收的能量等于重摆所作的功 W。以试样在缺口处的最小横截面面积 A 除 W,得

$$\alpha_{\mathrm{K}} = \frac{W^{①}}{A} \qquad\qquad (10.9)$$

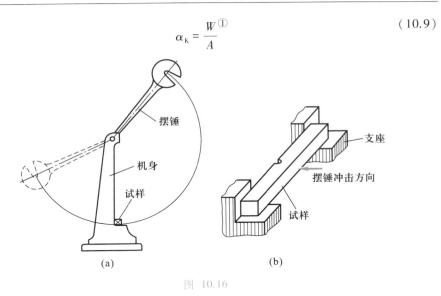

低碳钢冲击实验

铸铁冲击实验

电池盒跌落冲击试验

图 10.16

α_{K} 称为冲击韧性,其单位常用 J/cm^2。α_{K} 越大表示材料抗冲击的能力越强。一般来说,塑性材料的抗冲击能力远高于脆性材料的。例如低碳钢的冲击韧性就远高于铸铁的。冲击韧性也是材料的性能指标之一。某些工程问题中,对冲击韧性的要求一般有具体规定。

α_{K} 的数值与试样的尺寸、形状、支承条件等因素有关,所以它是衡量材料抗冲击能力的一个相对指标。为便于比较,测定 α_{K} 时应采用标准试样。我国通用的标准试样是两端简支的弯曲试样(图 10.17a),试样中央开有半圆形缺口,称为 U 形缺口试样。试样上开缺口是为了使缺口区域高度应力集中,这样,缺口附近区域内便集中吸收了较多的能量。缺口底部越尖锐就更能体现上述要求。所以有时采用 V 形缺口试样,如图 10.17b 所示。

试验结果表明,α_{K} 的数值随温度降低而减小。在图 10.18 中,若纵轴代表试样冲断时吸收的能量,低碳钢的 α_{K} 随温度的变化情况略如图中实线所示。图线表明,随着温度的降低,在某一狭窄的温度区间内,α_{K} 的数值骤然下降,材料变脆,这就是冷脆现象。使 α_{K} 骤然下降的温度称为转变温度。试样冲断后,断面的部分面积呈晶粒状是脆性断口,另一部分面积呈纤维状是塑性断口。V形缺口试样应力集中程度较高,因而断口分区比较明显。用一组 V 形缺口试样

---

① 目前,这种表征方法已逐渐被直接用冲击吸收能量来表征冲击韧性的方法所替代,参见《金属材料 夏比摆锤冲击试验方法》(GB/T 229—2007)。

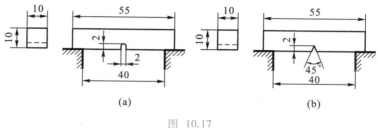

图 10.17

在不同温度下进行试验,晶粒状断口面积占整个断面面积的百分比,随温度降低而升高,略如图 10.18 中的虚线所示。一般把晶粒状断口面积占整个断面面积 50% 时的温度,规定为转变温度,并称为 fracture appearance transition temperature(FATT)。

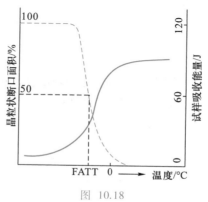

图 10.18

也不是所有金属都有冷脆现象。例如,铝、铜和某些高强度合金钢,在很大的温度变化范围内,α_K 的数值变化很小,没有明显的冷脆现象。

习 题

10.1 如图所示,均质等截面杆,长为 l,重为 W,横截面面积为 A,水平放置在一排光滑的滚子上。杆的两端受轴向力 F_1 和 F_2 作用,且 $F_2 > F_1$。试求杆内正应力沿杆件长度分布的情况(设滚动摩擦可以忽略不计)。

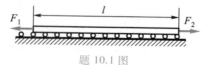

题 10.1 图

10.2　如图所示,长为 l、横截面面积为 A 的杆以加速度 a 向上提升。若材料的密度为 ρ,试求杆内的最大应力。

10.3　如图所示,桥式起重机上悬挂一重量 $P = 50\ \text{kN}$ 的重物,以匀速度 $v = 1\ \text{m/s}$ 向前移动(在图中,移动的方向垂直于纸面)。当起重机突然停止时,重物像单摆一样向前摆动。若梁为No.14工字钢,吊索横截面面积 $A = 5 \times 10^{-4}\ \text{m}^2$,问此时吊索内及梁内的最大应力增加多少? 设吊索的自重以及由重物摆动引起的斜弯曲影响都忽略不计。

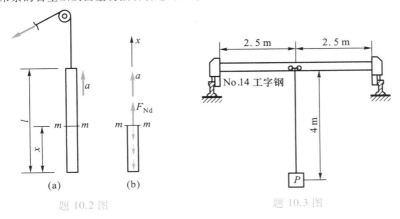

题 10.2 图　　　　　　　题 10.3 图

10.4　如图所示,飞轮的最大圆周速度 $v = 25\ \text{m/s}$,材料的密度为 $7.41 \times 10^3\ \text{kg/m}^3$。若不计轮辐的影响,试求轮缘内的最大正应力。

10.5　如图所示,轴上装一钢质圆盘,盘上有一圆孔。若轴与盘以 $\omega = 40\ \text{rad/s}$ 的匀角速度旋转,试求轴内因这一圆孔引起的最大正应力。

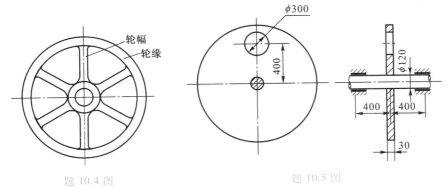

题 10.4 图　　　　　　　题 10.5 图

10.6　如图所示,在直径为 100 mm 的轴上装有转动惯量 $I = 0.5\ \text{kN} \cdot \text{m} \cdot \text{s}^2$ 的飞轮,轴的转速为 300 r/min。制动器开始作用后,在 20 转内将飞轮刹停。试求轴内最大切应力。设在制动器作用前,轴已与驱动装置脱开,且轴承内的摩擦力可以不计。

10.7　图示钢轴 AB 的直径为 80 mm,轴上有一直径为 80 mm 的钢质圆杆 CD,CD 垂直于 AB。若 AB 以匀角速度 $\omega = 40\ \text{rad/s}$ 转动。材料的许用应力 $[\sigma] = 70\ \text{MPa}$,密度为 $7.8 \times$

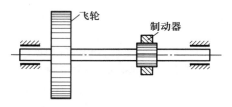

题 10.6 图

10^3 kg/m³。试校核轴 AB 及杆 CD 的强度。

10.8 如图所示,AD 轴以匀角速度 ω 转动。在轴的纵向对称面内,于轴线的两侧有两个重为 P 的偏心质量块,如图所示。试求轴内最大弯矩。

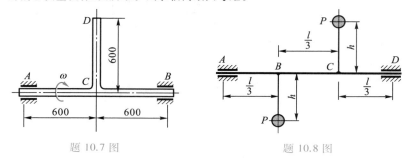

题 10.7 图　　　　　　　　题 10.8 图

10.9 图示机车车轮以 $n = 300$ r/min 的转速旋转。平行杆 AB 的横截面为矩形,$h = 56$ mm,$b = 28$ mm,长度 $l = 2$ m,$r = 250$ mm,材料的密度为 $\rho = 7.8×10^3$ kg/m³。试确定平行杆最危险的位置和杆内最大正应力。

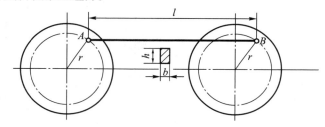

题 10.9 图

10.10 图示简支梁为 No.18 工字钢,$l = 6$ m,$E = 200$ GPa。梁上安放着重量为 2 kN 的重物,且作振幅 $B = 12$ mm 的振动。试求梁的最大正应力。设梁的质量可以忽略不计。

10.11 图示电机的重量 $P = 1$ kN,转速 $n = 900$ r/min,装在悬臂梁的端部。梁为 No.25a 槽钢,弹性模量 $E = 200$ GPa。由于电机转子不平衡引起的离心惯性力 $F_d = 200$ N。设阻尼系数 $\delta = 0$,且梁的质量可以不计。试求:

(1)梁跨度 l 为多大时,将发生共振?

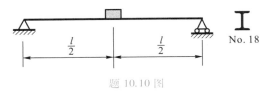

题 10.10 图

（2）欲使梁的固有频率 ω_0 为干扰频率 ω 的 1.3 倍，l 应为多大？计算此时受迫振动的振幅 B 及梁内的最大正应力。

10.12　如图所示，重量为 P 的重物自高度 h 下落冲击于梁上的 C 点。设梁的 E,I 及抗弯截面系数 W 皆为已知量。试求梁内最大正应力及梁的跨度中点的挠度。

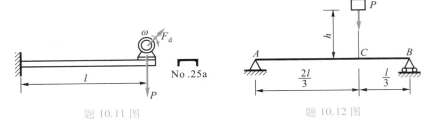

题 10.11 图　　　　　　　　　　　题 10.12 图

10.13　图示 AB 杆下端固定，长度为 l，在 C 点受到沿水平运动的物体的冲击。物体的重量为 P，当其与杆件接触时的速度为 v。设杆件的 E,I 及 W 皆为已知量。试求 AB 杆的最大应力。

10.14　材料相同、长度相等的变截面杆和等截面杆如图所示。若两杆的最大横截面面积相同，问哪一根杆件承受冲击的能力强？设变截面杆直径为 d 的部分长为 $\dfrac{2}{5}l$。为了便于比较，假设 h 较大，可以近似地把动荷因数取为

$$K_d = 1 + \sqrt{1 + \frac{2h}{\Delta_{st}}} \approx \sqrt{\frac{2h}{\Delta_{st}}}$$

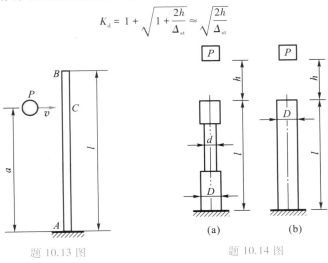

题 10.13 图　　　　　　　　　　题 10.14 图

10.15 受压圆柱形密圈螺旋弹簧簧丝的直径 $d = 6$ mm,弹簧的平均直径 $D = 120$ mm,有效圈数 $n = 18$,$G = 80$ GPa。若使弹簧压缩 25 mm,试求所需施加的静载荷。又若以这一载荷自 100 mm 的高度落于弹簧上,则弹簧的最大应力及变形各为多少?

10.16 图示直径 $d = 300$ mm、长为 $l = 6$ m 的圆木桩,下端固定,上端受重 $P = 2$ kN 的重锤作用。木材的 $E_1 = 10$ GPa。求下列三种情况下,木桩内的最大正应力:

(a)重锤以静载的方式作用于木桩上;

(b)重锤从离桩顶 0.5 m 的高度自由落下;

(c)在桩顶放置直径为 150 mm、厚为 40 mm 的橡皮垫,橡皮的弹性模量 $E_2 = 8$ MPa。重锤仍从离橡皮垫顶面 0.5 m 的高度自由落下。

10.17 图示钢杆的下端有一固定圆盘,盘上放置弹簧。弹簧在 1 kN 的静载荷作用下缩短 0.625 mm。钢杆的直径 $d = 40$ mm,$l = 4$ m,许用应力 $[\sigma] = 120$ MPa,$E = 200$ GPa。若有重为 15 kN 的重物自由落下,求其许可的高度 h。又若没有弹簧,则许可高度 h 又为多大?

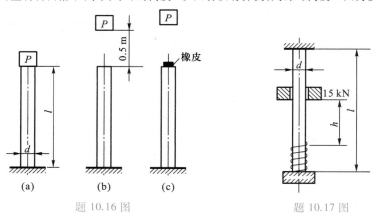

题 10.16 图   题 10.17 图

10.18 图示 No.16 工字钢左端铰支,右端置于螺旋弹簧上。弹簧共有 10 圈,其平均直径 $D = 100$ mm。簧丝的直径 $d = 20$ mm。梁的许用应力 $[\sigma] = 160$ MPa,弹性模量 $E = 200$ GPa;弹簧的许用切应力 $[\tau] = 200$ MPa,切变模量 $G = 80$ GPa。今有重量 $P = 2$ kN 的重物从梁的跨度中点正上方自由落下,试求其许可高度 h。

10.19 图示圆轴直径 $d = 60$ mm,$l = 2$ m,左端固定,右端有一直径 $D = 400$ mm 的鼓轮。轮上绕以钢绳,绳的端点 A 悬挂吊盘。绳长 $l_1 = 10$ m,横截面积 $A = 120$ mm^2,$E = 200$ GPa。轴的切变模量 $G = 80$ GPa。重量 $P = 800$ N 的物块自 $h = 200$ mm 处落于吊盘上,求轴内最大切应力和绳内最大正应力。

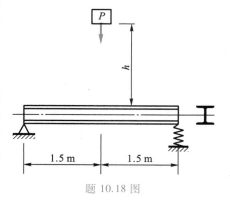

题 10.18 图

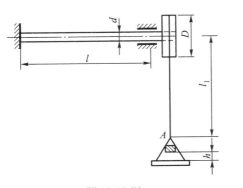
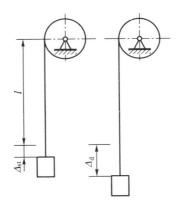

题 10.19 图　　　　　　　　　题 10.20 图

10.20　图示钢吊索的下端悬挂一重量为 $P = 25\ \text{kN}$ 的重物，并以速度 $v = 1\ \text{m/s}$ 下降。当吊索长为 $l = 20\ \text{m}$ 时，滑轮突然被卡住。试求吊索受到的冲击载荷 F_d。设钢吊索的横截面面积 $A = 414\ \text{mm}^2$，弹性模量 $E = 170\ \text{GPa}$，滑轮和吊索的质量可略去不计。

解：公式（10.6）不能用于现在的问题，因为导出公式（10.6）时，假设冲击前受冲构件并无应力和变形。在当前的问题中，钢索在受冲击前就已有应力和变形，并储存了应变能。若以 Δ_st 表示冲击开始时的变形，Δ_d 表示冲击结束时钢索的总伸长（Δ_d 内包括了 Δ_st，如图所示），冲击开始时整个系统的能量为

$$\frac{1}{2}\,\frac{P}{g}v^2 + P(\Delta_\text{d} - \Delta_\text{st}) + \frac{1}{2}C\Delta_\text{st}^2$$

上式中的第一项为冲击物的动能，第二项为冲击物相对它的最低位置的势能，第三项为钢索的应变能。冲击结束时，动能及势能皆已等于零，只剩下钢索的应变能 $\frac{1}{2}C\Delta_\text{d}^2$。由能量守恒定律，有

$$\frac{1}{2}\,\frac{P}{g}v^2 + P(\Delta_\text{d} - \Delta_\text{st}) + \frac{1}{2}C\Delta_\text{st}^2 = \frac{1}{2}C\Delta_\text{d}^2$$

以 $C = \dfrac{P}{\Delta_\text{st}}$ 代入上式，经简化后得出

$$\Delta_\text{d}^2 - 2\Delta_\text{st}\Delta_\text{d} + \Delta_\text{st}^2\left(1 - \frac{v^2}{g\Delta_\text{st}}\right) = 0$$

解出

$$\Delta_\text{d} = \left(1 + \sqrt{\frac{v^2}{g\Delta_\text{st}}}\right)\Delta_\text{st}$$

故动荷因数为

$$K_\text{d} = 1 + \sqrt{\frac{v^2}{g\Delta_\text{st}}} = 1 + \sqrt{\frac{v^2}{g}\,\frac{EA}{Pl}}$$

把给出的数据代入上式后，求得

$$K_d = 4.79$$
$$F_d = K_d P = 4.79 \times 25 \text{ kN} \approx 120 \text{ kN}$$

10.21 在上题的重物和钢索之间,若加入一个弹簧,则冲击载荷和动应力是增加还是减少? 若弹簧刚度系数为 0.4 kN/mm,试求冲击载荷。

10.22 AB 和 CD 二梁的材料相同,横截面相同。在图示冲击载荷作用下,试求二梁最大弯曲正应力之比和各自吸收能量之比。

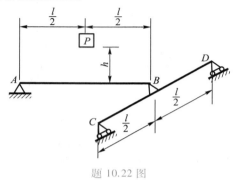

题 10.22 图

10.23 如图所示,速度为 v、重为 P 的重物,沿水平方向冲击于梁的截面 C。试求梁的最大动应力。设梁的 E, I 和 W 已知,且 $a = 0.6 l$。

10.24 No.10 工字梁的 C 端固定,A 端铰支于空心钢管 AB 上,如图所示。钢管的内径和外径分别为 30 mm 和 40 mm,B 端亦为铰支。梁及钢管同为 Q235 钢。当重为 300 N 的重物落于梁的 A 端时,试校核 AB 杆的稳定性。规定稳定安全因数 $n_{st} = 2.5$。

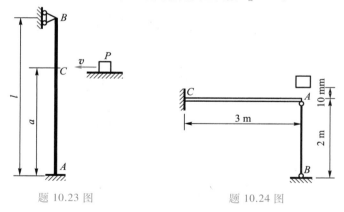

题 10.23 图   题 10.24 图

第十一章 交变应力

§11.1 交变应力与疲劳失效

某些零件工作时,承受随时间作周期性变化的应力。例如,在图 11.1a 中,F 表示齿轮啮合时作用于轮齿上的力。齿轮每旋转一周,轮齿 I 啮合一次。啮合时 F 由零迅速增加到最大值,然后又减小为零。因而,齿根 A 点的弯曲正应力 σ 也由零增加到某一最大值,再减小为零。齿轮不停地旋转,σ 也就不停地重复上述过程。σ 随时间 t 变化的曲线如图 11.1 b 所示。又如,火车轮轴上的 F(图 11.2a)表示来自车厢的力,在列车行进过程中,其大小和方向基本不变,即弯矩基本不变。因轴以角速度 ω 转动,横截面上 A 点到中性轴的距离 $y = r\sin \omega t$ 是随时间 t 变化的。A 点的弯曲正应力为

$$\sigma = \frac{My}{I} = \frac{Mr}{I}\sin \omega t$$

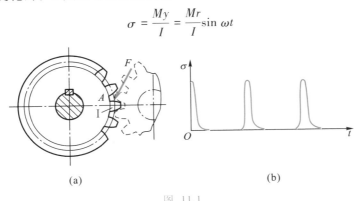

(a)   (b)

图 11.1

可见,σ 是随时间 t 按正弦函数规律变化的(图 11.2b)。再如,因电动机转子偏心惯性力引起受迫振动的梁(图 11.3a),其危险点应力随时间变化的曲线如图 11.3b 所示。σ_{st} 表示电动机重量 P 按静载方式作用于梁上引起的静应力,最大应力 σ_{max} 和最小应力 σ_{min} 分别表示梁在最大和最小位移时的应力。

在上述一些实例中,随时间作周期性变化的应力称为交变应力。实践表明,

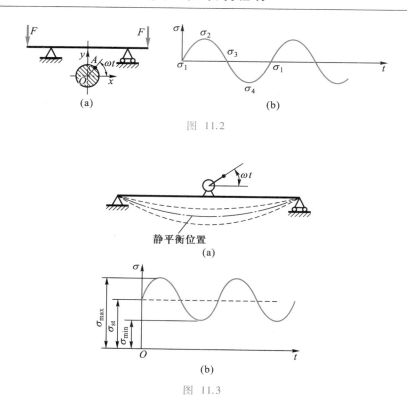

图 11.2

图 11.3

交变应力引起的失效与静应力全然不同。在交变应力作用下,虽应力低于屈服极限,但长期反复作用之后,构件也会突然断裂,即使是塑性较好的材料,断裂前也无明显的塑性变形,这种现象称为疲劳失效。最初,人们认为上述失效现象的出现,是因为在交变应力长期作用下,"纤维状结构"的塑性材料变成"颗粒状结构"的脆性材料,因而导致脆性断裂,并称之为"金属疲劳"。近代金相显微镜观察的结果表明,金属结构并不因交变应力而发生变化,上述解释并不正确。但"疲劳"这个词却一直沿用至今,用以表述交变应力下金属的失效现象。

对金属疲劳的解释一般认为,在足够大的交变应力下,金属中位置最不利或较弱的晶体,沿最大切应力作用面形成滑移带,滑移带开裂成为微观裂纹。在构件外形突变(如圆角、切口、沟槽等)或表面刻痕或材料内部缺陷等部位,都可能因较大的应力集中而引起微观裂纹。分散的微观裂纹经过集结贯通,将形成宏观裂纹。以上是裂纹的萌生过程。已形成的宏观裂纹在交变应力下逐渐扩展。扩展是缓慢的而且并不连续,因应力水平的高低时而持续时而停滞。这就是裂纹的扩展过程。随着裂纹的扩展,构件截面逐步削弱,当削弱到一定极限时,构件便发生突然断裂。

图 11.4a 是构件疲劳断口的照片。观察断口,可以发现断口分成两个区域,即光滑区和粗糙区,粗糙区呈颗粒状(图 11.4b)。因为在裂纹扩展过程中,裂纹的两个侧面在交变载荷下,时而压紧,时而分开,多次反复,这就形成断口的光滑区。断口的颗粒状粗糙区则是最后突然断裂形成的。

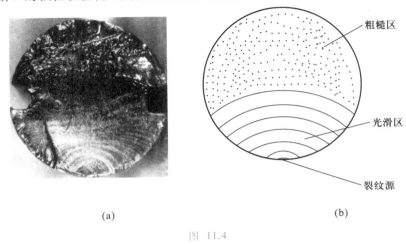

粗糙区

光滑区

裂纹源

(a)　　　　　　　　　　　(b)

图 11.4

疲劳失效是构件在名义应力低于强度极限,甚至低于屈服极限的情况下,突然发生的脆性断裂。飞机、车辆和机器发生的事故中,有很大比例是零部件疲劳失效造成的。这类事故带来的损失和伤亡都是非常惨痛的。所以,金属疲劳问题引起了多方关注。

§11.2　交变应力的循环特征、应力幅和平均应力

图 11.5 表示按正弦函数规律变化的应力 σ 与时间 t 的关系。由 a 到 b 应力经历了变化的全过程又回到原来的数值,称为一个应力循环。完成一个应力循环所需要的时间(如图中的 T),称为一个周期。以 $\sigma_{\max}$ 和 $\sigma_{\min}$ 分别表示循环中的最大和最小应力,比值

$$r = \frac{\sigma_{\min}}{\sigma_{\max}} \tag{11.1}$$

称为交变应力的循环特征或应力比。$\sigma_{\max}$ 与 $\sigma_{\min}$ 的代数和的二分之一称为平均应力,即

$$\sigma_{\mathrm{m}} = \frac{1}{2}(\sigma_{\max} + \sigma_{\min}) \tag{11.2}$$

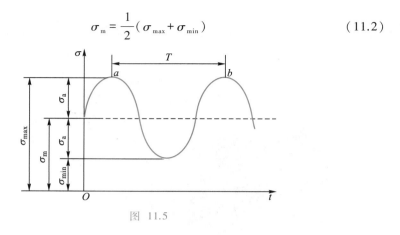

图 11.5

$\sigma_{\max}$ 与 $\sigma_{\min}$ 代数差的二分之一称为应力幅,即

$$\sigma_{\mathrm{a}} = \frac{1}{2}(\sigma_{\max} - \sigma_{\min}) \tag{11.3}$$

若交变应力的 $\sigma_{\max}$ 和 $\sigma_{\min}$ 大小相等,符号相反,例如,图 11.2 中的火车轴就是这样,这种情况称为对称循环。这时由公式(11.1),公式(11.2)和公式(11.3)得

$$r = -1, \qquad \sigma_{\mathrm{m}} = 0, \qquad \sigma_{\mathrm{a}} = \sigma_{\max} \tag{a}$$

各种应力循环中,除对称循环外,其余情况统称为不对称循环。由公式(11.2)和公式(11.3)知

$$\sigma_{\max} = \sigma_{\mathrm{m}} + \sigma_{\mathrm{a}}, \qquad \sigma_{\min} = \sigma_{\mathrm{m}} - \sigma_{\mathrm{a}} \tag{11.4}$$

可见,任一不对称循环都可看成是在平均应力 σ_{m} 上叠加一个幅度为 σ_{a} 的对称循环。如图 11.5 所示。

若应力循环中的 $\sigma_{\min} = 0$(或 $\sigma_{\max} = 0$),表示交变应力变动于某一应力与零之间,图 11.1 中齿根 A 点的应力就是这样的。这种情况称为脉动循环。这时,

$$r = 0, \quad \sigma_{\mathrm{a}} = \sigma_{\mathrm{m}} = \frac{1}{2}\sigma_{\max} \quad (\sigma_{\min} = 0) \tag{b}$$

或

$$r = -\infty, \quad -\sigma_{\mathrm{a}} = \sigma_{\mathrm{m}} = \frac{1}{2}\sigma_{\min} \quad (\sigma_{\max} = 0) \tag{c}$$

静应力也可看作是交变应力的特例,这时应力并无变化,故

$$r = 1, \quad \sigma_{\mathrm{a}} = 0, \quad \sigma_{\max} = \sigma_{\min} = \sigma_{\mathrm{m}} \tag{d}$$

§11.3　疲劳极限

交变应力下,应力低于屈服极限时金属就可能发生疲劳,因此,静载下测定的屈服极限或强度极限已不能作为交变应力作用情形的强度指标。金属疲劳的强度指标应重新测定。

在对称循环下测定疲劳强度指标,技术上比较简单,也最为常见。测定时将金属加工成 $d = 7 \sim 10$ mm,表面光滑的试样(光滑小试样),每组试样约为 10 根。把试样装于疲劳试验机上(图 11.6),使它承受纯弯曲。在最小直径截面上,最大弯曲正应力为

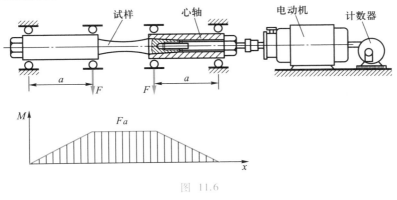

试样　　心轴　　　电动机　　计数器

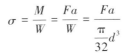

[图 11.6]

$$\sigma = \frac{M}{W} = \frac{Fa}{W} = \frac{Fa}{\dfrac{\pi}{32}d^3}$$

保持载荷 F 的大小和方向不变,以电动机带动试样旋转。每旋转一周,截面上的点便经历一次对称应力循环。这与图 11.2 中火车轴的受力情况是相似的。

试验时,使第一根试样的最大应力 $\sigma_{\max,1}$ 较高,约为强度极限 σ_b 的 70%。经历 N_1 次循环后,试样发生疲劳破坏。N_1 称为应力为 $\sigma_{\max,1}$ 时的疲劳寿命(简称寿命)。然后,使第二根试样的应力 $\sigma_{\max,2}$ 略低于第一根试样,疲劳破坏时的循环次数为 N_2。一般说,随着应力水平的降低,循环次数(寿命)迅速增加。逐步降低应力水平,得出各试样疲劳破坏时的相应寿命。以应力为纵坐标,寿命 N 为横坐标,由试验结果描成的曲线,称为应力-寿命曲线或 $S-N$ 曲线(图 11.7)。钢试样的疲劳试验表明,当应力降到某一极限值时,$S-N$ 曲线趋近于水平线。这表明只要应力不超过这一极限值,N 可无限增长,即试样可以经历无限次循环

而不发生疲劳破坏。交变应力的这一极限值称为疲劳极限或持久极限。对称循环的疲劳极限记为 σ_{-1}，下标"-1"表示对称循环的循环特征为 $r=-1$。

常温下的试验结果表明，如钢制试样经历 10^7 次循环仍未发生疲劳破坏，则再增加循环次数，也不会发生疲劳破坏。所以，就把在 10^7 次循环下仍未疲劳的最大应力，规定为钢材的疲劳极限，而把 $N_0=10^7$ 称为循环基数。有色金属的 $S-N$ 曲线无明显趋于水平的直线部分。通常规定一个循环基数，例如 $N_0=10^8$，把它对应的最大应力作为这类材料的"条件"疲劳极限。

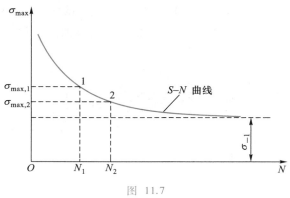

图 11.7

§11.4　影响疲劳极限的因素

对称循环的疲劳极限 σ_{-1}，一般是常温下用光滑小试样测定的。但实际构件的外形、尺寸、表面质量、工作环境等，都将影响疲劳极限的数值。下面就介绍影响疲劳极限的几种主要因素。

1. 构件外形的影响　构件外形的突然变化，例如构件上有槽、孔、缺口、轴肩等，将引起应力集中。在应力集中的局部区域更易形成疲劳裂纹，使构件的疲劳极限显著降低。在对称循环下，若以 $(\sigma_{-1})_{\mathrm{d}}$ 或 $(\tau_{-1})_{\mathrm{d}}$ 表示无应力集中的光滑试样的疲劳极限；$(\sigma_{-1})_{\mathrm{k}}$ 或 $(\tau_{-1})_{\mathrm{k}}$ 表示有应力集中因素，且尺寸与光滑试样相同的试样的疲劳极限，则比值

$$K_\sigma=\frac{(\sigma_{-1})_{\mathrm{d}}}{(\sigma_{-1})_{\mathrm{k}}}(\text{对于正应力})\qquad \text{或}\qquad K_\tau=\frac{(\tau_{-1})_{\mathrm{d}}}{(\tau_{-1})_{\mathrm{k}}}(\text{对于切应力})\qquad（11.5）$$

称为有效应力集中因数。因 $(\sigma_{-1})_{\mathrm{d}}$ 大于 $(\sigma_{-1})_{\mathrm{k}}$，$(\tau_{-1})_{\mathrm{d}}$ 大于 $(\tau_{-1})_{\mathrm{k}}$，所以 K_σ 和 K_τ 都大于 1。工程中为使用方便，把关于有效应力集中因数的数据整理成曲线或表格，图 11.8 和图 11.9 就是这类曲线。

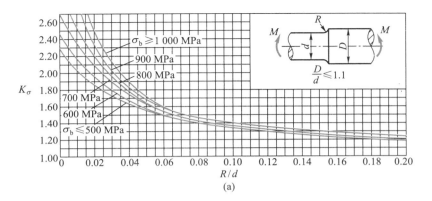

(a)

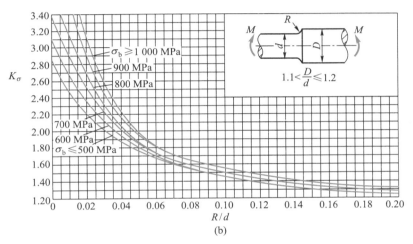

(b)

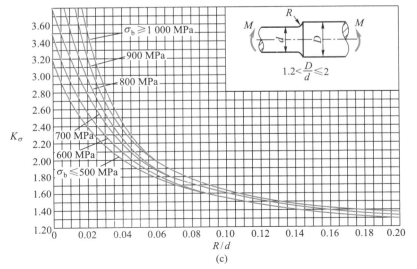

(c)

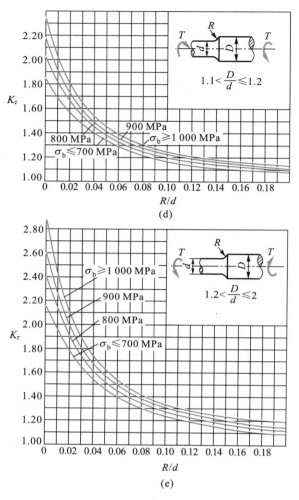

图 11.8

在 §2.12 中曾经提到,应力集中处的最大应力与按公式计算的"名义"应力之比,称为理论应力集中因数。它可用弹性力学或光弹性实验的方法来确定。理论应力集中因数只与构件外形有关,没有考虑材料性质。用不同材料加工成形状、尺寸相同的构件,则这些构件的理论应力集中因数也相同。但是,由图 11.8 和图 11.9 可以看出,有效应力集中因数不仅与构件的形状、尺寸有关,而且与强度极限 σ_b,亦即与材料的性质有关。有一些由理论应力集中因数估算出有效应力集中因数的经验公式[1],这里不再详细介绍。一般说静载抗拉强度越高,

---

① 例如,H.M.别辽耶夫著《材料力学》,干光瑜等译。

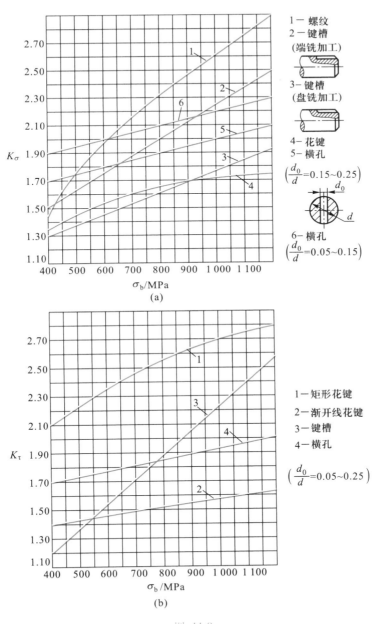

图 11.9

有效应力集中因数越大,即对应力集中越敏感。

2. 构件尺寸的影响 疲劳极限一般是用直径为 7~10 mm 的小试样测定的。随着试样横截面尺寸的增大,疲劳极限将相应降低。现以图 11.10 中两个受扭试样来说明。沿圆截面的半径,切应力是线性分布的,若两者最大切应力相等,显然有 $\alpha_1 < \alpha_2$,即沿圆截面半径,大试样应力的衰减比小试样缓慢,因而大试样横截面上的高应力区比小试样的大。即大试样中处于高应力状态的晶粒比小试样的多,所以形成疲劳裂纹的机会也就更大。

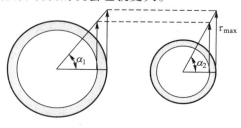

图 11.10

在对称循环下,若光滑小试样的疲劳极限为 σ_{-1},光滑大试样的疲劳极限为 $(\sigma_{-1})_d$,则比值

$$\varepsilon_\sigma = \frac{(\sigma_{-1})_d}{\sigma_{-1}} \tag{11.6}$$

称为尺寸因数,其数值小于 1。对扭转,尺寸因数为

$$\varepsilon_\tau = \frac{(\tau_{-1})_d}{\tau_{-1}} \tag{11.7}$$

常用钢材的尺寸因数已列入表 11.1 中。

表 11.1　尺　寸　因　数

直径 d/mm		>20~30	>30~40	>40~50	>50~60	>60~70
ε_σ	碳钢	0.91	0.88	0.84	0.81	0.78
	合金钢	0.83	0.77	0.73	0.70	0.68
各种钢 ε_τ		0.89	0.81	0.78	0.76	0.74
直径 d/mm		>70~80	>80~100	>100~120	>120~150	>150~500
ε_σ	碳钢	0.75	0.73	0.70	0.68	0.60
	合金钢	0.66	0.64	0.62	0.60	0.54
各种钢 ε_τ		0.73	0.72	0.70	0.68	0.60

3. 构件表面质量的影响　一般情况下,构件的最大应力发生于表层,疲劳裂纹也多出现于表层生成。表面加工的刀痕、擦伤等将引起应力集中,降低疲劳极限。所以,表面加工质量对疲劳极限有明显的影响。若表面磨光的试样的疲劳极限为 $(\sigma_{-1})_d$,而表面为其他加工情况时构件的疲劳极限为 $(\sigma_{-1})_\beta$,则比值

$$\beta = \frac{(\sigma_{-1})_\beta}{(\sigma_{-1})_d} \tag{11.8}$$

称为表面质量因数。不同表面粗糙度的 β 列入表 11.2 中。可以看出,表面质量低于磨光试样时,$\beta < 1$。还可看出,高强度钢材随表面质量的降低,β 的下降比较明显。这说明优质钢材更需要高质量的表面加工,才能充分发挥高强度的性能。

表 11.2　不同表面粗糙度的表面质量因数 β

加工方法	轴表面粗糙度 $R_a/\mu m$	σ_b/MPa		
		400	800	1 200
磨　　削	0.4 ~ 0.1	1	1	1
车　　削	3.2 ~ 0.8	0.95	0.90	0.80
粗　　车	25 ~ 6.3	0.85	0.80	0.65
未加工的表面	—	0.75	0.65	0.45

另一方面,如构件经淬火、渗碳、氮化等热处理或化学处理,使表层得到强化;或者经滚压、喷丸等机械处理,使表层形成预压应力,减弱容易引起裂纹的工作拉应力,这些都会明显提高构件的疲劳极限,得到大于 1 的 β。各种强化方法的表面质量因数列入表 11.3 中。

表 11.3　各种强化方法的表面质量因数 β

强化方法	心部强度 σ_b/MPa	β		
		光轴	低应力集中的轴 $K_\sigma \leqslant 1.5$	高应力集中的轴 $K_\sigma \geqslant 1.8 ~ 2$
高频淬火	600 ~ 800	1.5 ~ 1.7	1.6 ~ 1.7	2.4 ~ 2.8
	800 ~ 1 000	1.3 ~ 1.5		
氮化	900 ~ 1 200	1.1 ~ 1.25	1.5 ~ 1.7	1.7 ~ 2.1
渗碳	400 ~ 600	1.8 ~ 2.0	3	
	700 ~ 800	1.4 ~ 1.5		
	1 000 ~ 1 200	1.2 ~ 1.3	2	

强化方法	心部强度 σ_b/MPa	β		
		光轴	低应力集中的轴 $K_\sigma \leqslant 1.5$	高应力集中的轴 $K_\sigma \geqslant 1.8 \sim 2$
喷丸硬化	$600 \sim 1\,500$	$1.1 \sim 1.25$	$1.5 \sim 1.6$	$1.7 \sim 2.1$
滚子滚压	$600 \sim 1\,500$	$1.1 \sim 1.3$	$1.3 \sim 1.5$	$1.6 \sim 2.0$

注:1. 高频淬火系根据直径为 $10 \sim 20\,mm$,淬硬层厚度为 $(0.05 \sim 0.20)d$ 的试样实验求得的数据,对大尺寸的试样强化系数的值会有某些降低。

2. 氮化层厚度为 $0.01d$ 时用小值;在 $(0.03 \sim 0.04)d$ 时用大值。

3. 喷丸硬化系根据 $8 \sim 40\,mm$ 的试样求得的数据。喷丸速度低时用小值,速度高时用大值。

4. 滚子滚压系根据 $17 \sim 130\,mm$ 的试样求得的数据。

综合上述三种因素,在对称循环下,构件的疲劳极限应为

$$\sigma_{-1}^0 = \frac{\varepsilon_\sigma \beta}{K_\sigma} \sigma_{-1} \tag{11.9}$$

式中 σ_{-1} 是光滑小试样的持久极限。公式(11.9)是对正应力写出的,如为切应力可写成

$$\tau_{-1}^0 = \frac{\varepsilon_\tau \beta}{K_\tau} \tau_{-1} \tag{11.10}$$

除上述三种因素外,构件的工作环境,如温度、介质等也会影响疲劳极限的数值。仿照前面的方法,这类因素的影响也可用修正系数来表示,这里不再赘述。

§11.5 对称循环下构件的疲劳强度计算

对称循环下,实际构件的疲劳极限 σ_{-1}^0 由公式(11.9)来计算。将 σ_{-1}^0 除以安全因数 n 得许用应力为

$$[\sigma_{-1}] = \frac{\sigma_{-1}^0}{n} \tag{a}$$

构件的强度条件应为

$$\sigma_{max} \leqslant [\sigma_{-1}] \quad \text{或} \quad \sigma_{max} \leqslant \frac{\sigma_{-1}^0}{n} \tag{b}$$

式中 σ_{max} 是构件危险点的最大工作应力。

也可把强度条件写成由安全因数表达的形式。由式(b)知

$$\frac{\sigma_{-1}^{0}}{\sigma_{\max}} \geqslant n \qquad (\text{c})$$

上式左侧是实际构件疲劳极限 σ_{-1}^{0} 与最大工作应力 $\sigma_{\max}$ 之比,代表构件工作时的安全储备,称为构件的工作安全因数,用 n_σ 来表示,即

$$n_\sigma = \frac{\sigma_{-1}^{0}}{\sigma_{\max}} \qquad (\text{d})$$

于是强度条件(c)可以写成

$$n_\sigma \geqslant n \qquad (11.11)$$

即构件的工作安全因数 n_σ 应大于或等于规定的安全因数 n。

将公式(11.9)代入式(d),便可把工作安全因数 n_σ 和强度条件表示为

$$n_\sigma = \frac{\sigma_{-1}}{\dfrac{K_\sigma}{\varepsilon_\sigma \beta} \sigma_{\max}} \geqslant n \qquad (11.12)$$

如为扭转交变应力,公式(11.12)应写成

$$n_\tau = \frac{\tau_{-1}}{\dfrac{K_\tau}{\varepsilon_\tau \beta} \tau_{\max}} \geqslant n \qquad (11.13)$$

例 11.1 某减速器第一轴如图 11.11 所示。键槽为端铣加工,$m-m$ 截面上的弯矩 $M = 860\ \text{N·m}$,轴的材料为 Q275 钢,$\sigma_{\text{b}} = 520\ \text{MPa}$,$\sigma_{-1} = 220\ \text{MPa}$。若规定安全因数 $n = 1.4$,试校核 $m-m$ 截面的强度。

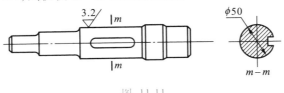

图 11.11

解: 计算轴在 $m-m$ 截面上的最大工作应力。若不计键槽对抗弯截面系数的影响,则 $m-m$ 截面的抗弯截面系数为

$$W = \frac{\pi}{32} d^3 = \frac{\pi}{32} \times (0.05\ \text{m})^3 = 12.27 \times 10^{-6}\ \text{m}^3$$

轴在恒定弯矩 M 作用下旋转,故为弯曲变形下的对称循环。

$$\sigma_{\max} = \frac{M}{W} = \frac{860\ \text{N·m}}{12.27 \times 10^{-6}\ \text{m}^3} = 70 \times 10^6\ \text{Pa} = 70\ \text{MPa}$$

$$\sigma_{\min} = -70\ \text{MPa}$$

$$r = -1$$

现在确定轴在 $m-m$ 截面上的系数 K_σ，ε_σ，β。由图 11.9a 中的曲线 2 查得端铣加工的键槽，当 $\sigma_b = 520$ MPa 时，$K_\sigma = 1.65$。由表 11.1 查得 $\varepsilon_\sigma = 0.84$。由表 11.2，使用插入法，求得 $\beta = 0.936$。

把以上求得的 σ_{max}，K_σ，ε_σ，β 等代入公式（11.12），求出截面 $m-m$ 处的工作安全因数为

$$n_\sigma = \frac{\sigma_{-1}}{\dfrac{K_\sigma}{\varepsilon_\sigma \beta}\sigma_{max}} = \frac{220 \text{ MPa}}{\dfrac{1.65}{0.84 \times 0.936} \times 70 \text{ MPa}} = 1.5$$

规定的安全因数为 $n = 1.4$。所以，轴在截面 $m-m$ 处满足强度条件（11.11）。

§11.6　疲劳极限曲线

在不对称循环的情况下，用 σ_r 表示疲劳极限。σ_r 的下标 r 代表循环特征。例如，脉动循环的 $r = 0$，其疲劳极限就记为 σ_0。与测定对称循环疲劳极限 σ_{-1} 的方法相似，在给定的循环特征 r 下进行疲劳试验，求得相应的 $S-N$ 曲线。图 11.12 即为这种曲线的示意图。利用 $S-N$ 曲线便可确定不同 r 值的疲劳极限 σ_r。

选取以平均应力 σ_m 为横轴，应力幅 σ_a 为纵轴的坐标系，如图 11.13 所示。对任一个应力循环，由它的 σ_m 和 σ_a 便可在坐标系

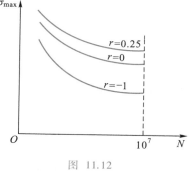

图　11.12

中确定一个对应的 P 点。由公式（11.4）知，若把一点的纵、横坐标相加，就是该点所代表的应力循环的最大应力，即

$$\sigma_a + \sigma_m = \sigma_{max} \qquad (a)$$

由原点到 P 点作射线 OP，其斜率为

$$\tan \alpha = \frac{\sigma_a}{\sigma_m} = \frac{\sigma_{max} - \sigma_{min}}{\sigma_{max} + \sigma_{min}} = \frac{1-r}{1+r} \qquad (b)$$

可见循环特征 r 相同的所有应力循环都在同一射线上。离原点越远，纵、横坐标之和越大，应力循环的 σ_{max} 也越大。显然，只要 σ_{max} 不超过同一 r 下的疲劳极限 σ_r，就不会出现疲劳失效。故在每一条由原点出发的射线上，都有一个由疲劳极限确定的临界点（如 OP 线上的 P'）。对于对称循环，$r = -1$，$\sigma_m = 0$，$\sigma_a = \sigma_{max}$，表明与对称循环对应的点都在纵轴上。由 σ_{-1} 在纵轴上确定对称循环的临界点

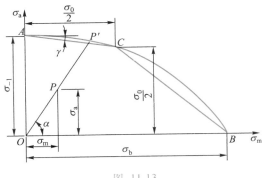

图 11.13

A。对于静载，$r = +1$，$\sigma_m = \sigma_{max}$，$\sigma_a = 0$，表明与静载对应的点都在横轴上。由 σ_b 在横轴上确定静载的临界点 B。脉动循环的 $r = 0$，由式（b）知 $\tan \alpha = 1$，故与脉动循环对应的点都在 $\alpha = 45°$ 的射线上，与其疲劳极限 σ_0 相应的临界点为 C。总之，对任一循环特性 r，都可确定与其疲劳极限相应的临界点。将这些点连成曲线即为疲劳极限曲线，如图 11.13 中的曲线 $AP'CB$。

在 $\sigma_m - \sigma_a$ 坐标平面内，疲劳极限曲线与坐标轴围成一个区域。在这个区域内的点，例如 P 点，它所代表的应力循环的最大应力（等于 P 点纵、横坐标之和），必然小于同一 r 下的疲劳极限（等于 P' 点纵、横坐标之和），所以不会引起疲劳。

由于需要较多的试验资料才能得到疲劳极限曲线，所以通常采用简化的疲劳极限曲线。最常用的简化方法是由对称循环、脉动循环和静载荷，确定 A，C，B 三点，用折线 ACB 代替原来的曲线。折线的 AC 部分的倾角为 γ，斜率为

$$\psi_\sigma = \tan \gamma = \frac{\sigma_{-1} - \sigma_0/2}{\sigma_0/2} \tag{11.14}$$

直线 AC 上的点都与疲劳极限 σ_r 相对应，将这些点的横坐标和纵坐标分别记为 σ_{rm} 和 σ_{ra}，于是 AC 的方程式可以写成

$$\sigma_{ra} = \sigma_{-1} - \psi_\sigma \sigma_{rm} \tag{11.15}$$

系数 ψ_σ 与材料有关。对拉 – 压或弯曲，碳钢的 $\psi_\sigma = 0.1 \sim 0.2$，合金钢的 $\psi_\sigma = 0.2 \sim 0.3$。对扭转，碳钢的 $\psi_\tau = 0.05 \sim 0.1$，合金钢的 $\psi_\tau = 0.1 \sim 0.15$。

上述简化折线只考虑了 $\sigma_m > 0$ 的情况。对塑性材料，一般认为在 σ_m 为压应力时仍与 σ_m 为拉应力时相同。

§11.7 不对称循环下构件的疲劳强度计算

前节讨论的疲劳极限曲线或其简化折线,都是以光滑小试样的试验结果为依据的。对实际构件,则应考虑应力集中、构件尺寸和表面质量的影响。实验结果表明,上述诸因素只影响应力幅,而对平均应力并无影响。即图 11.13 中直线 AC 的横坐标不变,而纵坐标则应乘以 $\dfrac{\varepsilon_\sigma \beta}{K_\sigma}$,这样就得到图 11.14 中的折线 EFB。

由公式(11.15)知,代表构件疲劳极限的直线 EF 的纵坐标应为 $\dfrac{\varepsilon_\sigma \beta}{K_\sigma} \cdot (\sigma_{-1} - \psi_\sigma \sigma_{rm})$。

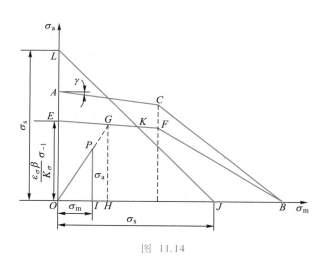

图 11.14

构件工作时,若危险点的应力循环由 P 点表示,则 $\overline{PI} = \sigma_a$,$\overline{OI} = \sigma_m$。保持 r 不变,延长射线 OP 与 EF 相交于 G 点,G 点纵、横坐标之和就是实际构件的疲劳极限 σ_r,即 $\overline{OH} + \overline{GH} = \sigma_r$。构件的工作安全因数应为

$$n_\sigma = \frac{\sigma_r}{\sigma_{max}} = \frac{\overline{OH} + \overline{GH}}{\sigma_m + \sigma_a} = \frac{\sigma_{rm} + \overline{GH}}{\sigma_m + \sigma_a} \qquad (a)$$

因为 G 点在直线 EF 上,其纵坐标应为

$$\overline{GH} = \frac{\varepsilon_\sigma \beta}{K_\sigma}(\sigma_{-1} - \psi_\sigma \sigma_{rm}) \qquad (b)$$

再由三角形 OPI 和 OGH 的相似关系,得

$$\overline{GH} = \frac{\sigma_a}{\sigma_m} \sigma_{rm} \qquad (c)$$

从式(b),式(c)两式中解出

$$\sigma_{rm} = \frac{\sigma_{-1}}{\frac{K_\sigma}{\varepsilon_\sigma \beta} \sigma_a + \psi_\sigma \sigma_m} \cdot \sigma_m, \qquad \overline{GH} = \frac{\sigma_{-1}}{\frac{K_\sigma}{\varepsilon_\sigma \beta} \sigma_a + \psi_\sigma \sigma_m} \cdot \sigma_a$$

代入式(a),即可求得

$$n_\sigma = \frac{\sigma_{-1}}{\frac{K_\sigma}{\varepsilon_\sigma \beta} \sigma_a + \psi_\sigma \sigma_m} \qquad (11.16)$$

构件的工作安全因数 n_σ 应大于或等于规定的安全因数 n,即强度条件仍为

$$n_\sigma \geqslant n \qquad (d)$$

n_σ 是对正应力写出的。若为切应力,工作安全因数应写成

$$n_\tau = \frac{\tau_{-1}}{\frac{K_\tau}{\varepsilon_\tau \beta} \tau_a + \psi_\tau \tau_m} \qquad (11.17)$$

除满足疲劳强度条件外,构件危险点的 σ_{max} 还应低于屈服极限 σ_s。在 $\sigma_m - \sigma_a$ 坐标系中,

$$\sigma_{max} = \sigma_a + \sigma_m = \sigma_s$$

这是斜直线 LJ。显然,代表构件最大应力的点应落在直线 LJ 的下方。所以,保证构件不发生疲劳也不发生塑性变形的区域,是折线 EKJ 与坐标轴围成的区域。

强度计算时,由构件工作应力的循环特征 r 确定射线 OP。如射线先与直线 EF 相交,则应由公式(11.16)计算 n_σ,进行疲劳强度校核。若射线先与直线 KJ 相交,则表示构件在疲劳失效之前已发生塑性变形,应按静强度校核,强度条件是

$$n_\sigma = \frac{\sigma_s}{\sigma_{max}} \geqslant n_s \qquad (11.18)$$

一般地说,对 $r>0$ 的情况,应按上式补充静强度校核。

例 11.2 图 11.15 所示圆杆上有一个沿直径的贯穿圆孔,不对称交变弯矩为 $M_{max} = 5M_{min} = 512$ N·m。材料为合金钢,$\sigma_b = 950$ MPa,$\sigma_s = 540$ MPa,$\sigma_{-1} = 430$ MPa,$\psi_\sigma = 0.2$。圆杆表面经磨削加工。若规定安全因数 $n = 2$,$n_s = 1.5$,试校核此杆的强度。

解:1. 计算圆杆的工作应力。

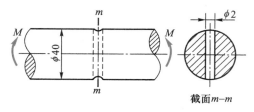

截面$m-m$

图 11.15

$$W = \frac{\pi}{32}d^3 = \frac{\pi}{32} \times (0.04 \text{ m})^3 = 6.28 \times 10^{-6} \text{ m}^3$$

$$\sigma_{max} = \frac{M_{max}}{W} = \frac{512 \text{ N} \cdot \text{m}}{6.28 \times 10^{-6} \text{m}^3} = 81.5 \times 10^6 \text{Pa} = 81.5 \text{ MPa}$$

$$\sigma_{min} = \frac{1}{5}\sigma_{max} = 16.3 \text{ MPa}$$

$$r = \frac{\sigma_{min}}{\sigma_{max}} = \frac{1}{5} = 0.2$$

$$\sigma_{m} = \frac{\sigma_{max} + \sigma_{min}}{2} = \frac{81.5 \text{ MPa} + 16.3 \text{ MPa}}{2} = 48.9 \text{ MPa}$$

$$\sigma_{a} = \frac{\sigma_{max} - \sigma_{min}}{2} = 32.6 \text{ MPa}$$

2. 确定系数 $K_\sigma, \varepsilon_\sigma, \beta$。按照圆杆的尺寸，$\frac{d_0}{d} = \frac{2}{40} = 0.05$。由图 11.9a 中的曲线 6 查得，当 $\sigma_b = 950$ MPa 时，$K_\sigma = 2.18$。由表 11.1 查出：$\varepsilon_\sigma = 0.77$。由表 11.2 查出：表面经磨削加工的杆件，$\beta = 1$。

3. 疲劳强度校核。由公式(11.16)计算工作安全因数

$$n_\sigma = \frac{\sigma_{-1}}{\dfrac{K_\sigma}{\varepsilon_\sigma \beta}\sigma_a + \psi_\sigma \sigma_m} = \frac{430 \text{ MPa}}{\dfrac{2.18}{0.77 \times 1} \times 32.6 \text{ MPa} + 0.2 \times 48.9 \text{ MPa}} = 4.21$$

规定的安全因数为 $n = 2$。$n_\sigma > n$，所以疲劳强度是足够的。

4. 静强度校核。因为 $r = 0.2 > 0$，所以需要校核静强度。由公式(11.18)算出最大应力对屈服极限的工作安全因数为

$$n_\sigma = \frac{\sigma_s}{\sigma_{max}} = \frac{540 \text{ MPa}}{81.5 \text{ MPa}} = 6.62 > n_s$$

所以静强度条件也是满足的。

§ 11.8 弯扭组合交变应力的强度计算

弯曲和扭转组合下的交变应力在工程中最为常见。在同步的弯扭组合对称循环交变应力下,钢材光滑小试样的试验资料表明,疲劳极限中的弯曲正应力 σ_{rb} 和扭转切应力 τ_{rt} 满足下列椭圆关系:

$$\left(\frac{\sigma_{rb}}{\sigma_{-1}}\right)^2 + \left(\frac{\tau_{rt}}{\tau_{-1}}\right)^2 = 1 \qquad (\text{a})$$

式中 σ_{-1} 是单一的弯曲对称循环疲劳极限,τ_{-1} 是单一的扭转对称循环疲劳极限。为把应力集中、构件尺寸和表面质量等因素考虑在内,以 $\dfrac{\varepsilon_\sigma \beta}{K_\sigma}$ 乘第一项的分子和分母,以 $\dfrac{\varepsilon_\tau \beta}{K_\tau}$ 乘第二项的分子和分母,并将 $\dfrac{\varepsilon_\sigma \beta}{K_\sigma}\sigma_{rb}$ 记为 $(\sigma_b)_d$,$\dfrac{\varepsilon_\tau \beta}{K_\tau}\tau_{rt}$ 记为 $(\tau_t)_d$,它们分别代表构件疲劳极限中的弯曲正应力和扭转切应力。于是式(a)化为

$$\left[\frac{(\sigma_b)_d}{\dfrac{\varepsilon_\sigma \beta}{K_\sigma}\sigma_{-1}}\right]^2 + \left[\frac{(\tau_t)_d}{\dfrac{\varepsilon_\tau \beta}{K_\tau}\tau_{-1}}\right]^2 = 1 \qquad (\text{b})$$

在图 11.16 中画出了上式所表示的椭圆的四分之一。显然,椭圆所围成的区域是不引起疲劳失效的范围。

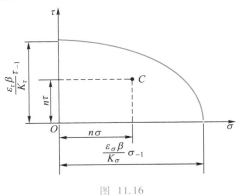

图 11.16

在弯扭交变应力下,设构件的工作弯曲正应力为 σ,扭转切应力为 τ。如设想把两部分应力扩大 n 倍(n 为规定的安全因数),则由 $n\sigma$ 和 $n\tau$ 确定的点 C 应该落在椭圆的内部,或者最多落在椭圆上,即

$$\left(\frac{n\sigma}{\dfrac{\varepsilon_\sigma\beta}{K_\sigma}\sigma_{-1}}\right)^2 + \left(\frac{n\tau}{\dfrac{\varepsilon_\tau\beta}{K_\tau}\tau_{-1}}\right)^2 \leqslant 1 \tag{c}$$

由公式(11.12)和公式(11.13)可知

$$\frac{\sigma}{\dfrac{\varepsilon_\sigma\beta}{K_\sigma}\sigma_{-1}} = \frac{1}{\dfrac{\sigma_{-1}}{\dfrac{K_\sigma}{\varepsilon_\sigma\beta}\sigma}} = \frac{1}{n_\sigma} \tag{d}$$

$$\frac{\tau}{\dfrac{\varepsilon_\tau\beta}{K_\tau}\tau_{-1}} = \frac{1}{\dfrac{\tau_{-1}}{\dfrac{K_\tau}{\varepsilon_\tau\beta}\tau}} = \frac{1}{n_\tau} \tag{e}$$

这里 n_σ 是单一弯曲对称循环的工作安全因数,n_τ 是单一扭转对称循环的工作安全因数。把式(d),式(e)两式代入式(c),略作整理即可得出

$$\frac{n_\sigma n_\tau}{\sqrt{n_\sigma^2 + n_\tau^2}} \geqslant n \tag{f}$$

这就是弯扭组合对称循环下的强度条件。把上式的左端记为 $n_{\sigma\tau}$,作为构件在弯扭组合交变应力下的安全因数,强度条件便可写成

$$n_{\sigma\tau} = \frac{n_\sigma n_\tau}{\sqrt{n_\sigma^2 + n_\tau^2}} \geqslant n \tag{11.19}$$

当弯扭组合为不对称循环时,仍按公式(11.19)计算,但这时 n_σ 和 n_τ 应由不对称循环的公式(11.16)和公式(11.17)求出。

例 11.3　阶梯轴的尺寸如图 11.17 所示。材料为合金钢,$\sigma_b = 900$ MPa,$\sigma_{-1} = 410$ MPa,$\tau_{-1} = 240$ MPa。作用于轴上的弯矩变化于 $-1\,000$ N·m 到 $+1\,000$ N·m 之间,扭矩变化于 0 到 $1\,500$ N·m 之间。若规定安全因数 $n = 2$,试校核轴的疲劳强度。

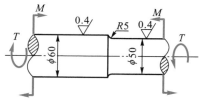

图 11.17

解:1. 计算轴的工作应力。取 $d = 50$ mm 的那段,因为此段的工作应力较高。首先计算交变弯曲正应力及其循环特征:

$$W = \frac{\pi d^3}{32} = \frac{\pi \times (0.05\text{ m})^3}{32} = 12.3 \times 10^{-6}\text{ m}^3$$

$$\sigma_{max} = \frac{M_{max}}{W} = \frac{1\,000\ \text{N}\cdot\text{m}}{12.27\times10^{-6}\,\text{m}^3} = 81.5\ \text{MPa}$$

$$\sigma_{min} = \frac{M_{min}}{W} = -\frac{1\,000\ \text{N}\cdot\text{m}}{12.27\times10^{-6}\,\text{m}^3} = -81.5\ \text{MPa}$$

$$r = \frac{\sigma_{min}}{\sigma_{max}} = -1$$

其次计算交变扭转切应力及其循环特征：

$$W_t = \frac{\pi d^3}{16} = \frac{\pi\times(0.05\ \text{m})^3}{16} = 24.54\times10^{-6}\ \text{m}^3$$

$$\tau_{max} = \frac{T_{max}}{W_t} = \frac{1\,500\ \text{N}\cdot\text{m}}{24.6\times10^{-6}\,\text{m}^3} = 61.1\times10^6\ \text{Pa} = 61.1\ \text{MPa}, \quad \tau_{min} = 0$$

$$r = \frac{\tau_{min}}{\tau_{max}} = 0, \quad \tau_a = \frac{\tau_{max}}{2} = 30.55\ \text{MPa}, \quad \tau_m = \frac{\tau_{max}}{2} = 30.55\ \text{MPa}$$

2. 确定各种系数。根据 $\frac{D}{d} = \frac{60}{50} = 1.2$，$\frac{R}{d} = \frac{5}{50} = 0.1$，由图 11.8b 查得 $K_\sigma = 1.55$，由图 11.8d 查得 $K_\tau = 1.24$。

由于名义应力 τ_{max} 是按轴直径等于 50 mm 计算的，所以尺寸因数也应按轴直径等于 50 mm 来确定。由表 11.1 查得 $\varepsilon_\sigma = 0.73$，$\varepsilon_\tau = 0.78$。

由表 11.2 查得，$\beta = 1$。

对合金钢取 $\psi_\tau = 0.1$。

3. 计算弯曲工作安全因数 n_σ 和扭转工作安全因数 n_τ。因为，弯曲正应力是对称循环，$r = -1$，故按公式 (11.12) 计算其工作安全因数 n_σ，即

$$n_\sigma = \frac{\sigma_{-1}}{\frac{K_\sigma}{\varepsilon_\sigma\beta}\sigma_{max}} = \frac{410\ \text{MPa}}{\frac{1.55}{0.73\times1}\times(81.5\ \text{MPa})} = 2.37$$

扭转切应力是脉动循环，$r = 0$，应按非对称循环计算工作安全因数，即由公式 (11.17) 计算 n_τ，

$$n_\tau = \frac{\tau_{-1}}{\frac{K_\tau}{\varepsilon_\tau\beta}\tau_a + \psi_\tau\tau_m} = \frac{240\ \text{MPa}}{\frac{1.24}{0.78\times1}\times(30.55\ \text{MPa}) + 0.1\times(30.55\ \text{MPa})} = 4.65$$

4. 计算弯扭组合交变应力下，轴的工作安全因数 $n_{\sigma\tau}$。由公式 (11.19)，算出

$$n_{\sigma\tau} = \frac{n_\sigma n_\tau}{\sqrt{n_\sigma^2 + n_\tau^2}} = \frac{2.37\times4.65}{\sqrt{2.37^2 + 4.65^2}} = 2.12 > n = 2$$

所以满足疲劳强度条件。

§11.9   变幅交变应力

前面讨论的都是应力幅和平均应力保持不变的交变应力,即常幅稳定交变应力。在某些情况下,例如行驶在崎岖路面上的汽车、受紊流影响的飞机等,其载荷是随机的。构件的应力幅不能保持不变,而且随时间的变化也是极不规则的。变动中的高应力还经常超出疲劳极限。在这种情况下,一般通过对实测记录的处理,简化成分级稳定交变应力(图 11.18)。然后,利用累积损伤理论估算构件的寿命。

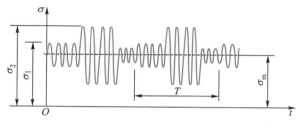

图 11.18

累积损伤的概念认为,当应力高于构件的疲劳极限时,每一应力循环都将使构件受到损伤,损伤积累到一定程度,便将引起疲劳失效。设变幅交变应力中,超过疲劳极限的应力是 $\sigma_1, \sigma_2, \cdots$。如构件在稳定常幅应力 σ_1 作用下寿命为 N_1(参看图 11.7),便可认为按 σ_1 每循环一次造成的损伤为 $\dfrac{1}{N_1}$。循环 n_1 次后形成的损伤就为 $\dfrac{n_1}{N_1}$。同理,若在 $\sigma_2, \sigma_3, \cdots$ 作用下的循环次数分别是 $n_2, n_3, \cdots$,则引起的损伤分别是 $\dfrac{n_2}{N_2}, \dfrac{n_3}{N_3}, \cdots$。损伤的总和为

$$\frac{n_1}{N_1} + \frac{n_2}{N_2} + \cdots = \sum_{i=1}^{k} \frac{n_i}{N_i} \tag{a}$$

显然,如应力始终维持为 σ_1,则当 $n_1 = N_1$ 时,亦即 $\dfrac{n_1}{N_1} = 1$ 时,构件将疲劳失效。线性累积损伤理论认为,变幅交变应力下,各级交变应力对构件引起的损伤总和等于 1 时,便造成疲劳失效,即

$$\sum_{i=1}^{k} \frac{n_i}{N_i} = 1 \qquad (11.20)$$

实验数据表明,不同的情况, $\sum_{i=1}^{k} \dfrac{n_i}{N_i}$ 的数值相当分散,并非都等于1。况且,疲劳损伤能否像上述线性理论中设想的可以简单叠加,仍值得商榷。这是因为前面的应力循环会影响后继应力循环造成的损伤,而后继应力循环也会影响前面已经形成的损伤。这些相互依赖的关系相当复杂,有待进一步研究。线性累积损伤理论由于计算简单,概念直观,在工程中广泛应用于有限寿命计算。

例如,设构件承受的交变应力开始按 σ_1 循环了 n_1 次,以后按 σ_2 循环。并且由 $S-N$ 曲线,已知与 σ_1 和 σ_2 对应的寿命分别是 N_1 和 N_2。将 N_1,N_2 和 n_1 代入公式(11.20),便可求出 n_2。n_2 就是构件后来在 σ_2 作用下,到达疲劳失效所经历的循环次数。

如能把应力与时间的关系简化成分级周期变化的应力谱(图 11.18),并设在一个周期 T 内,按 σ_1,σ_2,$\cdots$ 的循环次数分别为 n_1',n_2',$\cdots$,则在 λ 个周期内,按 σ_1,σ_2,$\cdots$ 经历的循环次数分别为

$$n_1 = \lambda n_1', \qquad n_2 = \lambda n_2', \cdots$$

代入公式(11.20),得

$$\lambda \sum_{i=1}^{k} \frac{n_i'}{N_i} = 1$$

由 $S-N$ 曲线求出 N_i,由应力谱求出 n_i',于是由上式可以求出周期数 λ。

§ 11.10　提高构件疲劳强度的措施

疲劳裂纹的形成主要在应力集中的部位和构件表面。提高疲劳强度应从减缓应力集中、提高表面质量等方面入手。

1. 减缓应力集中　为了消除或减缓应力集中,在设计构件的外形时,要避免出现方形或带有尖角的孔和槽。在截面尺寸突然改变处(如阶梯轴的轴肩),要采用半径足够大的过渡圆角。例如,以图 11.19 中的两种情况相比,过渡圆角半径 R 较大的阶梯轴(图 11.19a)的应力集中程度就比半径 R 较小的阶梯轴(图 11.19b)缓和得多。从图 11.8 中的曲线也可看出,随着 R 的增大,有效应力集中因数迅速减小。有时因结构上的原因,难以加大过渡圆角的半径,这时可在直径较大的轴上开减荷槽(图 11.20)或退刀槽(图 11.21),都可使应力集中有明显的减弱。

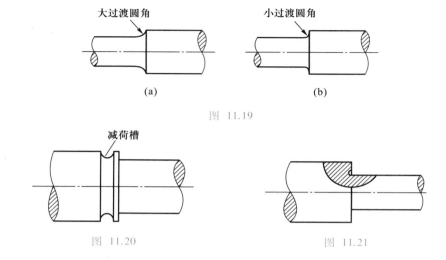

图 11.19

图 11.20

图 11.21

在紧配合的轮毂与轴的配合面边缘处,有明显的应力集中。若在轮毂上开减荷槽,并加粗轴的配合部分(图 11.22),以缩小轮毂与轴之间的刚度差距,可改善配合面边缘处的应力集中。在角焊缝处,如采用图 11.23a 所示坡口焊接,应力集中程度要比无坡口焊接(图 11.23b)改善很多。

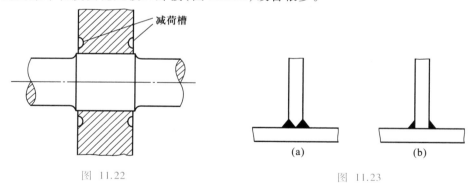

图 11.22

图 11.23

2. 降低表面粗糙度　构件表面加工质量对疲劳强度影响很大(§11.4),对疲劳强度要求较高的构件,应有较低的表面粗糙度。高强度钢对表面粗糙度更为敏感,只有经过精加工,才更有利于发挥它的高强度性能。否则将会使疲劳极限大幅度下降,失去采用高强度钢的意义。在使用中也应尽量避免使构件表面受到机械损伤(如划伤、打印等)或化学损伤(如腐蚀、生锈等)。

3. 增加表层强度　为了强化构件的表层,可采用热处理和化学处理,如表面高频淬火、渗碳、氮化等,皆可使构件疲劳强度有显著提高。但采用这些方法时,要严格控制工艺过程,否则将造成表面微细裂纹,反而降低疲劳极限。也可以用机械的方法强化表层,如滚压、喷丸等,以提高疲劳强度(§11.4)。

习　　题

11.1　火车轮轴受力情况如图所示。$a = 500$ mm,$l = 1\,435$ mm,轮轴中段直径 $d = 150$ mm。若 $F = 50$ kN,试求轮轴中段截面边缘上任一点的最大应力 σ_{max},最小应力 σ_{min},循环特征 r,并作出 $\sigma - t$ 曲线。

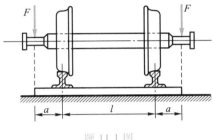

题 11.1 图

11.2　柴油发动机连杆大头螺钉在工作时受到的最大拉力 $F_{max} = 58.3$ kN,最小拉力 $F_{min} = 55.8$ kN。螺纹处内径 $d = 11.5$ mm。试求其平均应力 σ_m、应力幅 σ_a、循环特征 r,并作出 $\sigma - t$ 曲线。

11.3　某阀门弹簧如图所示。当阀门关闭时,最小工作载荷 $F_{min} = 200$ N;当阀门顶开时,最大工作载荷 $F_{max} = 500$ N。设簧丝的直径 $d = 5$ mm,弹簧外径 $D_1 = 36$ mm,试求平均应力 τ_m、应力幅 τ_a,循环特征 r,并作出 $\tau - t$ 曲线。

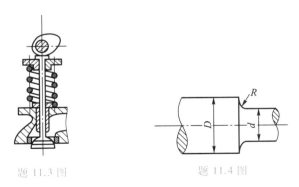

题 11.3 图　　　　　　　　　　　　题 11.4 图

11.4　阶梯轴如图所示。材料为铬镍合金钢,$\sigma_b = 920$ MPa,$\sigma_{-1} = 420$ MPa,$\tau_{-1} = 250$ MPa。轴的尺寸是:$d = 40$ mm,$D = 50$ mm,$R = 5$ mm。求弯曲和扭转时的有效应力集中因数和尺寸因数。

11.5　图示货车轮轴两端载荷 $F = 110$ kN,材料为车轴钢,$\sigma_b = 500$ MPa,$\sigma_{-1} = 240$ MPa。

规定安全因数 $n = 1.5$。试校核 1–1 和 2–2 截面的疲劳强度。

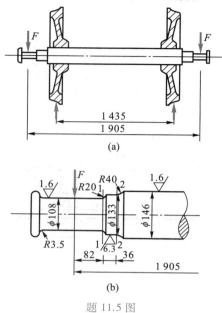

题 11.5 图

11.6 在 $\sigma_{\mathrm{m}} - \sigma_{\mathrm{a}}$ 坐标系中,标出与图示应力循环对应的点,并求出自原点出发并通过这些点的射线与 σ_{m} 轴的夹角 α。

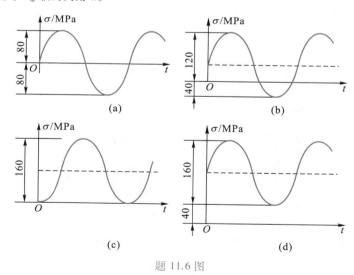

题 11.6 图

11.7 简化疲劳极限曲线时,如不采用折线 ACB,而采用连接 A、B 两点的直线来代替原来的曲线(见图),试证明构件的工作安全因数为

$$n_\sigma = \frac{\sigma_{-1}}{\dfrac{K_\sigma}{\varepsilon_\sigma \beta}\sigma_a + \psi_\sigma \sigma_m}$$

式中

$$\psi_\sigma = \frac{\sigma_{-1}}{\sigma_b}$$

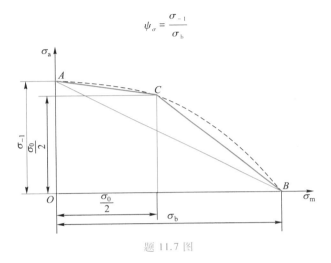

题 11.7 图

11.8 图示电动机轴直径 $d = 30$ mm,轴上开有端铣加工的键槽。轴的材料是合金钢,$\sigma_b = 750$ MPa,$\tau_b = 400$ MPa,$\tau_s = 260$ MPa,$\tau_{-1} = 190$ MPa。轴在 $n = 750$ r/min 的转速下传递功率 $P = 14.7$ kW。该轴时而工作,时而停止,但没有反向转动。轴表面经磨削加工。若规定安全因数 $n = 2$,$n_s = 1.5$,试校核轴的强度。

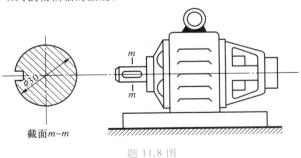

题 11.8 图

11.9 图示圆杆表面未经加工,且因径向圆孔而削弱。杆受由 0 到 F_{max} 的交变轴向力作用。已知材料为普通碳钢,$\sigma_b = 600$ MPa,$\sigma_s = 340$ MPa,$\sigma_{-1} = 200$ MPa。取 $\psi_\sigma = 0.1$,规定安全因数 $n = 1.7$,$n_s = 1.5$,试求最大许可载荷 F_{max}。

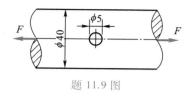

题 11.9 图

11.10　某发动机排气阀的密圈圆柱螺旋弹簧,其平均直径 $D = 60$ mm,圈数 $n = 10$,簧丝直径 $d = 6$ mm。弹簧材料的 $\sigma_b = 1\ 300$ MPa,$\tau_b = 800$ MPa,$\tau_s = 500$ MPa,$\tau_{-1} = 300$ MPa,$G = 80$ GPa。弹簧在预压缩量 $\lambda_1 = 40$ mm 和最大压缩量 $\lambda_{max} = 90$ mm 范围内工作。若取 $\beta = 1$,试求弹簧的工作安全因数。

11.11　重物 P 通过轴承对圆轴作用一铅垂方向的力,$P = 10$ kN,而轴在 $\pm 30°$ 范围内往复摆动。已知材料的 $\sigma_b = 600$ MPa,$\sigma_{-1} = 250$ MPa,$\sigma_s = 340$ MPa,$\psi_\sigma = 0.1$。试求危险截面上的点 $1,2,3,4$ 的:(1) 应力变化的循环特征;(2) 工作安全因数。

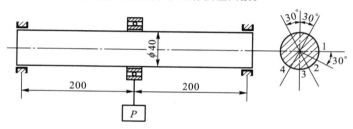

题 11.11 图

11.12　卷扬机的阶梯轴的某段需要安装一滚珠轴承,因滚珠轴承内座圈上圆角半径很小,如装配时不用定距环(图 a),则轴上的圆角半径应为 $R_1 = 1$ mm,如增加一定距环(图 b),则轴上圆角半径可增加为 $R_2 = 5$ mm。已知材料为 Q275 钢,$\sigma_b = 520$ MPa,$\sigma_{-1} = 220$ MPa,$\beta = 1$,规定安全因数 $n = 1.7$。试比较轴在(a),(b)两种情况下,对称循环许可弯矩 $[M]$。

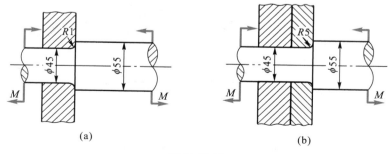

(a)　　　　　　　　　　　　(b)

题 11.12 图

11.13　图示直径 $D = 50\ \text{mm}, d = 40\ \text{mm}$ 的阶梯轴,受交变弯矩和扭矩的联合作用。圆角半径 $R = 2\ \text{mm}$。正应力从 50 MPa 变到 -50 MPa;切应力从 40 MPa 变到 20 MPa。轴的材料为碳钢,$\sigma_b = 550\ \text{MPa}, \sigma_{-1} = 220\ \text{MPa}, \tau_{-1} = 120$ MPa,$\sigma_s = 300\ \text{MPa}, \tau_s = 180\ \text{MPa}$。若取 $\psi_\tau = 0.1$,试求此轴的工作安全因数。设 $\beta = 1$。

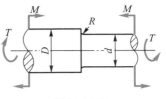

题 11.13 图

11.14　图示圆柱齿轮轴,左端由电机输入功率 $P = 29.4\ \text{kW}$,转速 $n = 800\ \text{r/min}$。齿轮切向力为 F_1,径向力 $F_2 = 0.36F_1$。轴上两个键槽均为端铣加工。安装齿轮处轴径 $\phi40$,左边轴肩直径 $\phi45$。轴的材料为 40Cr,$\sigma_b = 900\ \text{MPa}, \sigma_{-1} = 410\ \text{MPa}, \tau_{-1} = 240\ \text{MPa}$。规定安全因数 $n = 1.8$,试校核轴的疲劳强度。

提示:把扭转切应力作为脉动循环。

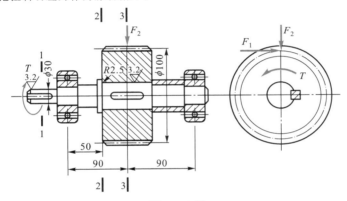

题 11.14 图

11.15　若材料疲劳极限曲线简化成图示折线 $EDKJ$,G 点代表构件危险点的交变应力,OG 的延长线与简化折线的线段 DK 相交。试求这一应力循环的工作安全因数。

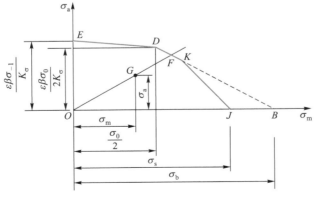

题 11.15 图

第十二章　弯曲的几个补充问题

§12.1　非对称弯曲

前面讨论的弯曲问题,要求梁有纵向对称面,且载荷都作用于这一对称面内,于是挠曲线也是这一对称面内的曲线。现在讨论梁无纵向对称面,或者虽有纵向对称面,但载荷并不在这个平面内的情况。

仍从纯弯曲入手。设梁的轴线为 x 轴,横截面内通过形心的两根任意轴为 y 轴和 z 轴(图 12.1)。显然,y 轴和 z 轴并不一定是形心主惯性轴。假设两端的纯弯曲力偶矩作用在 $x-y$ 平面内,并将其记为 M_z。这并不影响问题的普遍性,因为作用于两端的弯曲力偶矩,总可分解成分别在 $x-y$ 和 $x-z$ 两个平面中的力偶矩 M_z 和 M_y,这就可以先讨论 M_z 引起的应力,再讨论 M_y 的影响,然后将两者叠加。对当前讨论的纯弯曲问题,仍采用 §5.1 提出的两个假设,即(1)平面假设,(2)纵向纤维间无正应力。

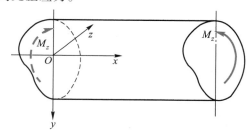

图 12.1

以相邻的两个横截面从梁中取出长为 $\mathrm{d}x$ 的微段,如图 12.2a 所示。图中画阴影线的曲面为中性层,它与横截面的交线为中性轴。根据平面假设,变形后两相邻横截面各自绕中性轴相对转动 $\mathrm{d}\theta$ 角,并仍保持为平面。图 12.2b 表示垂直于中性轴的纵向平面,它与中性层的交线为 $\overline{O'O'}$,ρ 为 $\overline{O'O'}$ 的曲率半径。仿照 §5.2 中导出纵向纤维应变 ε 的表达式的方法,可以求得距中性层为 η 的纵向纤维的应变为

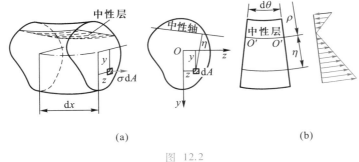

图　12.2

$$\varepsilon = \frac{(\rho + \eta)\,\mathrm{d}\theta - \rho\mathrm{d}\theta}{\rho\mathrm{d}\theta} = \frac{\eta}{\rho} \qquad\qquad (\,\text{a}\,)$$

所以,纵向纤维的应变 ε 与它到中性层的距离 η 成正比。当然,中性层的位置,亦即中性轴在截面上的位置,尚待确定。式(a)即为变形几何关系。

根据纵向纤维间无正应力的假设,各纵向纤维皆为单向拉伸或压缩。若应力低于比例极限,按胡克定律,有

$$\sigma = E\varepsilon = E\,\frac{\eta}{\rho} \qquad\qquad (\,\text{b}\,)$$

此即物理关系。它表明,横截面上一点的正应力与该点到中性轴的距离 η 成正比(图 12.2b)。

现在列出静力关系。横截面上只有由微内力 $\sigma\mathrm{d}A$ 组成的内力系,它是垂直于横截面的空间平行力系,与它相应的内力分量是轴力 F_{N}、弯矩 M_z 和 M_y,分别表示为

$$F_{\mathrm{N}} = \int_A \sigma\mathrm{d}A, \qquad M_y = \int_A z\sigma\mathrm{d}A, \qquad M_z = \int_A y\sigma\mathrm{d}A$$

横截面左侧的外力,只有 $x-y$ 平面内的弯曲力偶矩,且也把它记为 M_z。此外就别无其他外力。因此,截面左侧梁段的平衡方程是

$$F_{\mathrm{N}} = \int_A \sigma\mathrm{d}A = 0 \qquad\qquad (\,\text{c}\,)$$

$$M_y = \int_A z\sigma\mathrm{d}A = 0 \qquad\qquad (\,\text{d}\,)$$

$$M_z = \int_A y\sigma\mathrm{d}A \qquad\qquad (\,\text{e}\,)$$

以式(b)代入式(c),得

$$\int_A \sigma\mathrm{d}A = \frac{E}{\rho}\int_A \eta\mathrm{d}A = 0$$

因 $\dfrac{E}{\rho} \neq 0$，故有 $\displaystyle\int_A \eta \, dA = 0$，这里 η 是 dA 到中性轴的距离。这表明横截面 A 对中性轴的静矩等于零，中性轴必然通过截面形心。于是把图 12.2 中的中性轴改画成图 12.3 所表示的位置。这样，连接各截面形心的轴线就在中性层内，长度不变。在横截面上，以 θ 表示由 y 轴到中性轴的角度，且以逆时针方向为正。则 dA 到中性轴的距离 η 就可表为

$$\eta = y\sin\theta - z\cos\theta$$

代入式（b），得

$$\sigma = \frac{E}{\rho}(y\sin\theta - z\cos\theta) \tag{f}$$

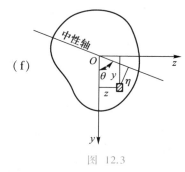

图 12.3

把式（f）代入平衡方程（d），得

$$\begin{aligned}
M_y &= \frac{E}{\rho}\left(\sin\theta\int_A yz\,dA - \cos\theta\int_A z^2\,dA\right)\\
&= \frac{E}{\rho}(I_{yz}\sin\theta - I_y\cos\theta) = 0
\end{aligned}$$

由此求得

$$\tan\theta = \frac{I_y}{I_{yz}} \tag{12.1}$$

中性轴通过截面形心，y 轴与它的夹角 θ 又可用上式确定，所以中性轴的位置就完全确定了。

把式（f）代入平衡方程（e），得

$$M_z = \frac{E}{\rho}\left(\sin\theta\int_A y^2\,dA - \cos\theta\int_A yz\,dA\right) = \frac{E}{\rho}(I_z\sin\theta - I_{yz}\cos\theta) \tag{g}$$

从式（f）和式（g）中消去 $\dfrac{E}{\rho}$，得

$$\sigma = \frac{M_z(y\sin\theta - z\cos\theta)}{I_z\sin\theta - I_{yz}\cos\theta}$$

以 $\cos\theta$ 除上式右边的分子和分母，并利用式（12.1）消去 $\tan\theta$，整理后得

$$\sigma = \frac{M_z(I_y y - I_{yz}z)}{I_y I_z - I_{yz}^2} \tag{12.2}$$

这是只在 $x\text{-}y$ 平面内作用纯弯曲力偶矩 M_z，且 $x\text{-}y$ 平面并非形心主惯性平面时，弯曲正应力的计算公式。这时，弯曲变形（挠度）发生于垂直于中性轴的纵向平面内，它与 M_z 的作用平面 $x\text{-}y$ 并不重合。

若只在 $x-z$ 平面内作用纯弯曲力偶矩 M_y [①],则可用导出公式(12.2)的同样方法,求得相应的正应力计算公式为

$$\sigma = \frac{M_y(I_z z - I_{yz} y)}{I_y I_z - I_{yz}^2} \qquad (12.3)$$

最普遍的情况是在包含杆件轴线的任意纵向平面内,作用一对纯弯曲力偶矩。这时,可把这一力偶矩分解成作用于 $x-y$ 和 $x-z$ 两坐标平面内的 M_z 和 M_y,于是叠加式(12.2)和式(12.3)两式,得相应的弯曲正应力为

$$\sigma = \frac{M_z(I_y y - I_{yz} z)}{I_y I_z - I_{yz}^2} + \frac{M_y(I_z z - I_{yz} y)}{I_y I_z - I_{yz}^2} \qquad (12.4)$$

现在确定中性轴的位置。若以 (y_0, z_0) 表示中性轴上任一点的坐标,则因中性轴上各点的正应力等于零,以 (y_0, z_0) 代入公式(12.4),应有

$$\sigma = \frac{M_z(I_y y_0 - I_{yz} z_0)}{I_y I_z - I_{yz}^2} + \frac{M_y(I_z z_0 - I_{yz} y_0)}{I_y I_z - I_{yz}^2} = 0$$

或者写成

$$(M_z I_y - M_y I_{yz}) y_0 + (M_y I_z - M_z I_{yz}) z_0 = 0 \qquad (h)$$

这是中性轴的方程式,表明中性轴是通过原点(截面形心)的一条直线。如以 θ 表示由 y 轴到中性轴的夹角,且以逆时针方向为正,则由式(h)得

$$\tan \theta = \frac{z_0}{y_0} = -\frac{M_z I_y - M_y I_{yz}}{M_y I_z - M_z I_{yz}} \qquad (12.5)$$

下面讨论两种特殊情况。

(1)若只在 $x-y$ 平面内作用纯弯曲力偶矩 M_z,且 $x-y$ 平面为形心主惯性平面,即 y,z 轴为截面的形心主惯性轴,则因 $M_y = 0, I_{yz} = 0$,故公式(12.4)或公式(12.2)简化为

$$\sigma = \frac{M_z y}{I_z} \qquad (12.6)$$

而且,由式(12.1)或式(12.5)都可得出 $\theta = \dfrac{\pi}{2}$,故中性轴与 z 轴重合。垂直于中性轴的 $x-y$ 平面,既是梁的挠曲线所在的平面,又是弯曲力偶矩 M_z 的作用平面,这种情况称为平面弯曲。显然,以前讨论的对称弯曲,载荷与弯曲变形都在纵向对称面内,就属于平面弯曲。还应指出,对实体杆件,若弯曲力偶矩 M_z 的作用平面平行于形心主惯性平面,而不是与它重合,因这并不会改变上面的推导

---

① 这里规定由 M_y 引起的截面处弯曲变形凸向内时为正。

过程,故所得结果仍然是适用的。这时,M_z 的作用平面与挠曲线所在的平面是相互平行的。

(2)若 M_z 和 M_y 同时存在,但它们的作用平面 $x-y$ 和 $x-z$ 皆为形心主惯性平面,即 y,z 为截面的形心主惯性轴,则因 $I_{yz}=0$,公式(12.4)和公式(12.5)化为

$$\sigma = \frac{M_z y}{I_z} + \frac{M_y z}{I_y} \tag{12.7}$$

$$\tan\theta = -\frac{M_z I_y}{M_y I_z} \tag{12.8}$$

问题化为在两个形心主惯性平面内的弯曲的叠加。

以上讨论的是非对称的纯弯曲。非对称的横力弯曲往往同时出现扭转变形(§12.2)。对实体杆件,在通过截面形心的横力作用下,可以省略上述扭转变形,把载荷分解成作用于 $x-y$ 和 $x-z$ 两个平面内的横向力,并用以计算弯矩 M_z 和 M_y,然后便可将纯弯曲的正应力计算公式用于横力弯曲的正应力计算。

例 12.1 跨度中点受集中力 F 作用的简支梁如图 12.4 所示。梁截面为 Z 形,它的一些几何量已于第 I 册附录 I 的例题 I.9 中求出。若 $F=6$ kN,$l=4$ m,试求弯曲正应力。

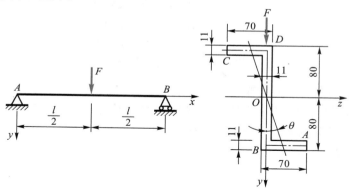

图 12.4

解：截面形心就是它的几何对称中心。为计算方便,选定 y,z 轴如图所示。截面的几何量已于例 I.9 中求出,但因坐标选择不同,结果应相应地改为

$$I_y = 1.984\times10^{-6}\text{ m}^4, \qquad I_z = 10.973\times10^{-6}\text{ m}^4, \qquad I_{yz} = 3.384\times10^{-6}\text{ m}^4$$

按所选坐标系,外力都在 $x-y$ 平面内。跨度中点的最大弯矩为

$$M_z = \frac{Fl}{4} = \frac{1}{4}\times6\text{ kN}\times4\text{ m} = 6\text{ kN}\cdot\text{m}$$

由公式(12.1)求得由 y 轴到中性轴的角度 θ 为

$$\tan \theta = \frac{I_y}{I_{yz}} = 0.586, \qquad \theta = 30.37°$$

在跨度中点截面上，A，B，C，D 四点离中性轴最远，应力最大。以 A，B 两点的坐标分别代入式（12.2），求出

$$\sigma_A = \frac{6×10^3 \text{ N·m}×[\,(1.98×10^{-6}\text{ m}^4)(69×10^{-3}\text{ m}) - (3.38×10^{-6}\text{ m}^4)(64.5×10^{-3}\text{ m})\,]}{(10.97×10^{-6}\text{ m}^4)(1.98×10^{-6}\text{ m}^4) - (3.38×10^{-6}\text{ m}^4)^2}$$

$$= -47.3×10^6 \text{ Pa} = -47.3 \text{ MPa}$$

$$\sigma_B = \frac{6×10^3 \text{ N·m}×[\,(1.98×10^{-6}\text{ m}^4)(80×10^{-3}\text{ m}) - (3.38×10^{-6}\text{ m}^4)(-5.5×10^{-3}\text{ m})\,]}{(10.97×10^{-6}\text{ m}^4)(1.98×10^{-6}\text{ m}^4) - (3.38×10^{-6}\text{ m}^4)^2}$$

$$= 103.1×10^6 \text{ Pa} = 103.1 \text{ MPa}$$

这里，σ_A 是压应力，σ_B 是拉应力。C 点和 D 点的应力分别等于 σ_A 和 σ_B，但符号相反。

这一例题的第二种解法是，先确定横截面的形心主惯性轴，然后把 F 分解成在两个形心主惯性平面内的两个分量，使问题变成两个形心主惯性平面内的弯曲的叠加。这就可以使用公式（12.7）和公式（12.8）进行计算。具体运算过程，建议由读者去完成。

例 12.2   横截面为矩形的悬臂梁如图 12.5 所示。若作用于自由端的集中力 F 与 y 轴的夹角为 φ，试讨论梁的应力与变形。

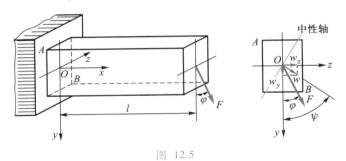

图 12.5

解：在选定的坐标系中，y，z 轴均为截面的对称轴，也即是截面的形心主惯性轴。将 F 分解成沿 y 轴和 z 轴的分量：

$$F_y = F\cos\varphi, \qquad F_z = F\sin\varphi$$

问题转化为在 x-y 和 x-z 两个形心主惯性平面内弯曲的叠加。在固定端，M_z 和 M_y 的值为

$$M_z = -Fl\cos\varphi, \qquad M_y = -Fl\sin\varphi$$

由公式（12.8）求得 y 轴与中性轴的夹角为

$$\tan \theta = -\frac{M_z I_y}{M_y I_z} = -\frac{I_y}{I_z}\cot \varphi \tag{i}$$

离中性轴最远的点为 A 和 B，两点的应力大小相等，且 σ_A 为拉应力，σ_B 为压应力。由公式（12.7）得

$$\sigma_B = -Fl\left(\frac{y_B \cos \varphi}{I_z} + \frac{z_B \sin \varphi}{I_y}\right)$$

利用第 Ⅰ 册表 6.1，求出自由端的形心因 F_y 引起的铅垂位移为

$$w_y = \frac{F_y l^3}{3EI_z} = \frac{Fl^3 \cos \varphi}{3EI_z} \text{①}$$

w_y 沿 y 轴的正向。同理，F_z 引起的水平位移为

$$w_z = \frac{Fl^3 \sin \varphi}{3EI_y}$$

w_z 沿 z 轴的正向。最后得自由端的位移（挠度）及其方向为

$$w = \sqrt{w_y^2 + w_z^2} = \frac{Fl^3}{3E}\sqrt{\left(\frac{\cos \varphi}{I_z}\right)^2 + \left(\frac{\sin \varphi}{I_y}\right)^2}$$

$$\tan \psi = \frac{w_z}{w_y} = \frac{I_z}{I_y}\tan \varphi \tag{j}$$

一般情况下，$I_z \neq I_y$，故 $\psi \neq \varphi$。这就再次说明，挠度所在的平面与外力作用平面不重合。所以有时把这种情况称为斜弯曲。对圆形或正方形等截面，$I_y = I_z$，于是有 $\psi = \varphi$，表明梁的挠度与集中力 F 在同一平面内，这属于平面弯曲。式（i），式（j）两式表明，$\tan \theta = -\dfrac{1}{\tan \psi}$，所以这种情形中性轴与挠度 w 所在的平面总是垂直的。

§12.2　开口薄壁杆件的切应力　弯曲中心

若杆件有纵向对称面，且横向力作用于该对称面内，则杆件只可能在纵向对称面内发生弯曲，不会有扭转变形。若横向力作用平面不是纵向对称面，即使是形心主惯性平面，如图 12.6a 所示情况，杆件除弯曲变形外，还将发生扭转变形。只有当横向力通过截面的某一特定点 A 时，杆件才只发生弯曲变形而无扭转变形（图 12.6b）。这一特定点 A 称为弯曲中心或剪切中心。

开口薄壁杆件的弯曲中心有较大的实际意义，而且它的位置用材料力学的

① 本例题中 y 轴取向下为正，故公式中没有负号。

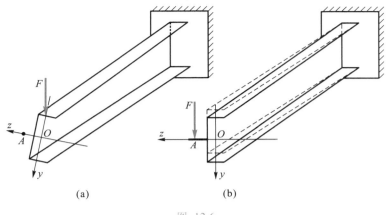

图 12.6

方法就可确定。为此,首先讨论开口薄壁杆件弯曲切应力计算。

图 12.7a 所示为一在横向力 F 作用下的开口薄壁杆件。集中力 F 通过截面弯曲中心,杆件只有弯曲而无扭转,即横截面上只有弯曲正应力和弯曲切应力,而无扭转切应力。由于杆件的内侧表面和外侧表面都是自由面,仿照第 I 册 § 3.7 的证明,可知截面边缘上的切应力应与截面的边界相切。又因杆件壁厚 δ 很小,故可认为沿壁厚方向切应力均匀分布。使用导出弯曲切应力计算公式的同样方法(§ 5.4),以相邻的横截面和纵向面,从杆件中截出一部分 $abcd$(图 12.7b)。在这一部分的左侧面 ab 和右侧面 cd 上有弯曲正应力,在纵向面 bc 上有切应力,这些应力都平行于 x 轴。左侧面 ab 上的合力 F_{N1} 应为

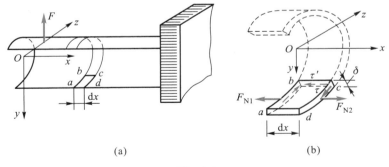

图 12.7

$$F_{N1} = \int_{A_1} \sigma \, dA \tag{a}$$

式中 A_1 为截出部分侧面 ab 的面积,σ 为弯曲正应力。根据 § 12.1 的讨论,弯曲正应力 σ 因坐标选择和载荷作用平面的不同,应按不同的公式计算。为了简化

推导过程,设 y,z 轴为截面的形心主惯性轴,F 通过弯曲中心且平行于 y 轴,即 F 的作用平面平行于形心主惯性平面 $x-y$。这时,弯曲正应力按公式(12.6)计算,z 轴为中性轴。以公式(12.6)代入式(a),得

$$F_{N1} = \frac{M_z}{I_z}\int_{A_1} y\,\mathrm{d}A = \frac{M_z S_z^*}{I_z} \tag{b}$$

式中 S_z^* 是侧面 ab 对 z 轴的静矩。在侧面 cd 上相应的内力是

$$F_{N2} = \frac{(M_z + \mathrm{d}M_z)}{I_z}\int_{A_1} y\,\mathrm{d}A = \frac{(M_z + \mathrm{d}M_z)S_z^*}{I_z} \tag{c}$$

纵向面 bc 上的内力是 $\tau'\delta\mathrm{d}x$。把以上诸内力代入 x 方向的平衡方程

$$\sum F_x = 0, \qquad F_{N2} - F_{N1} - \tau'\delta\mathrm{d}x = 0 \tag{d}$$

经整理后得出

$$\tau' = \frac{\mathrm{d}M_z}{\mathrm{d}x}\frac{S_z^*}{I_z\delta} = \frac{F_{Sy}S_z^*}{I_z\delta}$$

式中 F_{Sy} 是横截面上平行于 y 轴的剪力。τ' 是截出部分纵向面 bc 上的切应力,由切应力互等定理,它也就是外法线方向与 x 轴一致的横截面上 c 点的切应力 τ,即

$$\tau = \frac{F_{Sy}S_z^*}{I_z\delta} \tag{12.9}$$

上式是由截出部分的平衡导出的。在 F_{Sy} 和 S_z^* 皆为正值的情况下,τ 也是正的。τ 的方向示于图 12.7b 中。至此,已经求得了 F 平行于 y 轴时,切应力的计算公式。

在横截面上,微内力 $\tau\mathrm{d}A$ 组成切于横截面的内力系,其合力就是剪力 F_{Sy}。当然,F_{Sy} 又可由截面左侧(或右侧)的外力来计算。为了确定 F_{Sy} 作用线的位置,可选定截面内任意点 B 为力矩中心(图 12.8)。根据合力矩定理,微内力 $\tau\mathrm{d}A$ 对 B 点的力矩总和,应等于合力 F_{Sy} 对 B 点的力矩,即

$$F_{Sy}a_z = \int_A r\tau\,\mathrm{d}A \tag{e}$$

式中 a_z 是 F_{Sy} 对 B 点的力臂,r 是微内力 $\tau\mathrm{d}A$ 对 B 点的力臂。从上式中解出 a_z,就确定了 F_{Sy} 作用线的位置。

剪力 F_{Sy} 应该通过截面的弯曲中心 A。这样,剪力 F_{Sy} 和截面左侧(或右侧)的外力,同在通过弯曲中心且平行于 $x-y$ 平面的纵向平面

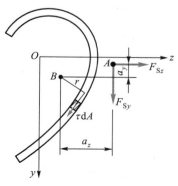

图 12.8

内,于是,截面上的剪力 F_{Sy} 和弯矩 M_z 与截面一侧的外力相平衡,杆件不会有扭转变形。若外力不通过弯曲中心,把它向弯曲中心简化后,得到通过弯曲中心的力和一个扭转力偶矩。通过弯曲中心的力仍引起上述弯曲变形,而扭转力偶矩却将引起扭转变形,这就是图 12.6a 所表示的情况。

当外力通过弯曲中心,且平行于截面的形心主惯性轴 z 时,用导出公式(12.9)的同样方法,可以导出弯曲切应力的计算公式为

$$\tau = \frac{\mathrm{d}M_y}{\mathrm{d}x}\frac{S_y^*}{I_y\delta} = \frac{F_{Sz}S_y^*}{I_y\delta} \tag{12.10}$$

式中 S_y^* 是截面截出部分对 y 轴的静矩,F_{Sz} 为截面上的剪力。和导出式(e)一样,利用合力矩定理,得确定 F_{Sz} 作用线位置的方程式为

$$F_{Sz}a_y = \int_A r\tau\mathrm{d}A \tag{f}$$

式中 a_y 是 F_{Sz} 对 B 点的力臂(图 12.8)。由上式解出 a_y 就确定了 F_{Sz} 的位置。因为 F_{Sz} 和 F_{Sy} 都通过弯曲中心,两者的交点就是弯曲中心 A。

工程实际中一些常用截面的弯曲中心位置列于表 12.1。

表 12.1 几种常用截面的弯曲中心位置

截面形状					
弯曲中心位置	$a_z = \dfrac{b^2h^2\delta}{4I_z}$	$a_z = 2R$	两狭长矩形中线的交点		与形心重合

开口薄壁杆件的抗扭刚度较小,如横向力不通过弯曲中心,将引起比较严重的扭转变形,不仅要产生扭转切应力,有时还将因约束扭转而引起附加的正应力和切应力[①]。实体杆件或闭口薄壁杆件的抗扭刚度较大,且弯曲中心通常在截面形心附近,因而当横向力通过截面形心时,如也向弯曲中心简化,其扭矩不大,所以扭转变形可以忽略。这就成为前面一节中讨论的非对称横力弯曲。

例 12.3 求图 12.9 中槽形截面的弯曲中心。

解:以截面的对称轴为 z 轴,取 y、z 轴为形心主惯性轴。当剪力 F_{Sy} 平行于

[①] 参看刘鸿文主编,《高等材料力学》,第十章,高等教育出版社,1985。

y 轴,且杆件并无扭转变形时,弯曲切应力应按公式(12.9)计算。下翼缘上的部分面积 A_1 对 z 轴的静矩为

$$S_z^* = \frac{\xi \delta h}{2}$$

代入式(12.9),得下翼缘上距边缘为 ξ 处的切应力为

$$\tau = \frac{F_{\mathrm{S}y} \xi h}{2I_z}$$

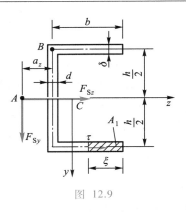

图 12.9

τ 为正,表示它指向截出面积 A_1 的内部,如图 12.9 所示。用相似的方法也可求出上翼缘和腹板上的切应力。为了确定 $F_{\mathrm{S}y}$ 的位置,选定上翼缘中线和腹板中线的交点 B 作为力矩中心。因为腹板和上翼缘上的微内力 $\tau \mathrm{d}A$ 都通过 B 点,这些内力对 B 点的力矩等于零。结果,整个截面上微内力 $\tau \mathrm{d}A$ 对 B 点力矩的总和为

$$\int_A r\tau \mathrm{d}A = \int_0^b h \cdot \frac{F_{\mathrm{S}y}\xi h}{2I_z}\delta \mathrm{d}\xi = \frac{F_{\mathrm{S}y}h^2 b^2 \delta}{4I_z}$$

由 $\tau \mathrm{d}A$ 组成的内力系的合力就是 $F_{\mathrm{S}y}$,$F_{\mathrm{S}y}$ 对 B 点的力矩为 $F_{\mathrm{S}y}a_z$。根据合力矩定理,亦即式(e),得

$$F_{\mathrm{S}y}a_z = \int_A r\tau \mathrm{d}A = \frac{F_{\mathrm{S}y}h^2 b^2 \delta}{4I_z}$$

于是有

$$a_z = \frac{h^2 b^2 \delta}{4I_z} \tag{g}$$

当剪力 $F_{\mathrm{S}z}$ 沿对称轴 z 时,就成为第五章讨论的对称弯曲,杆件当然无扭转变形。这表明弯曲中心一定在截面的对称轴上。所以,$F_{\mathrm{S}y}$ 的作用线与对称轴的交点 A 即为弯曲中心。

以上讨论表明,弯曲中心 A 在对称轴上,位置可用 a_z 来确定。由式(g)看出,它与材料性质和载荷无关。所以弯曲中心只与截面的形状和尺寸有关,是截面的几何性质之一。

例 12.4　试确定图 12.10 所示薄壁截面的弯曲中心,设截面中线为圆周的一部分。

解:以截面的对称轴为 z 轴,y,z 轴为形心

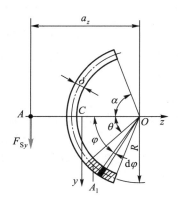

图 12.10

主惯性轴。设剪力 F_{Sy} 平行于 y 轴,且通过弯曲中心 A。切应力按公式(12.9)计算。为此,应求出 S_z^* 和 I_z。用与 z 轴夹角为 θ 的半径截取部分面积 A_1,其静矩为

$$S_z^* = \int_{A_1} y\,\mathrm{d}A = \int_\theta^\alpha R\sin\varphi \cdot \delta R\mathrm{d}\varphi = \delta R^2(\cos\theta - \cos\alpha)$$

整个截面对 z 轴的惯性矩为

$$I_z = \int_A y^2\,\mathrm{d}A = \int_{-\alpha}^\alpha (R\sin\varphi)^2 \cdot \delta R\mathrm{d}\varphi = \delta R^3(\alpha - \sin\alpha\cos\alpha)$$

代入公式(12.9),得

$$\tau = \frac{F_{Sy}(\cos\theta - \cos\alpha)}{\delta R(\alpha - \sin\alpha\cos\alpha)}$$

以圆心为力矩中心,由合力矩定理

$$F_{Sy}a_z = \int_A R\tau\,\mathrm{d}A = \int_{-\alpha}^\alpha R\,\frac{F_{Sy}(\cos\theta - \cos\alpha)}{\delta R(\alpha - \sin\alpha\cos\alpha)}\delta R\mathrm{d}\theta$$

完成积分,求出

$$a_z = 2R\,\frac{\sin\alpha - \alpha\cos\alpha}{\alpha - \sin\alpha\cos\alpha}$$

弯曲中心一定在对称轴上,是 F_{Sy} 的作用线与对称轴的交点,即由圆心沿 z 轴向左量取 a_z 所确定的点,就是弯曲中心。

§ 12.3　用奇异函数求弯曲变形

当梁上载荷比较复杂时,如用第 I 册 § 6.3 的积分法求弯曲变形,要分段列出弯矩方程,然后逐段积分(参看例 6.3)。每段积分两次就出现两个积分常数。若分成 n 段,则积分常数共有 $2n$ 个。确定这些积分常数是非常繁琐的,因而就需寻求一些相对容易处理的方法,利用奇异函数是其中的一种。为此,定义下列函数:

$$\langle x - a \rangle^n = \begin{cases} 0 & (x<a) \\ (x-a)^n & (x>a) \end{cases} \tag{12.11}$$

式中 $n \geq 0$,以上定义表明,对 $x<a$,由尖角括号表示的函数 $\langle x-a \rangle^n$ 等于零;对 $x>a$,它就是普通的二项式的 n 次幂 $(x-a)^n$。令 n 分别等于 $0,1,2,\cdots$,可以得到

$$\langle x - a \rangle^0 = \begin{cases} 0 & (x<a) \\ (x-a)^0 = 1 = \dfrac{\mathrm{d}}{\mathrm{d}x}(x-a) & (x>a) \end{cases}$$

$$\langle x-a\rangle^1 = \begin{cases} 0 & (x<a) \\ (x-a) = \dfrac{1}{2}\dfrac{\mathrm{d}}{\mathrm{d}x}(x-a)^2 & (x>a) \end{cases}$$

$$\langle x-a\rangle^2 = \begin{cases} 0 & (x<a) \\ (x-a)^2 = \dfrac{1}{3}\dfrac{\mathrm{d}}{\mathrm{d}x}(x-a)^3 & (x>a) \end{cases}$$

....

上式中的前面三个函数已分别表示于图 12.11 中。

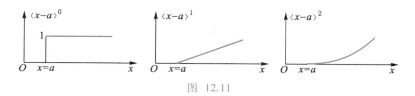

图 12.11

根据以上讨论,函数$\langle x-a\rangle^n$的积分规则是

$$\int_{-\infty}^{x}\langle x-a\rangle^n\mathrm{d}x = \begin{cases} 0 & (x<a) \\ \dfrac{1}{n+1}(x-a)^{n+1} & (x>a) \end{cases} \tag{a}$$

按照式(12.11)给出的定义,上式等号的右端又可写成

$$\frac{1}{n+1}\langle x-a\rangle^{n+1}$$

于是有

$$\int_{-\infty}^{x}\langle x-a\rangle^n\mathrm{d}x = \frac{1}{n+1}\langle x-a\rangle^{n+1} \tag{12.12}$$

式中 $n\geqslant 0$。

图 12.11 中的曲线表明,由式(12.11)定义的函数可用于描述梁的弯矩。既然弯矩能由函数$\langle x-a\rangle^n$来表达,则通过式(12.12)表示的积分规则,便可求得梁的转角和挠度。下面我们用例题来说明。

例 12.5 求图 12.12 所示简支梁的弯曲变形。

解:求出两端支座约束力为

$$F_{RA} = \frac{5qa}{6}, \qquad F_{RD} = \frac{7qa}{6}$$

取坐标原点为梁的左端 A,分成三段列出弯矩方程,且计算弯矩时总是用截面左侧的载荷。

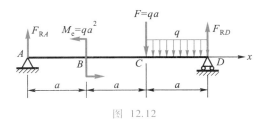

图 12.12

AB 段　　$M = \dfrac{5qa}{6}x$　　$(0 < x < a)$

BC 段　　$M = \dfrac{5qa}{6}x - qa^2 = \dfrac{5qa}{6}x - qa^2\langle x-a \rangle^0$　　$(a < x < 2a)$

CD 段　　$M = \dfrac{5qa}{6}x - qa^2\langle x-a \rangle^0 - qa(x-2a) - \dfrac{q}{2}(x-2a)^2$　　$(2a < x < 3a)$

上列弯矩方程表示了一定的规律,例如 CD 段,前二项就是左侧 BC 段的弯矩方程,而新加入的项又都含有因子$(x-2a)$。这里 $x = 2a$ 正是 BC 和 CD 两段分界的坐标。根据这一规律,利用式(12.11)定义的函数,就把以上三个式子统一写成一个式子

$$M = \frac{5qa}{6}x - qa^2\langle x-a \rangle^0 - qa\langle x-2a \rangle^1 - \frac{q}{2}\langle x-2a \rangle^2 \qquad (\text{b})$$

容易验证式(b)是正确的,譬如在 AB 段内,因 $x < a$ 和 $x < 2a$,故$\langle x-a \rangle^0$,$\langle x-2a \rangle^1$和$\langle x-2a \rangle^2$都等于零,于是它就化为 AB 段的弯矩方程。

由弯曲变形的基本方程(6.5),有

$$EI\frac{\mathrm{d}^2 w}{\mathrm{d}x^2} = M = \frac{5qa}{6}x - qa^2\langle x-a \rangle^0 - qa\langle x-2a \rangle^1 - \frac{q}{2}\langle x-2a \rangle^2$$

按公式(12.12)积分上式,得

$$EI\frac{\mathrm{d}w}{\mathrm{d}x} = EI\theta = \frac{5qa}{12}x^2 - qa^2\langle x-a \rangle^1 - \frac{qa}{2}\langle x-2a \rangle^2 - \frac{q}{6}\langle x-2a \rangle^3 + C \qquad (\text{c})$$

$$EIw = \frac{5qa}{36}x^3 - \frac{qa^2}{2}\langle x-a \rangle^2 - \frac{qa}{6}\langle x-2a \rangle^3 - \frac{q}{24}\langle x-2a \rangle^4 + Cx + D \qquad (\text{d})$$

边界条件是

$$x = 0 \text{ 时}, w = 0$$
$$x = 3a \text{ 时}, w = 0$$

在使用以上边界条件时,注意到当 $x = 0$ 时,因 $x < a$,故$\langle x-a \rangle^1$,$\langle x-2a \rangle^2$ 等都等于零;当 $x = 3a$ 时,因 $x > 2a$,故$\langle x-a \rangle^1$,$\langle x-2a \rangle^2$ 等都变为普通二项式的幂

函数。于是有

$$D = 0$$

$$\frac{5qa}{36}(3a)^3 - \frac{qa^2}{2}(2a)^2 - \frac{qa}{6}a^3 - \frac{q}{24}a^4 + C \cdot 3a = 0$$

由第二式得出

$$C = -\frac{37}{72}qa^3$$

把积分常数代回式(c)、式(d)两式,得

$$EI\frac{\mathrm{d}w}{\mathrm{d}x} = EI\theta = \frac{5qa}{12}x^2 - qa^2\langle x-a\rangle^1 - \frac{qa}{2}\langle x-2a\rangle^2 - \frac{q}{6}\langle x-2a\rangle^3 - \frac{37}{72}qa^3$$

$$EIw = \frac{5qa}{36}x^3 - \frac{qa^2}{2}\langle x-a\rangle^2 - \frac{qa}{6}\langle x-2a\rangle^3 - \frac{q}{24}\langle x-2a\rangle^4 - \frac{37}{72}qa^3x$$

这就是表达转角和挠度的通式。按照式(12.11)给出的定义,由它可以直接写出梁的任意一段的变形。

最后指出,在式(c)、式(d)两式中,如令 $x = 0$,即可得出

$$EI\frac{\mathrm{d}w}{\mathrm{d}x}\Big|_{x=0} = EI\theta|_{x=0} = EI\theta_0 = C$$

$$EIw|_{x=0} = EIw_0 = D$$

于是式(c)、式(d)两式可以写成

$$EI\theta = EI\theta_0 + \frac{5qa}{12}x^2 - qa^2\langle x-a\rangle^1 - \frac{qa}{2}\langle x-2a\rangle^2 - \frac{q}{6}\langle x-2a\rangle^3 \tag{e}$$

$$EIw = EIw_0 + EI\theta_0 x + \frac{5qa}{36}x^3 - \frac{qa^2}{2}\langle x-a\rangle^2 - \frac{qa}{6}\langle x-2a\rangle^3 -$$

$$\frac{q}{24}\langle x-2a\rangle^4 \tag{f}$$

θ_0 和 w_0 分别是 $x = 0$ 截面的转角和挠度,称为初参数,上式就称为初参数方程。

　　例 12.6　试求图 12.13a 所示悬臂梁的变形。

　　解:按通常的方法分段列出弯矩方程:

AB 段　　　　　　　　$M = -\dfrac{qx^2}{2}$　　$(x < x < a)$

BC 段　　　　　　　　$M = -qa\left(x - \dfrac{a}{2}\right)$　　$(a < x < l)$

因弯矩方程不符合前例提出的规律,如统一写成

$$M = -\frac{qx^2}{2} - qa\left\langle x - \frac{a}{2}\right\rangle^1$$

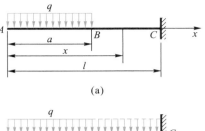

则显然是错误的。例如对 $\frac{a}{2}<x<a$，它不能得出 AB 段的弯矩方程；对 $x>a$，它又不能得出 BC 段的弯矩方程。

为了利用函数 $\langle x - a\rangle^n$，把全梁的弯矩方程写成统一的式子，设想将 AB 段内的均布载荷一直向右延伸，然后再用方向相反、数值相等的载荷抵消延伸的部

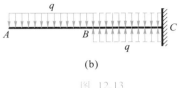

图 12.13

分，如图 12.13b 所示。这样并未改变原来的载荷，但写出的弯矩方程能够符合前例提到的规律，其统一的表达式为

$$M = -\frac{qx^2}{2} + \frac{q}{2}\langle x - a\rangle^2$$

求得了弯矩的统一表达式，便可仿照上例进行积分，并利用边界条件确定出积分常数，可得出最终结果。这些就不再详述。

§12.4 理想粘结的两种材料组合梁

前面所讨论的梁的弯曲问题，梁都是由同种材料制成的。但在工程实际中，往往会采用由两种或两种以上材料组合而成的梁，称为组合梁，有时也称为叠合梁或层合梁，常见的如钢筋混凝土梁，又如用碳纤维层或钢板经粘贴加固后的梁。这里研究的组合梁，认为是理想粘结而成的，即在发生弯曲变形时，界面处不会发生相对的错动。

下面以矩形截面梁为例，研究两种材料组合梁在纯弯曲时横截面上的正应力。记组合梁的上层为材料 1，下层为材料 2，弹性模量分别为 E_1 和 E_2。设组合截面的宽×高 $= b×h$，两种材料梁截面的高度分别为 h_1 和 $h_2(h_1+h_2=h)$，如图 12.14a 所示。在纵向对称面内，发生受弯矩 M 作用的纯弯曲。

研究表明，由单一材料制成的直梁纯弯曲的两个假设（§5.1），即平面假设和纵向纤维间无正应力假设，仍然适用于组合梁的纯弯曲问题。与§5.2 的分析相似，首先建立坐标系，如图 12.14a 所示。y 轴为对称轴，且向下为正。z 轴为组合梁截面的中性轴，但此时中性轴的位置（即图 12.14a 中的 h_c）尚未确定。由平面假设可知

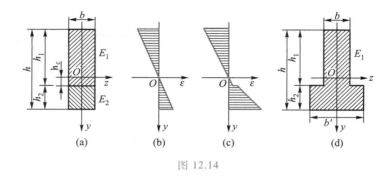

图 12.14

$$\varepsilon = \frac{y}{\rho} \tag{a}$$

式中 ε 为横截面上距离中性轴 y 距离处各点的纵向线应变,仍按线性规律变化,且在界面处是连续的,如图 12.14b 所示。ρ 为中性层的曲率半径。

若材料处于线弹性范围,由纵向纤维间无正应力假设,可用应力－应变关系符合单向应力状态的胡克定律。即在两种材料内,分别有

$$\left.\begin{aligned} \sigma_1 &= E_1\varepsilon = E_1\frac{y}{\rho} \\[2mm] \sigma_2 &= E_2\varepsilon = E_2\frac{y}{\rho} \end{aligned}\right\} \tag{b}$$

由式(a)知,在交界面处,材料 1 内和材料 2 内的纵向线应变相同。由于界面处两侧是两种不同的材料,其弹性模量不同。由式(b)知,在交界面处,材料 1 内和材料 2 内的弯曲正应力是不相同的,即在界面处是间断的。在界面处,弹性模量较大的材料那侧,有较大的弯曲正应力(按数值大小来说)。图 12.14c 给出的是 $E_2>E_1$ 且中性轴在交界面上方时的弯曲正应力沿截面高度的变化形式。

横截面上的微内力 $\sigma\mathrm{d}A$ 组成垂直于横截面的空间平行力系。它们最终简化为三个内力分量,即平行于轴向的轴力 F_N、对 y 轴的力偶矩 M_y 和对 z 轴的力偶矩 M_z。由静力关系,对组合梁有

$$F_{\mathrm{N}} = \int_{A_1}\sigma_1\mathrm{d}A + \int_{A_2}\sigma_2\mathrm{d}A = 0 \tag{c}$$

$$M_y = \int_{A_1}z\sigma_1\mathrm{d}A + \int_{A_2}z\sigma_2\mathrm{d}A = 0 \tag{d}$$

$$M_z = \int_{A_1}y\sigma_1\mathrm{d}A + \int_{A_2}y\sigma_2\mathrm{d}A = M \tag{e}$$

式中 A_1 和 A_2 分别表示两种材料横截面的面积。

将式(b)代入式(c),并注意到 $\mathrm{d}A = b\mathrm{d}y$,有

$$\int_{-(h_1-h_c)}^{h_c} E_1 \frac{y}{\rho} b\mathrm{d}y + \int_{h_c}^{h_2+h_c} E_2 \frac{y}{\rho} b\mathrm{d}y = 0 \tag{f}$$

由式(f)解得

$$h_c = \frac{1}{2}\left(\frac{E_1 h_1^2 - E_2 h_2^2}{E_1 h_1 + E_2 h_2}\right) \tag{12.13}$$

若满足 $\dfrac{E_1}{E_2} = \left(\dfrac{h_2}{h_1}\right)^2$，有 $h_c = 0$，即此时中性轴恰好在交界面处。若 $h_1 = h_2 = h/2$，上式简化为

$$h_c = \frac{h}{4}\left(\frac{E_1 - E_2}{E_1 + E_2}\right) \tag{12.14}$$

此时若有 $E_1 > E_2$，有 $h_c > 0$，说明中性轴在材料 1 中；若 $E_1 < E_2$，有 $h_c < 0$，说明中性轴在材料 2 中。可见，当 $h_1 = h_2$ 时，组合截面的中性轴在弹性模量较大材料的那一侧。

将式(b)代入式(d)，有

$$\frac{E_1}{\rho}\int_{A_1} zy\mathrm{d}A + \frac{E_2}{\rho}\int_{A_2} zy\mathrm{d}A = 0 \tag{g}$$

由于 y 轴是组合截面的对称轴，故同时有 $\int_{A_1} zy\mathrm{d}A = 0$ 和 $\int_{A_2} zy\mathrm{d}A = 0$。因此，式(g)恒成立。

再将式(b)代入式(e)，得

$$\frac{E_1}{\rho}\int_{-(h_1-h_c)}^{h_c} y^2 b\mathrm{d}y + \frac{E_2}{\rho}\int_{h_c}^{h_2+h_c} y^2 b\mathrm{d}y = M \tag{h}$$

将式(h)改写成

$$\frac{E_1}{\rho}\left(\int_{-(h_1-h_c)}^{h_c} y^2 b\mathrm{d}y + \int_{h_c}^{h_2+h_c} y^2 b'\mathrm{d}y\right) = M \tag{i}$$

式中

$$b' = \frac{E_2}{E_1}b \tag{j}$$

注意到式(i)括号内的部分即是图 12.14d 所示倒 T 形截面对 z 轴的惯性矩

$$I_z = \int_{-(h_1-h_c)}^{h_c} y^2 b\mathrm{d}y + \int_{h_c}^{h_2+h_c} y^2 b'\mathrm{d}y = \int_A y^2 \mathrm{d}A \tag{k}$$

于是由式(i)可得

$$\frac{1}{\rho} = \frac{M}{E_1 I_z} \tag{12.15}$$

比较式(12.15)和§5.2的式(5.1),不难发现,计算组合梁的曲率时,可将原组合梁等效为由弹性模量为E_1的材料制成的单一材料梁,等效过程中只需把弹性模量为E_2的材料的截面宽度,乘以系数E_2/E_1即可,见式(j)。这一等效方式可推广应用到任意有纵向对称面的组合梁的纯弯曲问题。

将式(12.15)代入式(b),得两种材料组合梁在纯弯曲时横截面上的正应力计算公式

$$\left.\begin{array}{l} \sigma_1 = \dfrac{My}{I_z} \qquad (-(h_1-h_c)<y<h_c) \\[3mm] \sigma_2 = \dfrac{E_2}{E_1}\cdot\dfrac{My}{I_z} \qquad (h_c<y<h_2+h_c) \end{array}\right\} \qquad (12.16)$$

上式中,h_c的计算见式(12.13),值得注意的是h_c可正、可负,也可为零。若$h_c>0$,说明中性轴在交界面的上方;若$h_c<0$,说明中性轴在交界面的下方;若$h_c=0$,说明中性轴在交界面处。关于h_c(中性轴的位置)的计算,也可由中性轴必定通过等效后的单一材料梁截面的形心来求得。即对于图12.14a的组合截面,中性轴必定通过图12.14d截面的形心。

若组合梁的两种材料的截面仍均为矩形,但宽度不同,材料1的截面宽度为b_1,材料2的截面宽度为b_2,仿照前面的过程,可以确定出中性轴的位置

$$h_c = \frac{1}{2}\left(\frac{E_1 b_1 h_1^2 - E_2 b_2 h_2^2}{E_1 b_1 h_1 + E_2 b_2 h_2}\right) \qquad (12.17)$$

此时的组合梁在纯弯曲时横截面上的正应力计算公式,与式(12.16)相同,但I_z需作相应修改,具体I_z的表达式建议读者自行推导。

习　题

12.1　图示桥式起重机大梁为No.32a工字钢,$[\sigma]=160\text{ MPa}$,$l=4\text{ m}$。行进时由于某种原因,载荷P偏离纵向对称面一个角度φ。若$\varphi=15°$,$P=30\text{ kN}$,试校核梁的强度,并与$\varphi=0$的情况相比较。

12.2　悬臂梁的横截面形状如图所示。若作用于自由端的载荷F垂直于梁的轴线,且其作用方向如图中虚线所示,试指出哪种情况是平面弯曲。如为非平面弯曲,将发生哪种变形?

12.3　作用于图示悬臂木梁上的载荷为:在水平平面内$F_1=800\text{ N}$,在垂直平面内,$F_2=1\,650\text{ N}$。木材的许用应力$[\sigma]=10\text{ MPa}$。若矩形截面$\dfrac{h}{b}=2$,试确定其尺寸。

12.4　图示工字梁两端简支,集中载荷$F=7\text{ kN}$,作用于跨度中点截面,通过截面形心,并与截面的铅垂对称轴成20°角。若材料的$[\sigma]=160\text{ MPa}$,试选择工字梁的型号。

提示:可先假定W_y/W_z的比值,试选工字梁型号,然后再校核其强度。

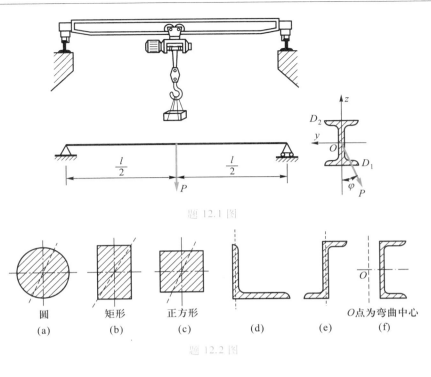

题 12.1 图

题 12.2 图

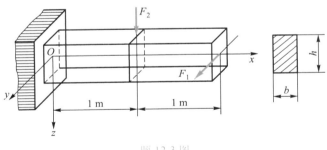

题 12.3 图

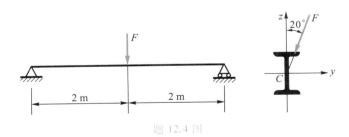

题 12.4 图

12.5 两端铰支的角钢如图所示。角钢横截面两翼缘中线的交点即为弯曲中心。横向力 F 通过弯曲中心,且与 y 轴的夹角为 $\dfrac{\pi}{18}$。若 $F = 4$ kN,试求最大拉应力和最大压应力。

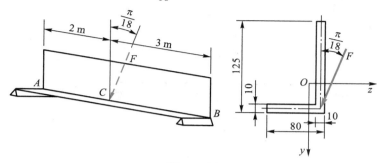

题 12.5 图

12.6 图示悬臂梁的横截面为直角三角形,$h = 150$ mm,$b = 75$ mm。自由端的集中力 $F = 6$ kN,且通过截面形心并平行于三角形的竖直边。若不计杆件的扭转变形,试求固定端 A,B,C 三点的应力。设跨度 $l = 1.25$ m。

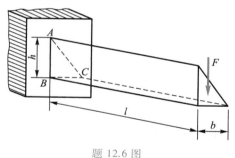

题 12.6 图

12.7 试确定图示薄壁截面的弯曲中心 A 的位置。

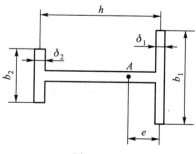

题 12.7 图

12.8 试确定图示箱形开口截面的弯曲中心 A 的位置。设截面的壁厚 δ 为常量,且壁厚及开口切缝都很小。

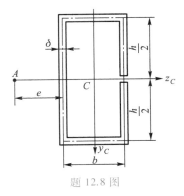

题 12.8 图

12.9 试确定图示薄壁截面的弯曲中心 A 的位置,设壁厚 δ 为常数。

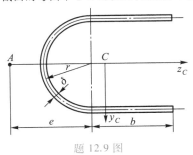

题 12.9 图

12.10 导出公式(12.9)和公式(12.10)时,假设 y,z 为截面的形心主惯性轴。若 y,z 为通过截面形心的任意轴,外力 F 通过截面弯曲中心且平行于 y 轴,试证弯曲切应力的计算公式应为

$$\tau = \frac{F_{\mathrm{S}y}(I_y S_z^* - I_{yz} S_y^*)}{(I_y I_z - I_{yz}^2)\delta} \tag{12.18}$$

同理,当 F 通过弯曲中心且平行于 z 轴时,

$$\tau = \frac{F_{\mathrm{S}z}(I_z S_y^* - I_{yz} S_z^*)}{(I_y I_z - I_{yz}^2)\delta} \tag{12.19}$$

提示:当 y,z 为任意的形心轴时,弯曲正应力应按公式(12.2)或公式(12.3)计算。

12.11 确定图示薄壁截面的弯曲中心,设壁厚为 δ。

解:为了计算方便,把通过形心 O,并分别平行于腹板和翼缘中线的轴作为 y 和 z 轴。当剪力平行于 y 轴时(图 a),由于 y,z 不是形心主惯性轴,弯曲切应力应按题 12.10 中导出的公式(12.18)计算。为此,在截面上截取部分面积 A_1,算出

$$S_z^* = \xi\delta c, \qquad S_y^* = -\xi\delta\left(b_1 - d - \frac{\xi}{2}\right)$$

代入式(12.18),

$$\tau = \frac{F_{Sy}\left[I_y\xi c + I_{yz}\xi\left(b_1 - d - \dfrac{\xi}{2}\right) \right]}{I_y I_z - I_{yz}^2}$$

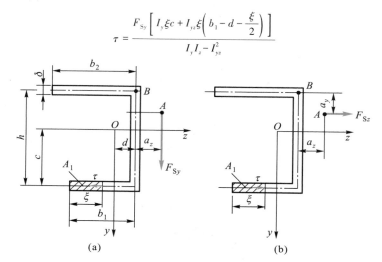

题 12.11 图

如选定上翼缘和腹板中线的交点 B 作为力矩中心,则无需再求上翼缘和腹板上的切应力,就可由合力矩定理得到

$$\begin{aligned}
F_{Sy}a_z &= \int_A h\tau\mathrm{d}A = \int_0^{b_1} h\cdot\frac{F_{Sy}\left[I_y\xi c + I_{yz}\xi\left(b_1 - d - \dfrac{\xi}{2}\right) \right]}{I_y I_z - I_{yz}^2}\delta\mathrm{d}\xi \\
&= \frac{F_{Sy}b_1^2 h\delta}{6(I_y I_z - I_{yz}^2)}\left[3I_y c + I_{yz}(2b_1 - 3d) \right]
\end{aligned} \tag{a}$$

当剪力平行于 z 轴时(图 b),切应力按题 12.10 中导出的公式(12.19)算出为

$$\tau = -\frac{F_{Sz}\left[I_z\xi\left(b_1 - d - \dfrac{\xi}{2}\right) + I_{yz}\xi c \right]}{I_y I_z - I_{yz}^2}$$

等号右边的负号表明 τ 指向截出面积 A_1 的外部(§12.2),即指向右方,如图 b 所示。对 B 点取矩时,考虑到 τ 的方向,合力矩定理写成

$$\begin{aligned}
F_{Sz}a_y &= \int_0^{b_1} h\cdot\frac{F_{Sz}\left[I_z\xi\left(b_1 - d - \dfrac{\xi}{2}\right) + I_{yz}\xi c \right]}{I_y I_z - I_{yz}^2}\delta\mathrm{d}\xi \\
&= \frac{F_{Sz}b_1^2 h\delta}{6(I_y I_z - I_{yz}^2)}\left[I_z(2b_1 - 3d) + 3I_{yz}c \right]
\end{aligned} \tag{b}$$

从式(a)和式(b)中容易解出 a_z 和 a_y,这就确定了弯曲中心的位置。

12.12　若薄壁截面由两个狭长的矩形所组成（见图），试证明两矩形中线的交点即为弯曲中心。

题 12.12 图

12.13　利用奇异函数重解题 6.3 的（b）和（d），题 6.4 的（b）和（d）。

12.14　利用奇异函数求图示简支梁的弯曲变形。设 EI 为常数。

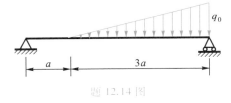

题 12.14 图

12.15　利用奇异函数求解图示超静定梁。设 EI 为常数。

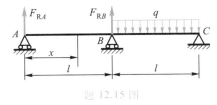

题 12.15 图

解：设支座 A 和 B 的约束力分别为 F_{RA} 和 F_{RB}。弯矩方程可以写成

$$M = F_{RA}x + F_{RB}\langle x - l \rangle^1 - \frac{q}{2}\langle x - l \rangle^2$$

于是有

$$EI\frac{d^2w}{dx^2} = M = F_{RA}x + F_{RB}\langle x - l \rangle^1 - \frac{q}{2}\langle x - l \rangle^2$$

$$EI\frac{dw}{dx} = \frac{1}{2}F_{RA}x^2 + \frac{1}{2}F_{RB}\langle x - l \rangle^2 - \frac{q}{6}\langle x - l \rangle^3 + C$$

$$EIw = \frac{1}{6}F_{RA}x^3 + \frac{1}{6}F_{RB}\langle x - l \rangle^3 - \frac{q}{24}\langle x - l \rangle^4 + Cx + D$$

这里共有 4 个未知量：F_{RA}, F_{RB}, C, D。边界条件有 3 个，即

$$x = 0 \text{ 时}, \qquad w = 0$$

$$x = l \text{ 时}, \qquad w = 0$$
$$x = 2l \text{ 时}, \qquad w = 0$$

此外还有 1 个静力平衡方程

$$\sum M_C = 0, \qquad F_{RA} \cdot 2l + F_{RB}l - \frac{q}{2}l^2 = 0$$

由以上 4 个条件可以解出 4 个未知量,具体求解过程从略。

12.16 利用奇异函数求解图示静不定梁。设 EI 为常数。

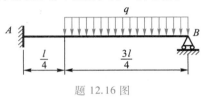

题 12.16 图

12.17 利用奇异函数求图示各梁的挠曲线方程。设 EI 为常数。

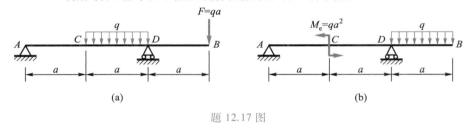

题 12.17 图

12.18 设梁的横截面为矩形,高 300 mm,宽 150 mm,截面上正弯矩的数值为 240 kN·m。材料的抗拉弹性模量 E_t 为抗压弹性模量 E_c 的 $1\frac{1}{2}$ 倍,应力 – 应变曲线如图所示。若应力未超过材料的比例极限,试求最大拉应力及最大压应力。

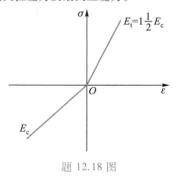

题 12.18 图

12.19 均布载荷作用下的简支梁由圆管及实心圆杆套合而成(如图所示),变形后两杆仍密切结合。两杆材料的弹性模量分别为 E_1 和 E_2，且 $E_1 = 2E_2$。试求圆管和实心圆杆各自承担的弯矩。

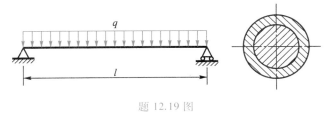

题 12.19 图

第十三章　　能　量　方　法

§ 13.1　概　　述

固体力学中,把与功和能有关的一些定理统称为能量原理。对构件的变形计算及超静定结构的求解,能量原理都有重要作用。近年来计算力学的兴起,使能量原理更受重视。

讨论拉伸(压缩)和扭转时,都曾使用过杆件应变能等于外力作功的概念。其实,这一概念可以推广到任意变形固体。即弹性固体在外力作用下变形,引起力作用点沿力作用方向位移,外力因此而作功;另一方面,弹性固体因变形而具备了作功的能力,表明储存了应变能。若外力从零开始缓慢地增加到最终值,变形过程中的每一瞬时固体都处于平衡状态,动能和其他能量的变化皆可忽略不计,则由功能原理可知,弹性固体的应变能 V_ε 在数值上等于外力所作的功 W,亦即

$$V_\varepsilon = W \qquad\qquad (13.1)$$

弹性固体的应变能是可逆的,即当外力逐渐解除时,它又可在恢复变形过程中,释放出全部应变能而作功。超过弹性范围,塑性变形将耗散一部分能量,应变能不能全部再转变为功。

§ 13.2　杆件应变能的计算

现将杆件应变能的计算综述如下:

1. 轴向拉伸或压缩　线弹性范围内,杆件在轴向拉伸或压缩时的应变能,曾于 § 2.9 中求出为

$$V_\varepsilon = W = \frac{1}{2}F\Delta l \qquad\qquad (\text{a})$$

或者由 $\Delta l = \dfrac{Fl}{EA}$,将上式改写成

$$V_\varepsilon = W = \frac{F^2 l}{2EA} \tag{13.2}$$

当杆件轴力 F_N 沿轴线变化时,可利用上式先求出长为 $\mathrm{d}x$ 的微段内的应变能为

$$\mathrm{d}V_\varepsilon = \frac{F_N^2(x)\,\mathrm{d}x}{2EA}$$

积分求出整个杆件的应变能

$$V_\varepsilon = \int_l \frac{F_N^2(x)\,\mathrm{d}x}{2EA} \tag{13.3}$$

轴向拉伸时单位体积的应变能(即应变能密度)是

$$v_\varepsilon = \frac{\sigma^2}{2E} = \frac{1}{2}\sigma\varepsilon \tag{13.4}$$

2. 纯剪切　　线弹性范围内,纯剪切的应变能密度曾于 § 3.3 中求出为

$$v_\varepsilon = \frac{\tau^2}{2G} = \frac{1}{2}\tau\gamma \tag{13.5}$$

3. 扭转　　若作用于圆轴上的扭转力偶矩(图 13.1a)从零开始缓慢增加到最终值。在线弹性范围内,扭转角 φ 与扭转力偶矩 M_e 间的关系是一条斜直线(图 13.1b),且

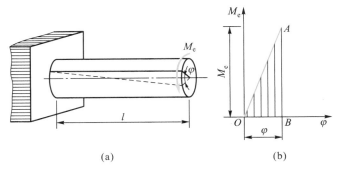

(a)　　　　　　　　(b)

图 13.1

$$\varphi = \frac{M_e l}{GI_p}$$

与轴向拉伸相似,扭转力偶矩 M_e 所作的功为

$$W = \frac{1}{2}M_e\varphi = \frac{M_e^2 l}{2GI_p}$$

由公式(13.1),扭转应变能为

$$V_\varepsilon = W = \frac{1}{2}M_e\varphi \qquad\qquad (\text{b})$$

或者

$$V_\varepsilon = W = \frac{M_e^2 l}{2GI_p} \qquad\qquad (13.6)$$

当扭矩 T 沿轴线变化时,可利用上式先求出微段 $\mathrm{d}x$ 内的应变能,然后经积分得出

$$V_\varepsilon = \int_l \frac{T^2(x)\,\mathrm{d}x}{2GI_p} \qquad\qquad (13.7)$$

4. 弯曲 图 13.2a 所示为一纯弯梁。用第 I 册第六章求弯曲变形的方法,可以求出 B 端截面的转角为

$$\theta = \frac{M_e l}{EI}$$

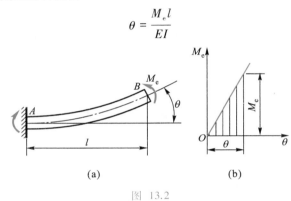

图 13.2

可见在线弹性范围内,若弯曲力偶矩 M_e 由零逐渐增加到最终值,则 M_e 与 θ 的关系也是线性的(图 13.2b)。弯曲力偶矩所作的功是 $M_e - \theta$ 图中斜直线下面的面积,即

$$W = \frac{1}{2}M_e\theta$$

由公式(13.1),纯弯曲的应变能为

$$V_\varepsilon = W = \frac{1}{2}M_e\theta \qquad\qquad (\text{c})$$

或者写成

$$V_\varepsilon = W = \frac{M_e^2 l}{2EI} \qquad\qquad (\text{d})$$

横力弯曲时(图 13.3a),梁横截面上同时有弯矩和剪力,且弯矩和剪力都随

截面位置而变化,都是 x 的函数。这时应分别计算与弯曲和剪切相对应的应变能。但在细长梁的情况下,对应于剪切的应变能与弯曲应变能相比,一般很小,可以不计,所以只需要计算弯曲应变能。从梁内取出长为 $\mathrm{d}x$ 的微段(图13.3b),其左、右两截面上的弯矩分别是 $M(x)$ 和 $M(x)+\mathrm{d}M(x)$。计算应变能时,省略增量 $\mathrm{d}M(x)$,便可把微段看作是纯弯曲的情况。应用式(d)算出微段的应变能

$$\mathrm{d}V_\varepsilon = \frac{M^2(x)\,\mathrm{d}x}{2EI}$$

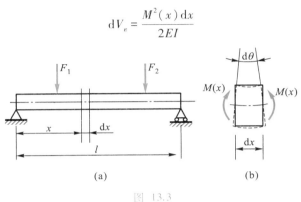

图　13.3

积分上式求得全梁的应变能

$$V_\varepsilon = \int_l \frac{M^2(x)\,\mathrm{d}x}{2EI} \tag{13.8}$$

如 $M(x)$ 在梁的各段内分别由不同的函数表示,上列积分应分段进行,然后求其总和。

综合式(a),式(b),式(c)诸式,可统一写成

$$V_\varepsilon = W = \frac{1}{2}F\delta \tag{13.9}$$

式中 F 在拉伸时代表拉力,在扭转或弯曲时代表力偶矩,所以称为广义力。δ 是与 F 对应的位移,称为广义位移。例如,在拉伸时它是与拉力对应的线位移 Δl;在扭转时它是与扭转力偶矩对应的角位移 φ。在线弹性的情况下,广义力与广义位移之间是线性关系。

例 13.1　轴线为半圆形的平面曲杆如图 13.4a 所示,作用于 A 端的集中力 F 垂直于曲杆所在的平面。试求 F 力作用点的铅垂位移。

解:设任意横截面 $m-m$ 的位置由圆心角 φ 来确定。由曲杆的俯视图(图 13.4b)可以看出,截面 $m-m$ 上的弯矩和扭矩分别为

$$M = FR\sin\varphi$$

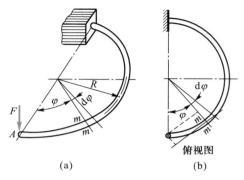

图 13.4

$$T = FR(1 - \cos \varphi)$$

对横截面尺寸远小于半径 R 的曲杆,应变能计算可借用直杆公式,将 $\mathrm{d}x$ 用 $R\mathrm{d}\varphi$ 代替。这样,微段 $R\mathrm{d}\varphi$ 内的应变能是

$$\mathrm{d}V_\varepsilon = \frac{M^2 R\mathrm{d}\varphi}{2EI} + \frac{T^2 R\mathrm{d}\varphi}{2GI_p}$$

$$= \frac{F^2 R^3 \sin^2\varphi \mathrm{d}\varphi}{2EI} + \frac{F^2 R^3 (1 - \cos \varphi)^2 \mathrm{d}\varphi}{2GI_p}$$

积分求得整个曲杆的应变能为

$$V_\varepsilon = \int_0^\pi \frac{F^2 R^3 \sin^2\varphi \mathrm{d}\varphi}{2EI} + \int_0^\pi \frac{F^2 R^3 (1 - \cos \varphi)^2 \mathrm{d}\varphi}{2GI_p}$$

$$= \frac{\pi F^2 R^3}{4EI} + \frac{3\pi F^2 R^3}{4GI_p}$$

若 F 力作用点沿 F 的方向的位移为 δ_A,在变形过程中,集中力 F 所作的功应为

$$W = \frac{1}{2}F\delta_A$$

由 $V_\varepsilon = W$,得

$$\frac{1}{2}F\delta_A = \frac{\pi F^2 R^3}{4EI} + \frac{3\pi F^2 R^3}{4GI_p}$$

所以

$$\delta_A = \frac{\pi FR^3}{2EI} + \frac{3\pi FR^3}{2GI_p}$$

例 13.2　试由应变能密度计算公式(13.4)和公式(13.5)导出横力弯曲的弯曲应变能和剪切应变能。

解：在图 13.5 中,梁横截面 $m - m$ 上的弯矩和剪力分别为 $M(x)$ 和 $F_S(x)$,

截面上距中性轴为 y 处的应力是

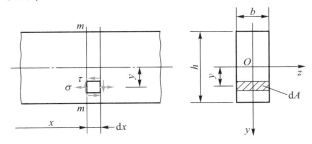

图 13.5

$$\sigma = \frac{M(x)y}{I}, \qquad \tau = \frac{F_{\mathrm{s}}(x)S_z^*}{Ib}$$

若以 $v_{\varepsilon 1}$ 和 $v_{\varepsilon 2}$ 分别表示弯曲和剪切应变能密度,由公式(13.4)和公式(13.5)得

$$v_{\varepsilon 1} = \frac{\sigma^2}{2E} = \frac{M^2(x)y^2}{2EI^2}, \qquad v_{\varepsilon 2} = \frac{\tau^2}{2G} = \frac{F_{\mathrm{s}}^2(x)(S_z^*)^2}{2GI^2 b^2}$$

在距中性轴为 y 处取体积为 $\mathrm{d}V = \mathrm{d}A \cdot \mathrm{d}x$ 的单元体,其弯曲和剪切应变能分别是

$$v_{\varepsilon 1}\mathrm{d}V = \frac{M^2(x)y^2}{2EI^2}\mathrm{d}A\mathrm{d}x, \qquad v_{\varepsilon 2}\mathrm{d}V = \frac{F_{\mathrm{s}}^2(x)(S_z^*)^2}{2GI^2 b^2}\mathrm{d}A\mathrm{d}x$$

通过积分求出整根梁的弯曲应变能 $V_{\varepsilon 1}$ 和剪切应变能 $V_{\varepsilon 2}$ 分别为

$$V_{\varepsilon 1} = \int_l \left[\frac{M^2(x)}{2EI^2} \int_A y^2 \mathrm{d}A \right] \mathrm{d}x, \qquad V_{\varepsilon 2} = \int_l \left[\frac{F_{\mathrm{s}}^2(x)}{2GI^2} \int_A \frac{(S_z^*)^2}{b^2} \mathrm{d}A \right] \mathrm{d}x \qquad (\mathrm{e})$$

以 $\int_A y^2 \mathrm{d}A = I$ 代入上式,并引用记号

$$k = \frac{A}{I^2} \int_A \frac{(S_z^*)^2}{b^2} \mathrm{d}A \qquad (13.10)$$

式(e)化为

$$V_{\varepsilon 1} = \int_l \frac{M^2(x)\mathrm{d}x}{2EI}, \qquad V_{\varepsilon 2} = \int_l \frac{kF_{\mathrm{s}}^2(x)\mathrm{d}x}{2GA} \qquad (\mathrm{f})$$

$V_{\varepsilon 1}$ 也就是公式(13.8)。$V_{\varepsilon 1}$ 和 $V_{\varepsilon 2}$ 之和就是横力弯曲的应变能 V_{ε},即

$$V_{\varepsilon} = \int_l \frac{M^2(x)\mathrm{d}x}{2EI} + \int_l \frac{kF_{\mathrm{s}}^2(x)\mathrm{d}x}{2GA}$$

公式(13.10)中的 k 是一个量纲一的因数,它只与截面的形状有关。当梁的截面为矩形时,

$$k = \frac{A}{I^2} \int_A \frac{(S_z^*)^2}{b^2} \mathrm{d}A = \frac{144}{bh^5} \int_{-h/2}^{h/2} \frac{1}{4}\left(\frac{h^2}{4} - y^2\right)^2 b\mathrm{d}y = \frac{6}{5} \qquad (\mathrm{g})$$

对其他形状的截面也可求得相应的因数 k。例如，当截面为圆形时，$k = \dfrac{10}{9}$。梁为薄壁圆管时，$k = 2$。

例 13.3 以图 13.6 所示简支梁为例，比较弯曲和剪切两种应变能。设梁的截面为矩形。

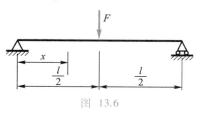

图 13.6

解：以 $M(x) = \dfrac{F}{2}x$ 和 $F_s(x) = \dfrac{F}{2}$ 代入式（f），求出

$$V_{\varepsilon 1} = 2 \int_0^{l/2} \frac{1}{2EI}\left(\frac{F}{2}x\right)^2 \mathrm{d}x = \frac{F^2 l^3}{96EI}$$

$$V_{\varepsilon 2} = 2 \int_0^{l/2} \frac{k}{2GA}\left(\frac{F}{2}\right)^2 \mathrm{d}x = \frac{kF^2 l}{8GA}$$

梁的应变能为

$$V_\varepsilon = V_{\varepsilon 1} + V_{\varepsilon 2} = \frac{F^2 l^3}{96EI} + \frac{kF^2 l}{8GA}$$

两种应变能之比为

$$V_{\varepsilon 2} : V_{\varepsilon 1} = \frac{12EIk}{GAl^2}$$

对矩形截面梁，

$$k = \frac{6}{5}, \qquad \frac{I}{A} = \frac{h^2}{12}$$

此外，由公式（3.4），$G = \dfrac{E}{2(1+\mu)}$，故有

$$V_{\varepsilon 2} : V_{\varepsilon 1} = \frac{12}{5}(1+\mu)\left(\frac{h}{l}\right)^2$$

取 $\mu = 0.3$，当 $\dfrac{h}{l} = \dfrac{1}{5}$ 时，以上比值为 0.125；当 $\dfrac{h}{l} = \dfrac{1}{10}$，为 0.031 2。可见，只有对短梁才应考虑剪切应变能，对长梁则可忽略不计。

以上讨论的都是线弹性的情况。对非线性弹性固体，应变能在数值上仍然等于外力作功，但力与位移的关系以及应力和应变的关系都不是线性的（图 13.7）。此时应变能和应变能密度分别是

$$V_\varepsilon = W = \int_0^{\delta_1} F \mathrm{d}\delta, \qquad v_\varepsilon = \int_0^{\varepsilon_1} \sigma \mathrm{d}\varepsilon \qquad (13.11)$$

由于 $F - \delta$ 和 $\sigma - \varepsilon$ 的关系都不是斜直线，所以公式（13.11）的积分不能得到公式

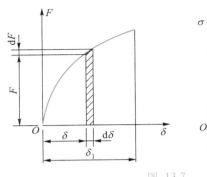
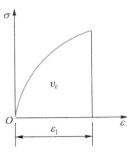

图 13.7

（13.2）~公式（13.9）中的因数 $\dfrac{1}{2}$。

§13.3 应变能的普遍表达式

以上讨论了杆件在几种基本变形下应变能的计算。现在推广到一般情况。设作用于物体上的外力为 $F_1, F_2, F_3, \cdots$，且设物体的约束条件使它除因变形而引起位移外，不可能有刚性位移（图 13.8）。用 $\delta_1, \delta_2, \delta_3, \cdots$ 分别表示外力作用点沿外力方向的位移。这里的外力和位移是指广义力和广义位移。在 §7.9 中曾经指出，弹性体在变形过程中储存的应变能，只决定于外力和位移的最终值，与加力的次序无关。这样，在计算应变能时，就可假设 $F_1, F_2,$ $F_3, \cdots$ 按相同的比例，从零开始逐渐增加到最终值。若变形很小，材料是线弹性的，且弹性位移与外力之间的关系也是线性的，则位移 $\delta_1, \delta_2, \delta_3, \cdots$ 也将与外力按相同的比例增加。为了表明外力按相同的比例增加，引进一个在 0 到 1 之间变化的参数 β。加力过程中，各外力的中间值可表示为 $\beta F_1, \beta F_2,$ $\beta F_3, \cdots$。由于外力和位移之间是线性关系，所以相应的位移是 $\beta \delta_1, \beta \delta_2, \beta \delta_3, \cdots$。外力从零开始缓慢地增加到最终值，$\beta$ 从 0 变到 1。如给 β 一个增量 $d\beta$，位移 $\delta_1, \delta_2, \delta_3, \cdots$ 的相应增量分别为

$$\delta_1 d\beta, \qquad \delta_2 d\beta, \qquad \delta_3 d\beta, \qquad \cdots$$

外力 $\beta F_1, \beta F_2, \beta F_3, \cdots$ 在以上位移增量上作的功为

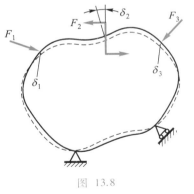

图 13.8

$$dW = \beta F_1 \cdot \delta_1 d\beta + \beta F_2 \cdot \delta_2 d\beta + \beta F_3 \cdot \delta_3 d\beta + \cdots$$

$$= (F_1\delta_1 + F_2\delta_2 + F_3\delta_3 + \cdots)\beta d\beta \qquad (a)$$

积分上式,得

$$W = (F_1\delta_1 + F_2\delta_2 + F_3\delta_3 + \cdots)\int_0^1 \beta d\beta$$

$$= \frac{1}{2}F_1\delta_1 + \frac{1}{2}F_2\delta_2 + \frac{1}{2}F_3\delta_3 + \cdots$$

物体的应变能应为

$$V_\varepsilon = W = \frac{1}{2}F_1\delta_1 + \frac{1}{2}F_2\delta_2 + \frac{1}{2}F_3\delta_3 + \cdots \qquad (13.12)$$

这表示,线弹性体的应变能等于每一外力与其相应位移乘积的二分之一的总和。这一结论也称为克拉贝依隆原理。

因为位移 $\delta_1, \delta_2, \delta_3, \cdots$ 与外力 $F_1, F_2, F_3, \cdots$ 之间是线性关系,所以如把公式(13.12)中的位移用外力来代替,应变能就成为外力的二次齐次函数。同理,如把外力用位移来代替,应变能就成为位移的二次齐次函数。

现将上述原理应用于杆件的组合变形。设于杆件中取出长为 dx 的微段(图 13.9),其两端横截面上有弯矩 $M(x)$、扭矩 $T(x)$ 和轴力 $F_N(x)$。对所分析的微段来说,这些都是外力。设两个端截面的相对轴向位移为 $d(\Delta l)$,相对扭转角为 $d\varphi$,相对转角为 $d\theta$,由公式(13.12),微段内的应变能为

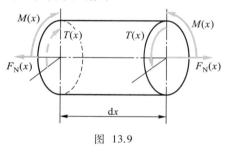

图 13.9

$$dV_\varepsilon = \frac{1}{2}F_N(x)d(\Delta l) + \frac{1}{2}M(x)d\theta + \frac{1}{2}T(x)d\varphi$$

$$= \frac{F_N^2(x)dx}{2EA} + \frac{M^2(x)dx}{2EI} + \frac{T^2(x)dx}{2GI_p}$$

积分上式,求出整个杆件的应变能

$$V_\varepsilon = \int_l \frac{F_N^2(x)dx}{2EA} + \int_l \frac{M^2(x)dx}{2EI} + \int_l \frac{T^2(x)dx}{2GI_p}$$

这是指圆截面的情况。若截面并非圆形,则上式右边第三项中的 I_p 应改成 I_t。

§13.4 互 等 定 理

对线弹性结构,利用应变能的概念,可以导出功的互等定理和位移互等定

理。它们在结构分析中有重要作用。

设在线弹性结构上作用 F_1 和 F_2（图 13.10a），引起两力作用点沿力作用方向的位移分别为 δ_1 和 δ_2。由公式（13.12），F_1 和 F_2 完成的功应为 $\frac{1}{2}F_1\delta_1 + \frac{1}{2}F_2\delta_2$。然后，在结构上再作用 F_3 和 F_4，引起 F_3 和 F_4 作用点沿力作用方向的位移为 δ_3 和 δ_4（图 13.10b），并引起 F_1 和 F_2 作用点沿力作用方向位移 δ_1' 和 δ_2'。这样，除了 F_3 和 F_4 完成数量为 $\frac{1}{2}F_3\delta_3 + \frac{1}{2}F_4\delta_4$ 的功外，原已作用于结构上的 F_1 和 F_2 又位移了 δ_1' 和 δ_2'，且在位移发生过程中 F_1 和 F_2 的大小不变，所以又完成了数量为 $F_1\delta_1' + F_2\delta_2'$ 的功。因此，按先加 F_1，F_2 后加 F_3，F_4 的次序加力，结构应变能为

$$V_{\varepsilon1} = \frac{1}{2}F_1\delta_1 + \frac{1}{2}F_2\delta_2 + \frac{1}{2}F_3\delta_3 + \frac{1}{2}F_4\delta_4 + F_1\delta_1' + F_2\delta_2'$$

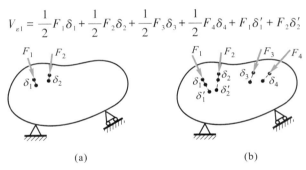

(a)　　　　　　　　(b)

图　13.10

如改变加载次序，先加 F_3，F_4 后加 F_1，F_2。当作用 F_1 和 F_2 时，虽然结构上已经先作用了 F_3 和 F_4，但只要结构是线弹性的，则 F_1 和 F_2 引起的位移和所作的功，依然和未曾作用过 F_3，F_4 一样。于是仿照上述步骤，又可求得结构的应变能为

$$V_{\varepsilon2} = \frac{1}{2}F_3\delta_3 + \frac{1}{2}F_4\delta_4 + \frac{1}{2}F_1\delta_1 + \frac{1}{2}F_2\delta_2 + F_3\delta_3' + F_4\delta_4'$$

式中 δ_3' 和 δ_4' 是作用 F_1，F_2 时，引起 F_3 和 F_4 作用点沿力方向的位移。

由于应变能只决定于力和位移的最终值，与加力的次序无关（§7.9），故 $V_{\varepsilon1} = V_{\varepsilon2}$，从而得出

$$F_1\delta_1' + F_2\delta_2' = F_3\delta_3' + F_4\delta_4' \tag{13.13}$$

以上结果显然可以推广到更多力的情况。即第一组力在第二组力引起的位移上所作的功，等于第二组力在第一组力引起的位移上所作的功。这就是功的互等

定理。若第一组力只有 F_1，第二组力只有 F_3，则式（13.13）化为

$$F_1 \delta_1' = F_3 \delta_3'$$

若 $F_1 = F_3$，则上式化为

$$\delta_1' = \delta_3' \tag{13.14}$$

这表明，当 $F_1 = F_3$ 时，F_1 作用点沿 F_1 方向因作用 F_3 而引起的位移，等于 F_3 作用点沿 F_3 方向因作用 F_1 而引起的位移。这就是位移互等定理。

　　上述互等定理中的力和位移都应理解为是广义的。例如，把力换成力偶矩，相应的位移换成角位移，推导过程依然一样，结论自然不变。此外，这里的位移是指在结构不发生刚性位移的情况下，只是由变形引起的位移。

　　例 13.4　装有尾顶针的车削工件可简化成超静定梁（§6.5）如图 13.11a 所示，试利用互等定理求解支座 B 的约束力。

　　解：解除支座 B，把工件看作是悬臂梁。把工件上作用的切削力 F 和尾顶针反力 F_{RB} 作为第一组力。然后，设想在同一悬臂梁的右端作用 $\overline{F} = 1$ 的单位力（图13.11b），并作为第二组力。在 $\overline{F} = 1$ 作用下，不难求出 F 及 F_{RB} 作用点的相应位移分别为

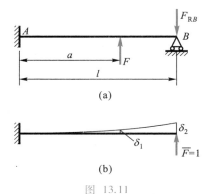

(a)

(b)

图 13.11

$$\delta_1 = \frac{a^2}{6EI}(3l - a), \qquad \delta_2 = \frac{l^3}{3EI}$$

第一组力在第二组力引起的位移上所作的功应为

$$F\delta_1 - F_{RB}\delta_2 = \frac{Fa^2}{6EI}(3l - a) - \frac{F_{RB} l^3}{3EI}$$

在第一组力作用下（图13.11a），由于右端 B 实际上是铰支座，它沿 $\overline{F} = 1$ 方向的位移应等于零，故第二组力在第一组力引起的位移上所作的功等于零。于是由功的互等定理，

$$\frac{Fa^2}{6EI}(3l - a) - \frac{F_{RB} l^3}{3EI} = 0$$

由此解出

$$F_{RB} = \frac{F}{2} \frac{a^2}{l^3}(3l - a)$$

§ 13.5　卡 氏 定 理

设弹性结构在支座约束下无任何刚性位移，$F_1, F_2, \cdots, F_i, \cdots$ 为作用于结构上的外力，沿诸力作用方向的位移分别为 $\delta_1, \delta_2, \cdots, \delta_i, \cdots$（参看图 13.8）。结构因外力作用而储存的应变能 V_ε 等于外力作功，它应为 $F_1, F_2, \cdots, F_i, \cdots$ 的函数，即

$$V_\varepsilon = V_\varepsilon(F_1, F_2, \cdots, F_i, \cdots) \tag{a}$$

如这些外力中的任一个 F_i 有一增量 $\mathrm{d}F_i$，则应变能的增量为 $\Delta V_\varepsilon = \dfrac{\partial V_\varepsilon}{\partial F_i}\mathrm{d}F_i$。于是结构的应变能成为

$$V_\varepsilon + \frac{\partial V_\varepsilon}{\partial F_i}\mathrm{d}F_i \tag{b}$$

若把力的作用次序改变为先加 $\mathrm{d}F_i$，然后再作用 $F_1, F_2, \cdots, F_i, \cdots$。先作用 $\mathrm{d}F_i$ 时，其作用点沿 $\mathrm{d}F_i$ 方向的位移为 $\mathrm{d}\delta_i$，应变能为 $\dfrac{1}{2}\mathrm{d}F_i\mathrm{d}\delta_i$。再作用 $F_1, F_2, \cdots, F_i, \cdots$ 时，虽然结构上事先已有 $\mathrm{d}F_i$ 存在，但对线弹性结构来说，$F_1, F_2, \cdots, F_i, \cdots$ 引起的位移仍然与未曾作用过 $\mathrm{d}F_i$ 一样，因而这些力作的功亦即应变能，仍然等于未曾作用 $\mathrm{d}F_i$ 时的 V_ε。在作用 $F_1, F_2, \cdots, F_i, \cdots$ 的过程中，在 F_i 的方向（亦即 $\mathrm{d}F_i$ 的方向）发生了位移 δ_i，于是 $\mathrm{d}F_i$ 在位移 δ_i 上完成的功为 $\delta_i\mathrm{d}F_i$。这样，按现在的加力次序，结构的应变能应为

$$\frac{1}{2}\mathrm{d}F_i\mathrm{d}\delta_i + V_\varepsilon + \delta_i\mathrm{d}F_i \tag{c}$$

因应变能与加力次序无关，式（b），式（c）两式应该相等，故

$$\frac{1}{2}\mathrm{d}F_i\mathrm{d}\delta_i + V_\varepsilon + \delta_i\mathrm{d}F_i = V_\varepsilon + \frac{\partial V_\varepsilon}{\partial F_i}\mathrm{d}F_i$$

省略二阶微量 $\dfrac{1}{2}\mathrm{d}F_i\mathrm{d}\delta_i$，由上式得出

$$\delta_i = \frac{\partial V_\varepsilon(F_1, F_2, \cdots, F_i, \cdots)}{\partial F_i} \tag{13.15}$$

可见，若将结构的应变能表示为载荷 $F_1, F_2, \cdots, F_i, \cdots$ 的函数，则应变能对任一载荷 F_i 的偏导数，等于 F_i 作用点沿 F_i 方向的位移 δ_i。这便是卡氏第二定理。

相似地，可以把应变能写成是位移 $\delta_1, \delta_2, \cdots, \delta_i, \cdots$ 的函数，则应变能对任一

位移 δ_i 的偏导数，等于该位移方向上作用的载荷 F_i，这就是卡氏第一定理[1]。

$$F_i = \frac{\partial V_\varepsilon(\delta_1, \delta_2, \cdots, \delta_i, \cdots)}{\partial \delta_i} \qquad (13.16)$$

卡氏第一和第二定理中的力和位移都是广义的。特别指出，卡氏第一定理适用于线性和非线性的弹性结构，但是卡氏第二定理仅适用于线弹性结构。

下面把卡氏第二定理应用于几种常见情况。

横力弯曲的应变能由公式(13.8)计算，应用卡氏第二定理，得

$$\delta_i = \frac{\partial V_\varepsilon}{\partial F_i} = \frac{\partial}{\partial F_i}\left(\int_l \frac{M^2(x)\,\mathrm{d}x}{2EI}\right)$$

式中积分是对 x 的，而求导则是对 F_i 的，所以可将积分符号里的函数先对 F_i 求导，然后再积分，故有

$$\delta_i = \int_l \frac{M(x)}{EI} \cdot \frac{\partial M(x)}{\partial F_i}\,\mathrm{d}x \qquad (13.17)$$

横截面高度远小于轴线半径的平面曲杆，受弯时也可仿照直梁计算。

桁架的每根杆件都是受拉伸或压缩，应变能都由公式(13.2)计算。若桁架共有 n 根杆件，则桁架的整体应变能应为

$$V_\varepsilon = \sum_{j=1}^{n} \frac{F_{Nj}^2 l_j}{2EA_j}$$

应用卡氏第二定理，得

$$\delta_i = \frac{\partial V_\varepsilon}{\partial F_i} = \sum_{j=1}^{n} \frac{F_{Nj} l_j}{EA_j} \cdot \frac{\partial F_{Nj}}{\partial F_i} \qquad (\mathrm{d})$$

例 13.5 图 13.12 所示外伸梁的抗弯刚度 EI 已知，试求外伸端 C 的挠度 w_C 和左端截面 A 的转角 θ_A。

解：在外伸端 C 上有集中力 F，在截面 A 上有力偶矩 M_e，根据卡氏第二定理，外伸端 C 的挠度 w_C 应为

$$w_C = \frac{\partial V_\varepsilon}{\partial F} = \int_l \frac{M(x)}{EI} \frac{\partial M(x)}{\partial F}\,\mathrm{d}x \quad (\mathrm{e})$$

端截面 A 的转角 θ_A 应为

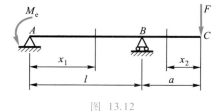

图 13.12

$$\theta_A = \frac{\partial V_\varepsilon}{\partial M_e} = \int_l \frac{M(x)}{EI} \frac{\partial M(x)}{\partial M_e}\,\mathrm{d}x \qquad (\mathrm{f})$$

应分段求出弯矩方程及其相应的导数，然后代入以上两式进行积分。按图中所

---

① 参看刘鸿文，林建兴，曹曼玲编，《高等材料力学》，高等教育出版社，1985。

取坐标,在 AB 段内,

$$M_1(x_1) = F_{RA}x_1 - M_e = \left(\frac{M_e}{l} - \frac{Fa}{l}\right)x_1 - M_e$$

$$\frac{\partial M_1(x_1)}{\partial F} = -\frac{a}{l}x_1$$

$$\frac{\partial M_1(x_1)}{\partial M_e} = \left(\frac{x_1}{l} - 1\right)$$

在 BC 段内,

$$M_2(x_2) = -Fx_2, \qquad \frac{\partial M_2(x_2)}{\partial F} = -x_2, \qquad \frac{\partial M_2(x_2)}{\partial M_e} = 0$$

代入式(e)和式(f),得到

$$\begin{aligned}
w_C &= \frac{\partial V_\varepsilon}{\partial F} = \int_0^l \frac{M_1(x_1)}{EI} \frac{\partial M_1(x_1)}{\partial F} dx_1 + \int_0^a \frac{M_2(x_2)}{EI} \frac{\partial M_2(x_2)}{\partial F} dx_2 \\
&= \frac{1}{EI} \int_0^l \left[\left(\frac{M_e}{l} - \frac{Fa}{l}\right)x_1 - M_e\right]\left(-\frac{a}{l}\right)x_1 dx_1 + \\
&\quad \frac{1}{EI} \int_0^a (-Fx_2)(-x_2) dx_2 \\
&= \frac{1}{EI}\left(\frac{Fa^2l}{3} + \frac{M_e al}{6} + \frac{Fa^3}{3}\right) \\
\theta_A &= \frac{\partial V_\varepsilon}{\partial M_e} = \int_0^l \frac{M_1(x_1)}{EI} \frac{\partial M_1(x_1)}{\partial M_e} dx_1 + \int_0^a \frac{M_2(x_2)}{EI} \frac{\partial M_2(x_2)}{\partial M_e} dx_2 \\
&= \frac{1}{EI} \int_0^l \left[\left(\frac{M_e}{l} - \frac{Fa}{l}\right)x_1 - M_e\right]\left(\frac{x_1}{l} - 1\right) dx_1 + \\
&\quad \frac{1}{EI} \int_0^a (-Fx_2)(0) dx_2 \\
&= \frac{1}{EI}\left(\frac{M_e l}{3} + \frac{Fal}{6}\right)
\end{aligned}$$

这里 w_C 及 θ_A 皆为正号,只表示它们的方向分别与 F 和 M_e 相同。

用卡氏第二定理求结构某处的位移时,该处需要有与所求位移相应的载荷。例如在上述例题中,需要求 w_C 及 θ_A,而在外伸端 C 和截面 A 上,恰好有与 w_C 和 θ_A 相对应的载荷 F 及 M_e。如需计算某处的位移,而该处并无与位移相应的载荷,则可采取附加力法。下面用例题说明这一方法。

例 13.6 图 13.13a 所示刚架的 EI 为常量,在截面 B 上受力偶矩 M_e 作用。试求截面 C 的转角 θ_C 及 D 点的水平位移 δ_x。轴力和剪力对变形的影响可以略去不计。

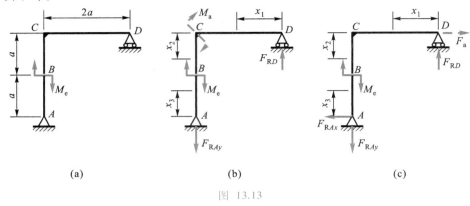

图 13.13

解：由于在截面 C 上并无力偶，所以不能直接使用卡氏第二定理。为此，我们设想在截面 C 上增加一个力偶矩 M_a（图 13.13b），M_a 称为附加力偶矩。在刚架截面 C 上增加了 M_a，它当然已经不同于原来的刚架。这时，求出在 M_e 和 M_a 共同作用下的支座约束力

$$F_{RAy} = \frac{M_e + M_a}{2a}, \qquad F_{RD} = \frac{M_e + M_a}{2a}$$

F_{RAy} 和 F_{RD} 的方向如图所示。

求出刚架各段的弯矩方程及其对 M_a 的偏导数分别为

CD 段： $\quad M(x_1) = F_{RD}x_1 = \left(\dfrac{M_e + M_a}{2a}\right)x_1,$ $\qquad \dfrac{\partial M(x_1)}{\partial M_a} = \dfrac{x_1}{2a}$

BC 段： $\quad M(x_2) = F_{RD} \times 2a - M_a = M_e,$ $\qquad \dfrac{\partial M(x_2)}{\partial M_a} = 0$

AB 段： $\quad M(x_3) = 0,$ $\qquad \dfrac{\partial M(x_3)}{\partial M_a} = 0$

于是截面 C 的转角为

$$\theta_C = \int_l \frac{M(x)}{EI} \frac{\partial M(x)}{\partial M_a} \mathrm{d}x$$

$$= \frac{1}{EI}\int_0^{2a} M(x_1)\frac{\partial M(x_1)}{\partial M_a}\mathrm{d}x_1 + \frac{1}{EI}\int_0^a M(x_2)\frac{\partial M(x_2)}{\partial M_a}\mathrm{d}x_2 +$$

$$\frac{1}{EI}\int_0^a M(x_3)\frac{\partial M(x_3)}{\partial M_a}\mathrm{d}x_3$$

$$= \frac{1}{EI} \int_0^{2a} \left(\frac{M_e + M_a}{2a} \right) x_1 \cdot \frac{x_1}{2a} \mathrm{d}x_1 = \frac{2a}{3EI}(M_e + M_a) \tag{g}$$

这里求出的 θ_C 是刚架在 M_e 及 M_a 共同作用下,截面 C 的转角。显然,无论 M_e 及 M_a 的数值大小如何,上式所给出的结果都是正确的。在式(g)中如令 $M_a = 0$,就得到刚架只在截面 B 上作用 M_e 时,截面 C 的转角为

$$\theta_C = \frac{2M_e a}{3EI} \tag{h}$$

从这里还可看出,在式(g)中当积分完成后令 $M_a = 0$ 可以求得式(h),而在积分之前就使 $M_a = 0$,所得结果仍为式(h)。所以只有在计算弯矩的偏导数时需要附加力偶矩,以后就可以令其等于零,再进行积分,这样可以简化计算。

计算 D 点的水平位移 δ_x 时,在 D 点沿水平方向增加附加力 F_a(图13.13c)。求出在 M_e 及 F_a 共同作用下刚架的支座约束力为

$$F_{RAx} = F_a, \qquad F_{RAy} = F_{RD} = \frac{M_e}{2a} + F_a$$

方向如图所示。求出刚架各段的弯矩方程及其对 F_a 的偏导数分别为

CD 段: $\quad M(x_1) = \left(\dfrac{M_e}{2a} + F_a \right) x_1, \qquad \dfrac{\partial M(x_1)}{\partial F_a} = x_1$

CB 段: $\quad M(x_2) = M_e + F_a(2a - x_2), \qquad \dfrac{\partial M(x_2)}{\partial F_a} = 2a - x_2$

AB 段: $\quad M(x_3) = F_a x_3, \qquad \dfrac{\partial M(x_3)}{\partial F_a} = x_3$

在积分前即令 $F_a = 0$,求得 D 点的水平位移为

$$\delta_x = \frac{1}{EI} \int_0^{2a} \frac{M_e}{2a} x_1^2 \mathrm{d}x_1 + \frac{1}{EI} \int_0^{a} M_e(2a - x_2) \mathrm{d}x_2 = \frac{17 M_e a^2}{6EI}$$

例 13.7 轴线为四分之一圆周的平面曲杆(图 13.14a),EI 为常量。曲杆 A 端固定,自由端 B 上作用铅垂集中力 F。求 B 点的铅垂和水平位移。

解:首先计算 B 点的铅垂位移 δ_y。由图 13.14a 可知,曲杆任意截面 $m-m$ 上的弯矩及其导数为

$$M = FR\cos \varphi, \qquad \frac{\partial M}{\partial F} = R\cos \varphi$$

仿照直梁公式(13.17),

$$\delta_y = \int_s \frac{M}{EI} \frac{\partial M}{\partial F} \mathrm{d}s = \frac{1}{EI} \int_0^{\frac{\pi}{2}} FR\cos \varphi \cdot R\cos \varphi \cdot R\mathrm{d}\varphi = \frac{\pi FR^3}{4EI}$$

为了求得 B 点的水平位移,在截面 B 上增加水平附加力,如图 13.14b 所示。

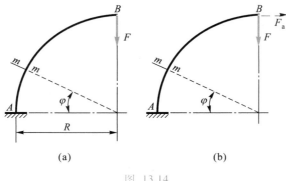

图 13.14

这样，

$$M = FR\cos \varphi + F_a R(1 - \sin \varphi)$$

$$\frac{\partial M}{\partial F_a} = R(1 - \sin \varphi)$$

$$\delta_x = \left[\int_s \frac{M}{EI} \frac{\partial M}{\partial F_a} \mathrm{d}s \right]_{F_a = 0} = \frac{1}{EI} \int_0^{\frac{\pi}{2}} FR\cos \varphi \cdot R(1 - \sin \varphi) R\mathrm{d}\varphi = \frac{FR^3}{2EI}$$

例 13.8　以图 13.6 中的简支梁为例,试用卡氏第二定理说明剪力对弯曲变形的影响。

解：在例 13.3 中,已经求出图 13.6 所示简支梁的应变能为

$$V_\varepsilon = \frac{F^2 l^3}{96EI} + \frac{kF^2 l}{8GA}$$

式中第一项为弯曲应变能,第二项为剪切应变能。由卡氏第二定理求出跨度中点的挠度为

$$\delta = \frac{\mathrm{d}V_\varepsilon}{\mathrm{d}F} = \frac{Fl^3}{48EI} + \frac{kFl}{4GA} = \frac{Fl^3}{48EI}\left(1 + \frac{12kEI}{l^2 GA}\right)$$

式中第二项代表剪力对弯曲变形的影响。若梁截面为矩形,则

$$k = \frac{6}{5}, \qquad \frac{I}{A} = \frac{h^2}{12}$$

代入上式,并注意到 $G = \dfrac{E}{2(1 + \mu)}$,将得出

$$\delta = \frac{Fl^3}{48 EI}\left[1 + \frac{12}{5} \frac{h^2}{l^2}(1 + \mu)\right]$$

方括号中两项之比,就是弯矩与剪力各自对弯曲变形提供的贡献之比。取 $\mu =$

0.3, 当 $\dfrac{h}{l} = \dfrac{1}{5}$ 时, 上述比值为 $1:0.125$; 当 $\dfrac{h}{l} = \dfrac{1}{10}$ 时, 为 $1:0.0312$。可见剪力对短梁变形的影响较大, 对长梁则可忽略不计。

例 13.9　图 13.15a 所示为由两根完全相同的非线性弹性杆铰接而成的结构, 在节点 C 作用一铅垂力 F。若两杆的长度均为 l, 横截面面积均为 A。材料在单轴拉伸时的应力 – 应变关系为 $\sigma = K\varepsilon^{1/n}$ $(n>1)$, 其中 K 为常数, 曲线如图 13.15b 所示。试求节点 C 的铅垂位移 δ。

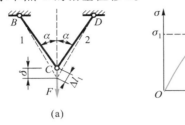

图 13.15

解：节点 C 的铅垂位移 δ 与两杆的伸长间关系为

$$\Delta l_1 = \Delta l_2 = \delta\cos\alpha$$

由于两杆都是均匀变形, 则两杆的纵向线应变为

$$\varepsilon_1 = \varepsilon_2 = \frac{\Delta l_1}{l} = \frac{\delta}{l}\cos\alpha$$

两杆的应变能密度为

$$v_{\varepsilon_1} = v_{\varepsilon_2} = \int_0^{\varepsilon_1}\sigma\,\mathrm{d}\varepsilon = \int_0^{\varepsilon_1}K\varepsilon^{1/n}\,\mathrm{d}\varepsilon = \frac{n}{n+1}K(\varepsilon_1)^{\frac{n+1}{n}}$$

结构的应变能

$$V_\varepsilon = 2\times v_{\varepsilon_1}\times Al = 2Al\frac{n}{n+1}K\left(\frac{\delta}{l}\cos\alpha\right)^{\frac{n+1}{n}} \tag{i}$$

由卡氏第一定理, 有

$$\frac{\partial V_\varepsilon}{\partial\delta} = F \tag{j}$$

将式(i)代入式(j), 完成求导并化简得

$$\delta = \frac{1}{2^n}\left(\frac{F}{AK}\right)^n\frac{l}{\cos^{n+1}\alpha}$$

§13.6　虚 功 原 理

外力作用下处于平衡状态的杆件如图 13.16 所示。图中由实线表示的曲线为轴线的真实变形。若因其他原因,例如另外的外力或温度变化等,又引起杆件变形,则用虚线表示杆件位移到的位置。可把这种位移称为虚位移。"虚"位移只表示是其他因素造成的位移,以区别于杆件因原有外力引起的位移。虚位移是在平衡位置上再增加的位移,在虚位移中,杆件的原有外力和内力保持不变,且始终是平衡的。虚位移应满足边界条件和连续性条件,并符合小变形要求。例如,在铰支座上虚位移应等于零;虚位移 $v^*(x)$ 应是连续函数。又因虚位移符合小变形要求,它不改变原有外力的效应,建立平衡方程时,仍可用杆件变形前的位置和尺寸。满足了这些要求的任一位移都可作为虚位移。正因为它满足上述要求,所以也是杆件实际上可能发生的位移。杆件上的力由于虚位移而完成的功称为虚功。

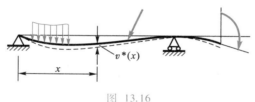

图　13.16

设想把杆件分成无穷多微段,从中取出任一微段如图 13.17 所示。微段上除外力外,两端横截面上还有轴力、弯矩、剪力等内力。当它由平衡位置经虚位移到达由虚线表示的位置时,微段上的内、外力都作了虚功。把所有微段的内、外力虚功逐段相加(积分),便可求出整个杆件的外力和内力的总虚功。因为虚位移是连续的,两个相邻微段的公共截面的位移和转角是相同的,但相邻微段公共截面上的内力却是大小相等、方向相反的,故它们所作的虚功相互抵消。逐段相加之后,就只剩下外力在虚位移中所作的虚功。若以 $F_1,F_2,F_3,\cdots,q(x),\cdots$ 表示杆件上的外力(广义力),$v_1^*,v_2^*,v_3^*,\cdots,v^*(x),\cdots$ 表示外力作用点沿外力方向的虚位移,因在虚位移中外力保持不变,故总虚功为

$$W = F_1 v_1^* + F_2 v_2^* + F_3 v_3^* + \cdots + \int_l q(x) v^*(x)\,\mathrm{d}x + \cdots \qquad (\text{a})$$

还可按另一方式计算总虚功。在上述杆件中,微段以外的其余部分的变形,使所研究的微段得到刚性虚位移;此外,所研究的微段本身在虚位移中还发生变形引起的虚位移,称为变形虚位移。作用于微段上的力系(包括外力和内力)是

一个平衡力系,根据质点系的虚位移原理,这一平衡力系在刚性虚位移上作功的总和等于零,因而只剩下在变形虚位移中所作的功。微段的变形虚位移可以分解成:两端截面的轴向相对位移 $d(\Delta l)^*$,相对转角 $d\theta^*$,相对错动 $d\lambda^*$(图 13.17)。在上述微段的变形虚位移中,只有两端截面上的内力作功,其数值为

$$dW = F_N d(\Delta l)^* + M d\theta^* + F_s d\lambda^* \qquad (b)$$

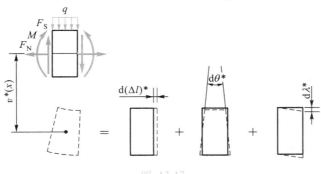

图 13.17

积分上式得总虚功为

$$W = \int F_N d(\Delta l)^* + \int M d\theta^* + \int F_s d\lambda^* \qquad (c)$$

按两种方式求得的总虚功表达式(a)与式(c)应该相等,即

$$F_1 v_1^* + F_2 v_2^* + F_3 v_3^* + \cdots + \int_l q(x) v^*(x) dx + \cdots$$

$$= \int F_N d(\Delta l)^* + \int M d\theta^* + \int F_s d\lambda^* \qquad (13.18)$$

上式表明,在虚位移中,外力所作虚功等于内力在相应虚变形上所作虚功。这就是虚功原理。也可把上式右边看作是相应于虚位移的应变能。这样,虚功原理表明,在虚位移中,外力虚功等于杆件的虚应变能。

若杆件上还有扭转力偶矩 M_{e1}, M_{e2}, $\cdots$,与其相应的虚位移为 φ_1^*, φ_2^*, $\cdots$,则微段两端截面上的内力中还有扭矩 T,因虚位移使两端截面相对扭转 $d\varphi^*$ 角。这样,在公式(13.18)左端的外力虚功中应加入 M_{e1}, M_{e2}, $\cdots$ 的虚功,而在右端内力虚功中应加入 T 的虚功。于是有

$$F_1 v_1^* + F_2 v_2^* + \cdots + \int_l q(x) v^*(x) dx + \cdots + M_{e1}\varphi_1^* + M_{e2}\varphi_2^*$$

$$= \int F_N d(\Delta l)^* + \int M d\theta^* + \int F_s d\lambda^* + \int T d\varphi^* \qquad (d)$$

在导出虚功原理时,并未使用应力 - 应变关系,故虚功原理与材料的性能无

关,它可用于线弹性材料,也可用于非线性弹性材料。虚功原理并不要求力与位移的关系一定是线性的,故可用于力与位移成非线性关系的结构。

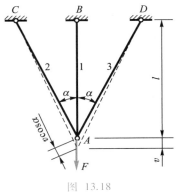

图 13.18

例 13.10 试求图 13.18 所示桁架各杆的内力。设三杆的横截面面积相等,材料相同,且是线弹性的。

解:按照桁架的约束条件,只有节点 A 有 2 个自由度。在当前情况下,由于对称,A 点只可能有垂直位移 v。由此引起杆 1 和杆 2 的伸长分别为

$$\Delta l_1 = v, \qquad \Delta l_2 = v\cos\alpha$$

杆 3 的伸长与杆 2 相等,内力也相同。由胡克定律求出三杆的内力分别为

$$F_{N1} = \frac{EA}{l}v, \qquad F_{N2} = F_{N3} = \frac{EA}{l_2}v\cos\alpha = \frac{EA}{l}v\cos^2\alpha \qquad (e)$$

设节点 A 有一铅垂的虚位移 δv(图中未画出)。对这一虚位移,外力虚功是 $F\delta v$。杆 1 因虚位移 δv 引起的伸长是$(\Delta l_1)^* = \delta v$,杆 2 和杆 3 的伸长是 $\delta v\cos\alpha$。计算内力虚功时,注意到每根杆件只受拉伸,且共有三杆,所以公式 (13.18) 的右端只剩下第一项,且应求三杆内力虚功的总和。杆 1 的内力 F_{N1} 沿轴线不变,故内力虚功为

$$\int_l F_{N1}\,\mathrm{d}(\Delta l_1)^* = F_{N1}\int_l \mathrm{d}(\Delta l_1)^* = F_{N1}(\Delta l_1)^* = \frac{EA}{l}v\delta v$$

同理可以求出杆 2 和杆 3 的内力虚功同为

$$F_{N2}(\Delta l_2)^* = \frac{EA}{l}v\cos^3\alpha \cdot \delta v$$

整个桁架的内力虚功为

$$F_{N1}(\Delta l_1)^* + 2F_{N2}(\Delta l_2)^* = \frac{EAv}{l}(1 + 2\cos^3\alpha)\delta v$$

由虚功原理,内力虚功应等于外力虚功,即

$$\frac{EAv}{l}(1 + 2\cos^3\alpha)\delta v = F\delta v$$

消去 δv,可将上式写成

$$\frac{EAv}{l}(1 + 2\cos^3\alpha) - F = 0 \qquad (f)$$

由此解出

$$v = \frac{Fl}{EA(1 + 2\cos^3\alpha)}$$

把 v 代回式(e)即可求出

$$F_{N1} = \frac{F}{1 + 2\cos^3\alpha}, \qquad F_{N2} = F_{N3} = \frac{F\cos^2\alpha}{1 + 2\cos^3\alpha}$$

注意到在式(f)中，$\dfrac{EAv}{l}$ 和 $\dfrac{EAv}{l}\cos^3\alpha$ 分别是杆 1 和杆 2 的内力 F_{N1} 和 F_{N2} 在铅垂方向的投影。式(f)事实上是节点 A 的平衡方程，相当于 $\sum F_y = 0$。所以，以位移 v 为基本未知量，通过虚功原理得出的式(f)是静力平衡方程。同一问题在 §2.10 中作为超静定结构求解时，以杆件内力为基本未知量，而补充方程则是变形协调条件。

§13.7　单位载荷法　莫尔积分

利用虚功原理可以导出计算结构一点位移的单位载荷法。设在外力作用下，刚架 A 点沿某一任意方向 aa 的位移为 Δ（图 13.19a）。为了计算 Δ，设想在同一刚架的 A 点上，沿 aa 方向作用一单位力（图 13.19b），它与支座约束力组成平衡力系。这时刚架横截面上的轴力、弯矩和剪力分别为 $\overline{F}_N(x)$，$\overline{M}(x)$ 和 $\overline{F}_S(x)$。把刚架在原有外力作用下的位移（图 13.19a）作为虚位移，加于单位力作用下的刚架（图 13.19b）上。表达虚功原理的式(13.18)化为

$$1 \cdot \Delta = \int \overline{F}_N(x) \, d(\Delta l) + \int \overline{M}(x) \, d\theta + \int \overline{F}_S(x) \, d\lambda \tag{a}$$

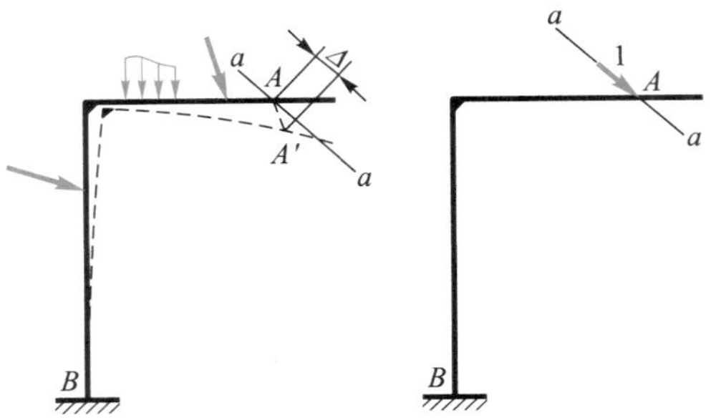

图 13.19

上式左端为单位力的虚功,右端各项中的 $\mathrm{d}(\Delta l)$,$\mathrm{d}\theta$,$\mathrm{d}\lambda$ 是原有外力引起的变形,现在作为变形虚位移。对以抗弯为主的杆件,上式右边代表轴力和剪力影响的第一和第三项可以不计,于是有

$$\Delta = \int_l \overline{M}(x)\,\mathrm{d}\theta \tag{13.19}$$

对只有轴力的拉伸或压缩杆件,式(a)右边只保留第一项,

$$\Delta = \int_l \overline{F}_N(x)\,\mathrm{d}(\Delta l) \tag{b}$$

若沿杆件轴线轴力为常量,则

$$\Delta = \overline{F}_N \int_l \mathrm{d}(\Delta l) = \overline{F}_N \Delta l \tag{c}$$

对有 n 根杆的杆系,如桁架,则上式应改写成

$$\Delta = \sum_{i=1}^n \overline{F}_{Ni}\Delta l_i \tag{13.20}$$

仿照上面的推导,如欲求受扭杆件某一截面绕轴线的扭转角 Δ,则以单位扭转力偶矩作用于该截面上,它引起的扭矩记为 $\overline{T}(x)$,于是

$$\Delta = \int_l \overline{T}(x)\,\mathrm{d}\varphi \tag{13.21}$$

式中 $\mathrm{d}\varphi$ 是杆件微段的扭转角。

以上诸式左端的 Δ 是单位力(或力偶矩)作功 $1 \cdot \Delta$ 的缩写,如求出的 Δ 为正,表示单位力所作的功 $1 \cdot \Delta$ 为正,亦即表示 Δ 与单位力的方向相同。

例 13.11 图 13.20a 为一简支梁,集中力 F 作用于跨度中点。材料的应力 - 应变关系为 $\sigma = C\sqrt{\varepsilon}$。式中 C 为常量,ε 和 σ 皆取绝对值。试求集中力 F 作用点 D 的铅垂位移。

解: 首先研究梁的变形,以求出公式(13.19)中 $\mathrm{d}\theta$ 的表达式。弯曲变形时(参看 §5.2),梁内离中性层为 y 处的应变是

$$\varepsilon = \frac{y}{\rho}$$

式中 $\dfrac{1}{\rho}$ 为挠曲线的曲率。由应力 - 应变关系得

$$\sigma = C\varepsilon^{\frac{1}{2}} = C\left(\frac{y}{\rho}\right)^{\frac{1}{2}}$$

横截面上的弯矩应为

$$M = \int_A y\sigma\,\mathrm{d}A = C\left(\frac{1}{\rho}\right)^{\frac{1}{2}}\int_A y^{\frac{3}{2}}\,\mathrm{d}A \tag{d}$$

引用记号

$$I^* = \int_A y^{\frac{3}{2}} \mathrm{d}A$$

则由式（d）可以得出

$$\frac{1}{\rho} = \frac{M^2}{(CI^*)^2}$$

由于 $\dfrac{1}{\rho} = \dfrac{\mathrm{d}\theta}{\mathrm{d}x}$，且 $M = \dfrac{Fx}{2}$，故有

$$\mathrm{d}\theta = \frac{1}{\rho}\mathrm{d}x = \frac{M^2 \mathrm{d}x}{(CI^*)^2} = \frac{F^2 x^2 \mathrm{d}x}{4(CI^*)^2}$$

设想在 D 点作用一单位力（图 13.20b），这时弯矩 $\overline{M}(x)$ 为

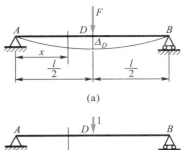

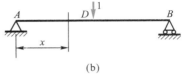

图 13.20

$$\overline{M}(x) = \frac{x}{2} \quad (0 \leqslant x \leqslant \frac{l}{2})$$

将 $\mathrm{d}\theta$ 及 $\overline{M}(x)$ 的表达式代入公式（13.19），完成积分得

$$\Delta_D = \int_l \overline{M}(x)\mathrm{d}\theta = 2\int_0^{\frac{l}{2}} \frac{F^2 x^3}{8(CI^*)^2}\mathrm{d}x = \frac{F^2 l^4}{256(CI^*)^2}$$

例 13.12　简单桁架如图 13.21 所示。设两杆的横截面面积同为 A，材料的应力 - 应变关系如例 13.11 所述。试求节点 B 的铅垂位移 Δ_V。

解：由节点 B 的平衡条件求出 BD 杆的轴力和应力，再由应力 - 应变关系求出应变，结果为

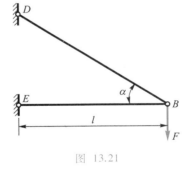

图 13.21

$$\sigma_1 = \frac{F}{A\sin\alpha}, \quad \varepsilon_1 = \frac{\sigma_1^2}{C^2} = \frac{F^2}{C^2 A^2 \sin^2\alpha}$$

沿 BD 杆的轴线变形是均匀的，BD 杆的伸长为

$$\Delta l_1 = \frac{l}{\cos\alpha}\varepsilon_1 = \frac{F^2 l}{C^2 A^2 \sin^2\alpha\cos\alpha}$$

用单位载荷法求解时，应在 B 点沿垂直方向作用单位力（图中未画出）。BD 杆因上述单位力引起的轴力为

$$\overline{F}_{N1} = \frac{1}{\sin\alpha}$$

对 BE 杆进行相同的计算，得出

$$\Delta l_2 = \frac{F^2 l \cos^2 \alpha}{C^2 A^2 \sin^2 \alpha}, \qquad \overline{F}_{N2} = \frac{\cos \alpha}{\sin \alpha}$$

由公式(13.20),求得 B 点的铅垂位移是

$$\Delta_V = \sum_{i=1}^{2} \overline{F}_{Ni} \Delta l_i = \overline{F}_{N1} \Delta l_1 + \overline{F}_{N2} \Delta l_2 = \frac{F^2 l}{C^2 A^2} \frac{1 + \cos^4 \alpha}{\sin^3 \alpha \cos \alpha}$$

若材料是线弹性的,则杆件的弯曲、拉伸和扭转变形分别是

$$\mathrm{d}\theta = \frac{\mathrm{d}}{\mathrm{d}x}\left(\frac{\mathrm{d}w}{\mathrm{d}x}\right)\mathrm{d}x = \frac{\mathrm{d}^2 w}{\mathrm{d}x^2}\mathrm{d}x = \frac{M(x)}{EI}\mathrm{d}x$$

$$\Delta l = \frac{F_N l}{EA}$$

$$\mathrm{d}\varphi = \frac{T(x)}{GI_p}\mathrm{d}x$$

于是公式(13.19),公式(13.20),公式(13.21)分别化为

$$\Delta = \int_l \frac{M(x)\overline{M}(x)\mathrm{d}x}{EI} \tag{13.22}$$

$$\Delta = \sum_{i=1}^{n} \frac{F_{Ni}\overline{F}_{Ni}l_i}{EA_i} \tag{13.23}$$

$$\Delta = \int_l \frac{T(x)\overline{T}(x)\mathrm{d}x}{GI_p} \tag{13.24}$$

对非圆截面杆件的扭转,公式(13.24)中的 I_p 应改为 I_t。上列诸式统称为莫尔定理,式中积分称为莫尔积分。注意,公式(13.22)~公式(13.24)只适用于线弹性结构。

有时需要求结构上两点的相对位移,例如图 13.22a 中的 $\Delta_A + \Delta_B$。这时,只要在 A,B 两点沿 A、B 的连线作用方向相反的一对单位力(图 13.22b),然后用单位载荷法(莫尔定理)计算,即可求得相对位移。这是因为按单位载荷法(莫尔定理)求出的 Δ,事实上是单位力在 Δ 上作的功。用于现在的情况,它应是 A 点单位力在位移 Δ_A 上作功与 B 点单位力在位移 Δ_B 上作功之和,即

$$\Delta = 1 \cdot \Delta_A + 1 \cdot \Delta_B$$

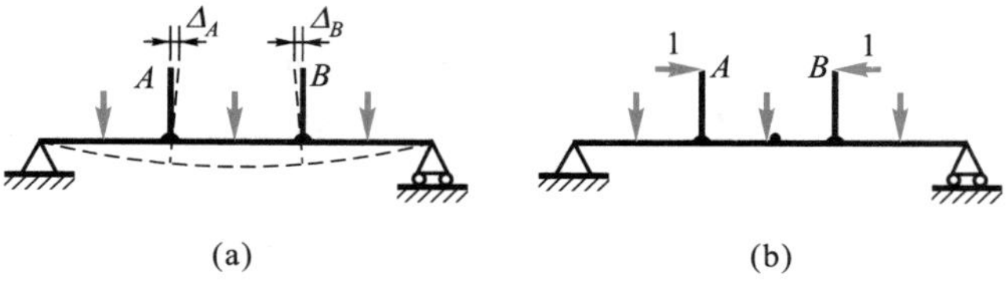

(a)   (b)

图 13.22

所以 Δ 即为 A、B 两点的相对位移。同理,如需求两个截面的相对转角,就在这两个截面上作用方向相反的一对单位力偶矩。

例 13.13 于图 13.23a 所示刚架的自由端 A 作用集中载荷 F。刚架各段的抗弯刚度已于图中标出。若不计轴力和剪力对位移的影响,试计算 A 点的铅垂位移 δ_y 及截面 B 的转角 θ_B。

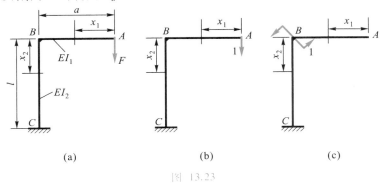

图 13.23

解:首先计算 A 点的铅垂位移。为此,于 A 点作用铅垂向下的单位力。按图 13.23a 及 b 计算刚架在各段内的 $M(x)$ 和 $\overline{M}(x)$,

AB 段: $M(x_1) = -Fx_1$, $\overline{M}(x_1) = -x_1$

BC 段: $M(x_2) = -Fa$, $\overline{M}(x_2) = -a$

使用莫尔定理,

$$\delta_y = \int_0^a \frac{M(x_1)\overline{M}(x_1)\,\mathrm{d}x_1}{EI_1} + \int_0^l \frac{M(x_2)\overline{M}(x_2)\,\mathrm{d}x_2}{EI_2}$$

$$= \frac{1}{EI_1}\int_0^a (-Fx_1)(-x_1)\,\mathrm{d}x_1 + \frac{1}{EI_2}\int_0^l (-Fa)(-a)\,\mathrm{d}x_2$$

$$= \frac{Fa^3}{3EI_1} + \frac{Fa^2 l}{EI_2}$$

如考虑轴力对 A 点铅垂位移的影响,根据莫尔定理,在上式中应再增加一项

$$\delta_{y1} = \sum_{i=1}^2 \frac{F_{Ni}\overline{F}_{Ni} l_i}{EA_i}$$

由图 13.23a 和 b 可知,

AB 段: $F_{N1} = 0$, $\overline{F}_{N1} = 0$

BC 段：$\qquad F_{N2} = -F, \qquad \overline{F}_{N2} = -1$

由此求得 *A* 点因轴力引起的铅垂位移是

$$\delta_{y1} = \frac{Fl}{EA}$$

为了便于比较,设刚架横杆和竖杆长度相等,横截面相同。即 $a = l, I_1 = I_2 = I$。这样,*A* 点因弯矩引起的铅垂向下位移是

$$\delta_y = \frac{Fa^3}{3EI_1} + \frac{Fa^2 l}{EI_2} = \frac{4Fl^3}{3EI}$$

δ_{y1} 与 δ_y 之比是

$$\frac{\delta_{y1}}{\delta_y} = \frac{3I}{4Al^2} = \frac{3}{4}\left(\frac{i}{l}\right)^2$$

一般说,$\left(\dfrac{i}{l}\right)^2$ 是一个很小的数值,例如当横截面是边长为 *b* 的正方形,且 $l = 10b$ 时,$\left(\dfrac{i}{l}\right)^2 = \dfrac{1}{1\,200}$,以上比值变为

$$\frac{\delta_{y1}}{\delta_y} = \frac{3}{4}\left(\frac{i}{l}\right)^2 = \frac{1}{1\,600}$$

显然,与 δ_y 相比,δ_{y1} 可以忽略。这就说明,计算抗弯杆件或杆系的变形时,一般可以忽略轴力的影响。

最后,计算截面 *B* 的转角 θ_B。这需要在截面 *B* 上作用一个单位力偶矩,如图 13.23c 所示。由图 13.23a 和 c 算出

AB 段：$\qquad M(x_1) = -Fx_1, \qquad \overline{M}(x_1) = 0$

BC 段：$\qquad M(x_2) = -Fa, \qquad \overline{M}(x_2) = 1$

根据莫尔定理,

$$\theta_B = \frac{1}{EI_2}\int_0^l (-Fa)(1)\,dx_2 = -\frac{Fal}{EI_2}$$

式中负号表示 θ_B 的方向与所加单位力偶矩的方向相反。

例 13.14 图 13.24a 所示为一简单桁架,其各杆的 *EA* 相等。在图示载荷作用下,试求 *A*、*C* 两节点间的相对位移 δ_{AC}。

解： 先把桁架的杆件编号,其号码已于图中标出。由节点 *A* 的平衡条件,容易求得杆件 1 和 2 的轴力分别是

$$F_{N1} = 0, \qquad F_{N2} = -F$$

用相似的方法可以求得其他各杆的轴力。各杆因载荷 *F* 引起的轴力 F_{Ni} 已列入

表 13.1 中。

为了计算节点 A 与 C 间的相对位移 δ_{AC}，需要在 A 点和 C 点沿 A 与 C 的连线作用一对方向相反的单位力，如图 13.24b 所示。桁架在上述单位力作用下各杆的轴力 $\overline{F}_{Ni}$ 也已列入表 13.1 中。

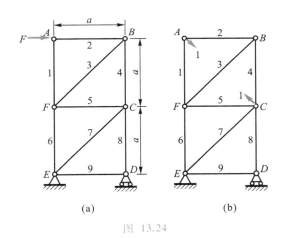

图 13.24

表 13.1

杆件编号	F_{Ni}	$\overline{F}_{Ni}$	l_i	$F_{Ni}\overline{F}_{Ni}l_i$
1	0	$-1/\sqrt{2}$	a	0
2	$-F$	$-1/\sqrt{2}$	a	$Fa/\sqrt{2}$
3	$\sqrt{2}F$	1	$\sqrt{2}a$	$2Fa$
4	$-F$	$-1/\sqrt{2}$	a	$Fa/\sqrt{2}$
5	$-F$	$-1/\sqrt{2}$	a	$Fa/\sqrt{2}$
6	F	0	a	0
7	$\sqrt{2}F$	0	$\sqrt{2}a$	0
8	$-2F$	0	a	0
9	0	0	a	0

$$\sum F_{Ni}\overline{F}_{Ni}l_i = \left(2 + \frac{3}{\sqrt{2}}\right)Fa$$

将表 13.1 中所列数值代入公式（13.23），求得

$$\delta_{AC} = \sum_{i=1}^{9} \frac{F_{Ni}\overline{F}_{Ni}l_i}{EA} = \left(2 + \frac{3}{\sqrt{2}}\right)\frac{Fa}{EA} = 4.12\frac{Fa}{EA}$$

等号右边为正，表示 A、C 两点的位移与单位力的方向一致，所以 A、C 两点的距离是缩短。

例 13.15 图 13.25a 为活塞环的示意图。试计算在 F 力作用下切口的张开量。

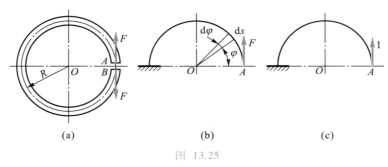

图 13.25

解：活塞环横截面上的内力，一般有轴力、剪力和弯矩。由于轴力和剪力对变形的影响很小，可以不计，所以只考虑弯矩的影响。活塞环横截面高度远小于环的轴线的半径，可用直梁公式（13.22）计算变形，但需把积分改为沿杆弧长方向积分。

为了计算切口的张开量，应在 A、B 两截面上，沿 F 力的方向作用一对方向相反的单位力。由于环的形状、载荷和单位力都对其水平直径对称，故计算时可以只考虑环的一半，然后将所得结果乘 2。图 13.25b 和 c 表示出环的上半部受力情况。由载荷 F 求出

$$M(\varphi) = -FR(1 - \cos\varphi)$$

由单位力求出

$$\overline{M}(\varphi) = -R(1 - \cos\varphi)$$

使用公式（13.22）时，以 $M(\varphi)$ 代 $M(x)$，$\overline{M}(\varphi)$ 代 $\overline{M}(x)$，$R\mathrm{d}\varphi$ 代 $\mathrm{d}x$，于是求出切口的张开量 δ_{AB} 为

$$\delta_{AB} = 2\int_0^{\pi} \frac{M(\varphi)\overline{M}(\varphi)R\mathrm{d}\varphi}{EI}$$

$$= \frac{2}{EI}\int_0^{\pi} -FR(1 - \cos\varphi)\left[-R(1 - \cos\varphi)\right]R\mathrm{d}\varphi = \frac{3\pi FR^3}{EI}$$

莫尔定理的证明,并不一定要借助于虚功原理。以弯曲变形为例,设梁在 F_1, F_2, ⋯ 作用下(图 13.26a), C 点的位移为 Δ。若梁是线弹性的,由公式 (13.8),弯曲应变能为

$$V_\varepsilon = \int_l \frac{M^2(x)\,\mathrm{d}x}{2EI} \qquad (\mathrm{e})$$

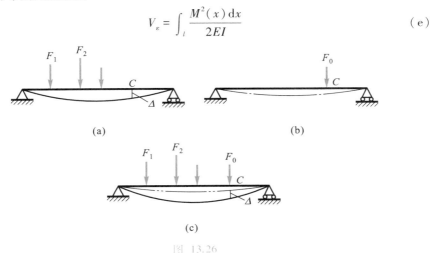

图 13.26

式中 $M(x)$ 是载荷作用下梁截面上的弯矩。为了求出 C 点的位移 Δ,设想在 F_1, F_2,⋯作用之前,先在 C 点沿 Δ 方向作用单位力 $F_0 = 1$(图 13.26b),相应的弯矩为 $\overline{M}(x)$。这时梁的应变能为

$$\overline{V}_\varepsilon = \int \frac{[\overline{M}(x)]^2\,\mathrm{d}x}{2EI} \qquad (\mathrm{f})$$

已经作用 F_0 后,再将原来的载荷 F_1, F_2,⋯作用于梁上(图 13.26c)。线弹性结构的位移与载荷之间为线性关系,F_1, F_2,⋯引起的位移不因预先作用 F_0 而变化,与未曾作用过 F_0 相同。因而梁因再作用 F_1, F_2,⋯而储存的应变能仍然是由式(e)表示的 V_ε,C 点因这些力而发生的位移 Δ 也仍然不变。不过,C 点上已有 F_0 作用,且 F_0 与 Δ 方向一致,于是 F_0 又完成了数量为 $F_0 \cdot \Delta = 1 \cdot \Delta$ 的功。这样,按先作用 F_0 后作用 F_1, F_2,⋯的次序加力,梁内应变能应为

$$V_{\varepsilon 1} = V_\varepsilon + \overline{V}_\varepsilon + 1 \cdot \Delta$$

在 F_0 和 F_1, F_2,⋯共同作用下,梁截面上的弯矩为 $M(x) + \overline{M}(x)$,应变能又可用弯矩来计算,

$$V_{\varepsilon 1} = \int_l \frac{[M(x) + \overline{M}(x)]^2\,\mathrm{d}x}{2EI}$$

故有

$$V_\varepsilon + \overline{V}_\varepsilon + 1 \cdot \Delta = \int_l \frac{[M(x) + \overline{M}(x)]^2 \mathrm{d}x}{2EI} \tag{g}$$

从式(g)中减去式(e)和式(f),即可求得

$$\Delta = \int_l \frac{M(x)\overline{M}(x)\mathrm{d}x}{EI} \tag{h}$$

这也就是公式(13.22)。

还可由卡氏第二定理导出莫尔积分。因为在弯矩 $M(x)$ 的表达式中,与载荷 F_i 有关的项可以写成 $F_i \cdot \overline{M}(x)$,这里 $\overline{M}(x)$ 是 $F_i = 1$ 时的弯矩。即

$$M(x) = F_i \cdot \overline{M}(x) + \cdots$$

故有 $\dfrac{\partial M(x)}{\partial F_i} = \overline{M}(x)$,代入公式(13.17)便可导出莫尔积分。

§13.8 计算莫尔积分的图乘法

在等截面直杆的情况下,莫尔积分中的 EI(或 GI_p)为常量,可以提到积分号外。这就只需要计算积分

$$\int_l M(x)\overline{M}(x)\mathrm{d}x \tag{a}$$

在 $M(x)$ 和 $\overline{M}(x)$ 两个函数中,只要有一个是线性的,以上积分就可简化。例如,在图 13.27 中表示出直杆 AB 的 $M(x)$ 图和 $\overline{M}(x)$ 图,其中 $\overline{M}(x)$ 是一斜直线,它的斜度角为 α,与 x 轴的交点为 O。如取 O 为原点,则 $\overline{M}(x)$ 图中任意点的纵坐标为

$$\overline{M}(x) = x\tan\alpha$$

这样,式(a)中的积分可写成

$$\int_l M(x)\overline{M}(x)\mathrm{d}x = \tan\alpha \int_l xM(x)\mathrm{d}x \tag{b}$$

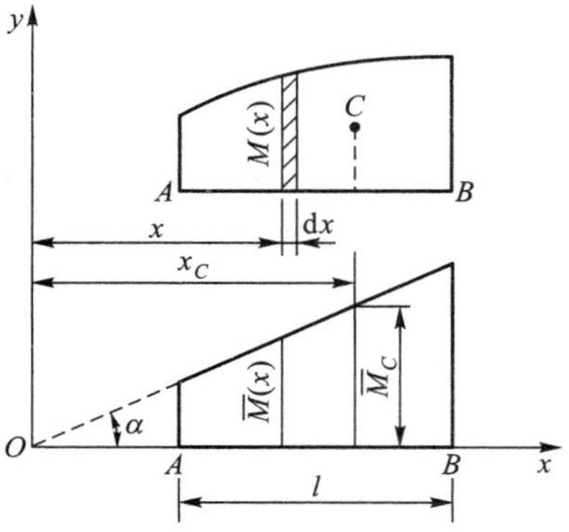

图 13.27

在积分符号后面的 $M(x)\mathrm{d}x$ 是 $M(x)$ 图中画阴影线的微分面积,而 $xM(x)\mathrm{d}x$ 则是上述微分面积对 y 轴的静矩。于是,积分 $\displaystyle\int_l xM(x)\mathrm{d}x$ 就是 $M(x)$ 图的面积对 y 轴

的静矩。若以 ω 代表 $M(x)$ 图的面积①，x_C 代表 $M(x)$ 图的形心到 y 轴的距离，则

$$\int xM(x)\,\mathrm{d}x = \omega \cdot x_C$$

这样，式（b）化为

$$\int_l M(x)\overline{M}(x)\,\mathrm{d}x = \omega \cdot x_C \tan \alpha = \omega \overline{M}_C \qquad (\text{c})$$

式中 $\overline{M}_C$ 是 $\overline{M}(x)$ 图中与 $M(x)$ 图的形心 C 对应的纵坐标。利用式（c）所表示的结果，在等截面直梁的情况下，公式（13.22）可以写成

$$\Delta = \int_l \frac{M(x)\overline{M}(x)\,\mathrm{d}x}{EI} = \frac{\omega \overline{M}_C}{EI} \qquad (13.25)$$

以上对莫尔积分的简化运算称为图乘法。当然，上式积分符号里面的函数也可以是轴力或扭矩等。

应用图乘法时，要经常计算某些图形的面积和形心的位置。在图 13.28 中，给出了几种常见图形的面积和形心位置的计算公式。其中抛物线顶点的切线平行于基线或与基线重合。

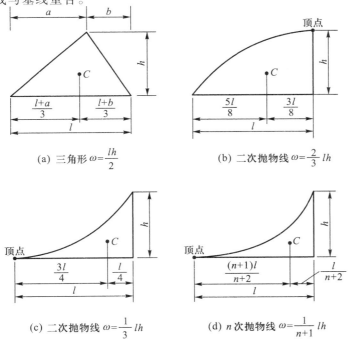

(a) 三角形 $\omega = \dfrac{lh}{2}$ \qquad (b) 二次抛物线 $\omega = \dfrac{2}{3}lh$

(c) 二次抛物线 $\omega = \dfrac{1}{3}lh$ \qquad (d) n 次抛物线 $\omega = \dfrac{1}{n+1}lh$

图 13.28

---

① 当 $M(x)$ 为负时，ω 是负的。

　　使用公式(13.25)时,为了计算上的方便,有时根据弯矩可以叠加的道理,将弯矩图分成几部分,对每一部分使用图乘法,然后求其总和。有时 $M(x)$ 图为连续光滑曲线,而 $\overline{M}(x)$ 图为折线,则应以折线的转折点为界,把积分分成几段,逐段使用图乘法,然后求其总和。这些我们将用例题来说明。

　　例 13.16　求外伸梁(图 13.29a)A 端的转角。

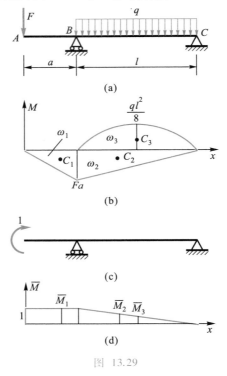

图 13.29

　　解:外伸梁在载荷作用下的弯矩图,可以分成图 13.29b 中的三部分。将这三部分叠加即为梁的弯矩图。为了求出截面 A 的转角,在截面 A 上作用一单位力偶矩(图 13.29c)。单位力偶矩作用下的 $\overline{M}(x)$ 图,已表示于图 13.29d 中。使用公式(13.25)时,对弯矩图的每一部分分别应用图乘法,然后求其总和。这样,

$$\theta_A = \int_l \frac{M(x)\overline{M}(x)\,\mathrm{d}x}{EI} = \frac{1}{EI}\left(\omega_1\overline{M}_1 + \omega_2\overline{M}_2 + \omega_3\overline{M}_3\right)$$

$$= \frac{1}{EI}\left(-\frac{1}{2}\times Fa\times a\times 1 - \frac{1}{2}\times Fa\times l\times\frac{2}{3} + \frac{2}{3}\times\frac{ql^2}{8}\times l\times\frac{1}{2}\right)$$

$$= -\frac{Fa^2}{EI}\left(\frac{1}{2} + \frac{l}{3a}\right) + \frac{ql^3}{24EI}$$

θ_A 包含三项,前面两项代表集中力 F 的影响,第三项代表均布载荷 q 的影响。前两项前面的负号,表示 A 端因 F 引起的转角与单位力偶矩的方向相反;第三项前面的正号,表示因载荷 q 引起的转角与单位力偶矩的方向相同。

例 13.17　均布载荷作用下的简支梁(图 13.30a),其 EI 为常量。试求跨度中点的挠度 w_C。

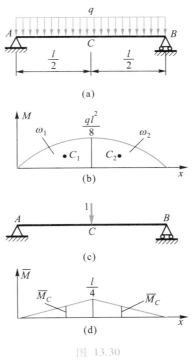

图 13.30

解:简支梁在均布载荷作用下的弯矩图为二次抛物线(图 13.30b)。在跨度中点 C 作用一个单位力的 $\overline{M}(x)$ 图为一条折线(图 13.30d)。这里,$M(x)$ 图虽然是一光滑连续曲线,但 $\overline{M}(x)$ 图却有一个转折点。所以仍应以 $\overline{M}(x)$ 图的转折点为界,分两段使用图乘法。利用图 13.28 中的公式,容易求得 AC 和 CB 两段内弯矩图面积 ω_1 和 ω_2 为

$$\omega_1 = \omega_2 = \frac{2}{3} \times \frac{ql^2}{8} \times \frac{l}{2} = \frac{ql^3}{24}$$

ω_1 和 ω_2 的形心在 $\overline{M}(x)$ 图中对应的纵坐标为

$$\overline{M}_C = \frac{5}{8} \times \frac{l}{4} = \frac{5l}{32}$$

于是跨度中点的挠度是

$$w_C = \frac{\omega_1 \overline{M}_C}{EI} + \frac{\omega_2 \overline{M}_C}{EI} = \frac{2}{EI} \times \frac{ql^3}{24} \times \frac{5l}{32} = \frac{5ql^4}{384\,EI}$$

习　　题

在以下习题中,如无特别说明,都假定材料是线弹性的。

13.1　两根圆截面直杆的材料相同,尺寸如图所示,其中一根为等截面杆,另一根为变截面杆。试比较两根杆件的应变能。

13.2　图示桁架各杆的材料相同,截面面积相等。试求在 F 力作用下,桁架的应变能。

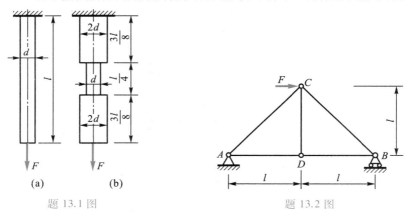

题 13.1 图　　　　　　　　　　　　　题 13.2 图

13.3　计算图示各杆的应变能。

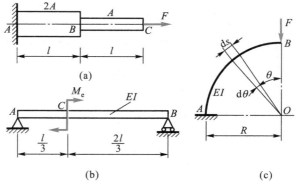

题 13.3 图

13.4　传动轴受力情况如图所示。轴的直径为 40 mm,材料为 45 钢,$E = 210$ GPa,$G = 80$ GPa。试计算轴的应变能。

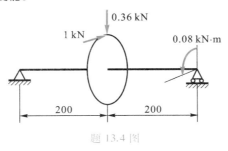

题 13.4 图

13.5　如图所示,在外伸梁的自由端作用力偶矩 M_e,试用互等定理,并借助于表 6.1,求跨度中点 C 的挠度 Δ_C。

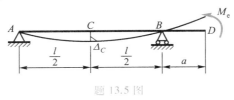

题 13.5 图

13.6　车床主轴在转化为当量轴以后,其抗弯刚度 EI 可以作为常量,如图所示。试求在载荷 F 作用下,截面 C 的挠度和前轴承 B 处的截面转角。

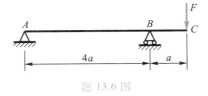

题 13.6 图

13.7　试求图示各梁的截面 B 的挠度和转角。EI 为常数。

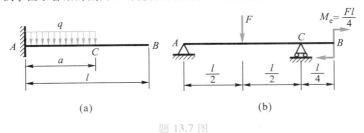

(a)　　　　　　　　　　(b)

题 13.7 图

13.8　图示为变截面梁,试求在 F 力作用下截面 B 的铅垂位移和截面 A 的转角。

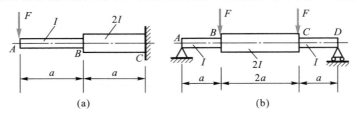

题 13.8 图

13.9　图示刚架的各杆的 EI 皆相等,试求截面 A,B 的位移和截面 C 的转角。

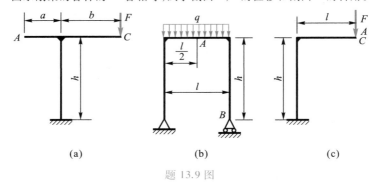

题 13.9 图

13.10　用卡氏第二定理解例 13.4(图 13.11a)。

解：工件原为超静定梁(参看 §6.5),求解时解除支座 B,代以未知约束力 F_{RB}。F_{RB} 称为多余约束力。工件变为在 F 及 F_{RB} 作用下的悬臂梁,求出弯曲应变能为

$$V_\varepsilon = \frac{1}{2EI}\left[\frac{1}{3}F^2a^3 - \frac{1}{3}FF_{RB}a^2(3l-a) + \frac{1}{3}F_{RB}^2l^3\right]$$

由于 B 端原为铰支座,其铅垂位移为零,根据卡氏第二定理,

$$\frac{\mathrm{d}V_\varepsilon}{\mathrm{d}F_{RB}} = 0 \tag{a}$$

以 V_ε 代入上式后从而解出

$$F_{RB} = \frac{F}{2}\frac{a^2}{l^3}(3l-a)$$

值得注意的是,式(a)是应变能为最小值的极值条件。可见,超静定结构多余未知力的数值恰好使应变能为最小值。这就是通常所说的最小功原理。

13.11　跨度为 l 的简支梁截面高度为 h,设温度沿梁的长度不变,但沿梁截面高度 h 按线性规律变化。若梁顶面的温度为 T_1,底面的温度为 T_2,且 $T_2 > T_1$,试求梁在跨度中点的挠度和左端截面的转角。

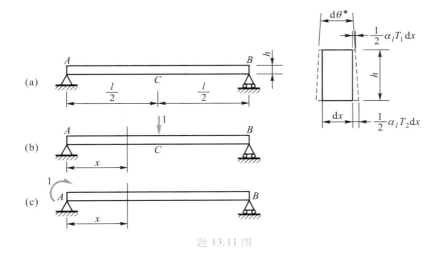

题 13.11 图

解：由于温度沿截面高度按线性规律变化，横截面将仍然保持为平面。取长为 $\mathrm{d}x$ 的微段，其两端截面的相对转角应为

$$\mathrm{d}\theta^* = \frac{\alpha_l(T_2 - T_1)}{h}\mathrm{d}x$$

式中 α_l 为材料的线胀系数。

为了求出跨度中点的挠度，以单位力作用于跨度中点（图 b），这时梁截面上的弯矩为

$$\overline{M}(x) = \frac{1}{2}x$$

设跨度中点因温度影响而引起的挠度为 Δ_C。把温度位移作为虚位移，加于图 b 所示的平衡位置。根据虚功原理，

$$1 \cdot \Delta_C = \int \overline{M}(x)\mathrm{d}\theta^*$$

$$\Delta_C = \int \overline{M}(x)\mathrm{d}\theta^* = 2\int_0^{\frac{l}{2}} \frac{x}{2}\,\frac{\alpha_l(T_2 - T_1)}{h}\mathrm{d}x = \frac{\alpha_l(T_2 - T_1)l^2}{8h}$$

因为 $T_2 > T_1$，Δ_C 为正，表明单位力在 Δ_C 上作的功为正，亦即 Δ_C 与单位力的方向相同。

计算梁左端截面的转角时，在左端作用单位力偶矩如图 c 所示。这时

$$\overline{M}(x) = 1 - \frac{x}{l}$$

设梁的左端截面因温度影响而引起的转角为 θ_A，仍以温度位移作为虚位移加于图 c 所示情况上。由虚功原理，

$$\theta_A = \int \overline{M}(x)\mathrm{d}\theta^* = \int_0^l \left(1 - \frac{x}{l}\right)\frac{\alpha_l(T_2 - T_1)}{h}\mathrm{d}x = \frac{\alpha_l(T_2 - T_1)l}{2h}$$

θ_A 为正表示它与单位力偶矩的方向一致。

13.12 在简支梁的整个跨度 l 内,作用均布载荷 q。材料的应力－应变关系为 $\sigma = C\sqrt{\varepsilon}$。式中 C 为常量,σ 与 ε 皆取绝对值。试求梁的端截面的转角。

13.13 在例 13.10 中,若材料的应力－应变关系为 $\sigma = C\sqrt{\varepsilon}$,式中 C 为常量,σ 与 ε 皆取绝对值。试求各杆的内力。

提示:各杆的应力和应变仍然是均匀的,例如杆 1 的应力和应变仍然是 $\sigma_1 = \dfrac{F_{N1}}{A}$ 和 $\varepsilon_1 = \dfrac{\Delta l_1}{l}$。

13.14 刚架各杆的材料相同,但截面尺寸不一,所以抗弯刚度 EI 不同。试求在 F 力作用下,截面 A 的位移和转角。

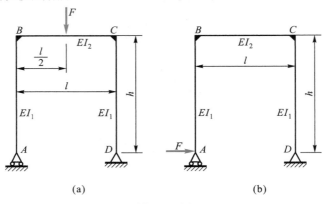

题 13.14 图

13.15 已知图示刚架 AC 和 CD 两部分的 $I = 3 \times 10^7 \ \text{mm}^4$,$E = 200 \ \text{GPa}$。$F = 10 \ \text{kN}$,$l = 1 \ \text{m}$。试求截面 D 的水平位移和转角。

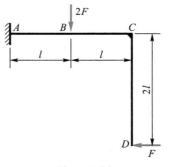

题 13.15 图

13.16 图示桁架各杆的材料相同,截面面积相等。试求节点 C 处的水平位移和铅垂位移。

13.17　图示桁架各杆的材料相同,截面面积相等。在载荷 F 作用下,试求节点 B 与 D 间的相对位移。

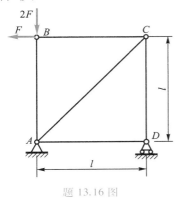

题 13.16 图

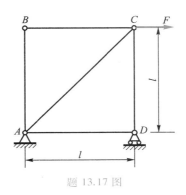

题 13.17 图

13.18　刚架各部分的 EI 相等,试求在图示一对 F 力作用下,A、B 两点之间的相对位移,以及 A、B 两截面的相对转角。

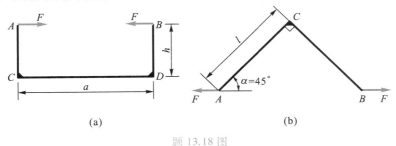

(a)　　　　　　　　　　(b)

题 13.18 图

13.19　图示梁 ABC 和 CD 在 C 端以铰相连。试求 C 铰两侧梁截面的相对转角。设 $EI=$ 常量。

解:求 C 铰两侧梁截面的相对转角时,在 C 铰两侧梁截面上各加一个单位力偶矩,且使其方向相反(图 b)。这样,莫尔积分的结果等于两个梁截面转角的和,也就是两个梁截面的相对转角 θ。按叠加法,梁在载荷作用下的弯矩图画成图 c 的形式。单位力偶矩引起的弯矩图则表示于图 d 中。用图乘法完成莫尔积分,得

$$\theta = \int \frac{M(x)\overline{M}(x)}{EI}\mathrm{d}x$$

$$= \frac{1}{EI}\left[-\frac{1}{2}\cdot\frac{Fl}{4}\cdot l\cdot\frac{1}{2}\cdot\frac{3}{2} + \frac{1}{2}\cdot\frac{ql^2}{4}\cdot l\cdot\frac{2}{3}\cdot\frac{3}{2} + \frac{1}{2}\cdot\frac{ql^2}{4}\cdot\frac{l}{2}\left(1+\frac{2}{3}\cdot\frac{1}{2}\right) - \frac{2}{3}\cdot\frac{ql^2}{8}\cdot l\cdot\frac{1}{2}\cdot 1 \right]$$

$$= \frac{1}{EI}\left(-\frac{3Fl^2}{32} + \frac{ql^3}{6} \right)$$

13.20　图示简易吊车的吊重 $P=2.83$ kN。撑杆 AC 长为 2 m,截面的惯性矩为 $I=$

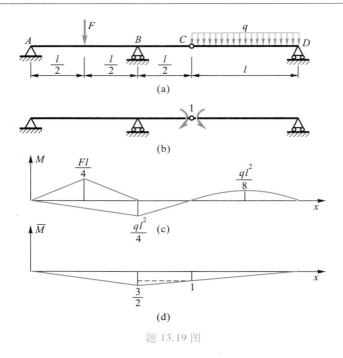

题 13.19 图

8.53×10^6 mm^4。拉杆 BD 的横截面面积为 600 mm^2。设 $E = 200$ GPa。如撑杆只考虑弯曲的影响,试求 C 点的铅垂位移。

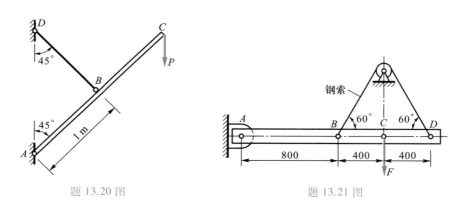

题 13.20 图　　　　　　　　　　题 13.21 图

提示:吊车包含受拉杆 BD 和受弯杆 AC,使用卡氏第二定理时,应计算受拉和受弯两杆的应变能总和。如用莫尔定理,则 $\Delta = \dfrac{F_{\mathrm{N}} \overline{F}_{\mathrm{N}} l}{EA} + \displaystyle\int_l \dfrac{M \overline{M} \mathrm{d}x}{EI}$。

13.21 图中绕过无摩擦滑轮的钢索的截面面积为 76.36 mm^2,$E_{索} = 177$ GPa。$F = 20$ kN。

在题2.29 中求 F 力作用点 C 的位移时,曾假设横梁 $ABCD$ 为刚体。若不把 $ABCD$ 假设为刚体,且已知其抗弯刚度为 $EI = 1\,440\ \text{kN} \cdot \text{m}^2$,试再求 C 点的铅垂位移。

13.22　由杆系及梁组成的混合结构如图所示。设 F,a,E,A,I 均为已知。试求 C 点的铅垂位移。

13.23　平面刚架如图所示。若刚架各部分材料和截面相同,试求截面 A 的转角。

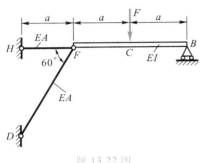

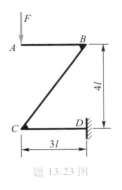

题 13.22 图　　　　　　　　　　　　　　题 13.23 图

13.24　等截面曲杆如图所示。试求截面 B 的铅垂位移和水平位移以及截面 B 的转角。

13.25　等截面曲杆 BC 的轴线为四分之三的圆周。若杆 AB 可视为刚性杆,试求在 F 力作用下,截面 B 的水平位移及铅垂位移。

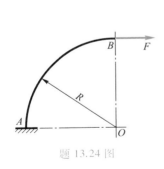

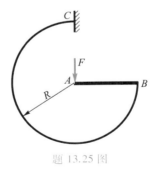

题 13.24 图　　　　　　　　　　　　　题 13.25 图

13.26　图示水平面内的曲拐,杆 AB 垂直于杆 BC,端点 C 上作用集中力 F。设曲拐两段材料相同且均为同一直径的圆截面杆,试求 C 点的铅垂位移。

13.27　图示半圆形小曲率曲杆的 A 端固定,在自由端作用扭转力偶矩 M_e。曲杆横截面为圆形,其直径为 d。试求 B 端的扭转角。

解:把 B 端上的 M_e 用矢量来表示(图 b)。根据部分杆件的平衡条件,不难求出在坐标为 θ 的任意横截面上,弯矩 $M(\theta)$ 和扭矩 $T(\theta)$ 分别是

$$\left.\begin{array}{l} M(\theta) = M_e \sin\theta \\ T(\theta) = M_e \cos\theta \end{array}\right\} \tag{a}$$

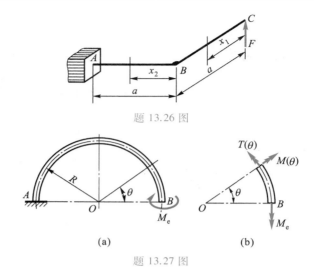

题 13.26 图

题 13.27 图

所以曲杆的变形是扭转和弯曲的组合变形。这时如用莫尔积分求端截面 B 的扭转角,积分的形式应为

$$\varphi = \int_0^\pi \frac{T(\theta)\overline{T}(\theta)R\mathrm{d}\theta}{GI_p} + \int_0^\pi \frac{M(\theta)\overline{M}(\theta)R\mathrm{d}\theta}{EI} \tag{b}$$

在式(a)中令 $M_e = 1$,求得

$$\overline{M}(\theta) = \sin\theta, \qquad \overline{T}(\theta) = \cos\theta \tag{c}$$

将式(a)和式(c)代入式(b),完成积分,得

$$\varphi = \frac{RM_e}{GI_p}\int_0^\pi \cos^2\theta\mathrm{d}\theta + \frac{RM_e}{EI}\int_0^\pi \sin^2\mathrm{d}\theta = \frac{\pi RM_e}{2}\left(\frac{1}{GI_p} + \frac{1}{EI}\right)$$

以 $G = \dfrac{E}{2(1+\mu)}$ 和 $I_p = 2I = \dfrac{\pi d^4}{32}$ 代入上式,化简后得

$$\varphi = \frac{32(2+\mu)RM_e}{Ed^4}$$

也可用卡氏第二定理求解,由读者去完成。

13.28 图示折杆的横截面为直径为 d 的圆形。材料弹性模量为 E,切变模量为 G。在力偶矩 M_e 作用下,试求折杆自由端的线位移和角位移。

13.29 图示刚架的各组成部分的抗弯刚度 EI 相同,抗扭刚度 GI_t 也相同。杆 CD 垂直于杆 AB。在 F 力作用下,试求截面 A 和 C 的水平位移。

13.30 图示正方形刚架各部分的 EI 相等,GI_t 也相等。E 处有一切口。在一对垂直于刚架平面的水平力 F 作用下,试求切口两侧的相对水平位移 δ。

13.31 轴线为水平平面内四分之一圆周的曲杆如图所示,在自由端 B 作用铅垂载荷 F。设 EI 和 GI_p 已知,试求截面 B 在铅垂方向的位移。

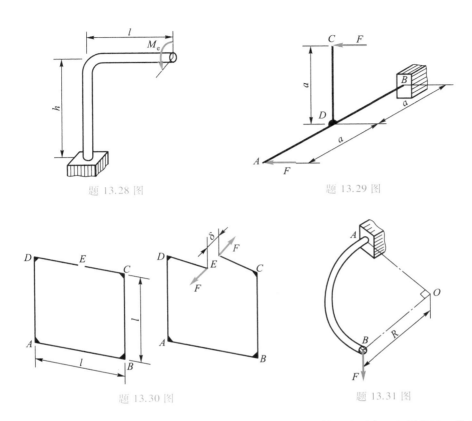

题 13.28 图　　　　　　　　　　　　题 13.29 图

题 13.30 图　　　　　　　　　　　题 13.31 图

13.32　平均半径为 R 的细圆环,在切口处嵌入刚性块体,使环张开为 e,如图所示。设 EI 已知。试求环中的最大弯矩。

13.33　图示平均半径为 R 的细圆环,截面为圆形,其直径为 d。F 力垂直于圆环中线所在的平面。试求两个 F 力作用点的相对线位移。

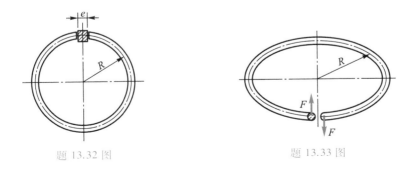

题 13.32 图　　　　　　　　　　　题 13.33 图

13.34 图示圆形曲杆的横截面尺寸远小于曲杆的半径 a，试求切口两侧截面的相对转角。

13.35 带有缺口的圆环绕通过圆心且垂直于纸面的轴以角速度 ω 旋转。试求缺口的张开量。设圆环的平均半径 a 远大于厚度 δ，圆环的密度为 ρ，横截面面积为 A，抗弯刚度为 EI。

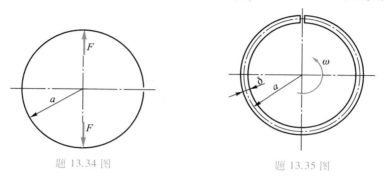

题 13.34 图　　　　　　　　题 13.35 图

13.36 柱形密圈螺旋弹簧的簧圈平均直径为 D，簧丝横截面直径为 d，有效圈数为 n。在弹簧两端受到扭转力偶矩 M_e 的作用，试求两端的相对扭转角。

13.37 超静定刚架如图 a 所示，$EI=$ 常量。将固定铰支座 C 改变为可动铰支座，即解除铅垂方向的约束，并将解除的约束用多余未知力 F_{RC} 来代替（图 b）。试按最小功原理求解（参看题 13.10），并作刚架的弯矩图。

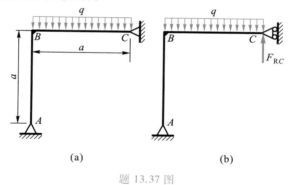

题 13.37 图

13.38 图示结构中，各杆的拉(压)刚度均为 EA。试求在集中力 F 作用下 B 点的水平和铅垂位移。

13.39 图示结构中，曲杆 AB 的轴线为半径 R 的四分之一圆周。曲杆 AB 的弯曲刚度为 EI，直杆 BC 的拉压刚度 $EA = \dfrac{EI}{R^2}$。试求在集中力 F 作用下 B 点的铅垂位移。

13.40 图示结构中，各杆的横截面面积均为 A，材料在单轴拉伸情形的应力－应变关系为 $\sigma = K\varepsilon^{\frac{2}{3}}$。试求在集中力 F 作用下 B 点的铅垂位移。

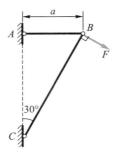

题 13.38 图

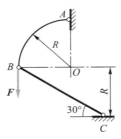

题 13.39 图

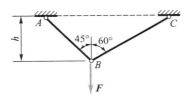

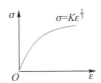

题 13.40 图

第十四章　超静定结构

§14.1　超静定结构概述

　　在介绍几种基本变形和能量方法时,曾陆续讨论过一些超静定问题,现在对这一问题作进一步的探讨。

超静定结构——连续梁

　　由直杆以铰节点相连接组成杆系,若载荷只作用于节点上,则每一杆件只承受拉伸或压缩,这种杆系称为桁架(图 14.1a)。若直杆以刚节点(§4.4)相连接组成杆系,在载荷作用下,各杆可以承受拉、压、弯曲和扭转,这样的杆系称为刚架(图 14.1b 和 c)。至于图 14.1d 所示杆系是连续跨过若干支座的梁,通常称为连续梁。图 14.1 中,杆系各杆的轴线在同一平面内,且它就是各杆的形心主惯性平面;同时,外力也都作用于这一平面内。这种杆系称为平面杆系。今后的讨论以平面杆系为主。

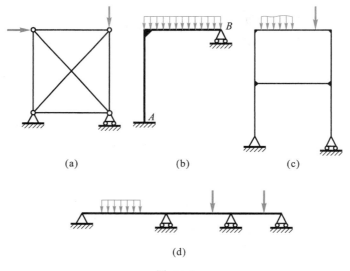

(a)　　　　　(b)　　　　　(c)

(d)

图　14.1

以往讨论的超静定结构,多数是支座约束力不能全由平衡方程求出的情况,图14.1b和d就是这种超静定结构,称为外力超静定结构。至于图14.1a和c所示结构,虽支座约束力可由静力平衡方程确定,但杆件的内力却不能全部由平衡方程求出,仍然是超静定结构,称为内力超静定结构。与此相反,静定结构的支座约束力和内力,由平衡方程,并利用截面法便可全部确定。

图14.2a和b所示静定梁各有三个约束力,使梁只可能有变形引起的位移,在 $x-y$ 平面内任何刚性位移或转动都是不可能的。这样的结构称为几何不变或运动学不变的结构。上述三个约束力所代表的约束,都是保持结构几何不变所必需的。例如解除简支梁的右端铰支座;或解除悬臂梁固定端对转动的约束,使之变为铰支座,这两种情况都将使梁变成图14.2c所示机构,它可绕左端铰支座 A 转动,是几何可变的机构。与静定结构不同,超静定结构的一些支座往往并不是维持几何不变所必需的。例如,解除图14.1b所示刚架的支座 B,它仍然是几何不变的结构。因此把这类约束称为多余约束。与多余约束对应的约束力就称为多余约束力。

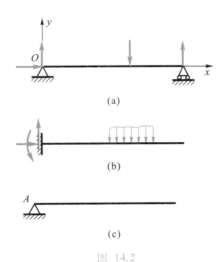

图 14.2

结构的支座或支座约束力是结构的外部约束。现在讨论内部约束。图14.3a是一个静定刚架,切口两侧的 A、B 两截面可以有相对的位移和转动。如用铰链将 A、B 连接(图14.3b),这就限制了 A、B 两截面沿垂直和水平两个方向的相对位移,构成结构的内部约束,相当于增加了两对内部约束力,如图14.3c所示。推广下去,如把刚架上面的两根杆件改成连为一体的一根杆件(图14.3d),这就约束了 A、B 两截面的相对转动和位移,等于增加了三对内部约束力(图14.3e)。

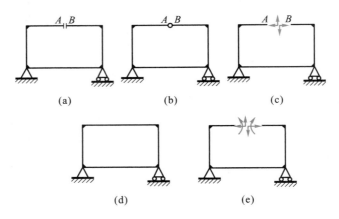

图 14.3

解除超静定结构的某些约束后,可以把它变为静定结构。例如,解除图 14.4a所示超静定结构的支座 C,并将截面 D 切开,便成为图 14.4b 所示静定结构。解除支座 C 相当于解除了 1 个外部约束,切开截面 D 又等于解除了 3 个内部约束。可见相当于解除了 4 个约束。或者说,与相应的静定结构(图 14.4b)相比,图14.4a所示超静定结构多出 4 个约束,称为四次超静定结构。又如在图 14.1a 中,把桁架的任一根杆件切开,它就成为静定结构。桁架各杆只承受拉伸或压缩,切开 1 根杆件只相当于解除 1 个内部约束,所以它是一次超静定结构。

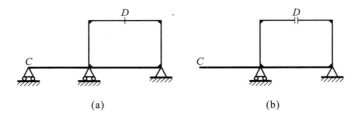

图 14.4

解除超静定结构的某些约束后得到的静定结构,称为原超静定结构的基本静定系。例如,图 14.4b 中的静定结构就是图 14.4a 所示超静定结构的基本静定系。基本静定系可以有不同的选择,不是唯一的。例如图 14.5a 所示连续梁有 2 个多余约束,是二次超静定梁。可以解除 2 个中间支座得到由图 14.5b 表示的基本静定系。也可在中间支座上方把梁切开,并装上铰链,这就得到图14.5c表示的基本静定系。在基本静定系上,除原有载荷外,还应该用相应的多余约束力代替被解除的多余约束,这就得到图 14.5d 或图 14.5e。有时把载荷和多余约束力作用下的基本静定系称为相当系统。

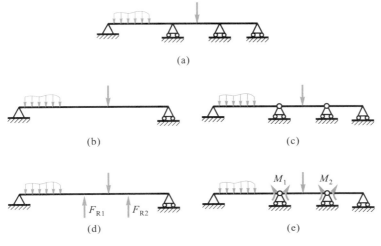

图 14.5

§14.2 用力法解超静定结构

为了介绍力法,现仍以§6.5中讨论的安装尾顶针的工件为例。工件简化成图14.6a表示的梁,因为多出一个外部约束,所以它是一次超静定梁。解除多余支座B,并以多余约束力X_1代替它(图14.6b)。X_1是一个未知力,在F与X_1联合作用下,以Δ_1表示B端沿X_1方向的位移。可以认为Δ_1由两部分组成,一部分是基本静定系(悬臂梁)在F单独作用下引起的Δ_{1F},如图14.6c所示;另一部分是在X_1单独作用下引起的Δ_{1X_1}(图14.6d)。这样有

$$\Delta_1 = \Delta_{1F} + \Delta_{1X_1} \qquad (a)$$

位移记号Δ_{1F}和Δ_{1X_1}的第一个下标"1",表示位移发生于X_1的作用点且沿X_1的方向;第二个下标"F"或"X_1",则分别表示位移是F或X_1引起的。因B端原来就有一个铰支座,它在X_1方向不应有任何位移,所以

$$\Delta_1 = \Delta_{1F} + \Delta_{1X_1} = 0 \qquad (b)$$

这也就是变形协调方程。

在计算Δ_{1X_1}时,可以在基本静定系上沿X_1方向作用单位力(图14.6e),B点沿X_1方向因这一单位力引起的位移记为δ_{11}。对线弹性结构,位移与力成正比,X_1是单位力的X_1倍,故Δ_{1X_1}也是δ_{11}的X_1倍,即

$$\Delta_{1X_1} = \delta_{11} X_1$$

代入式(b),得

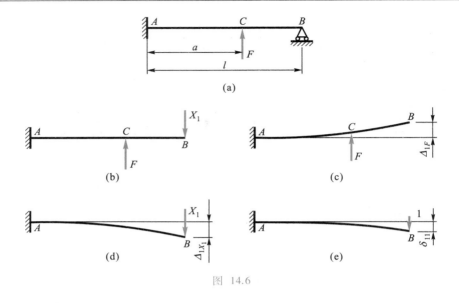

图 14.6

$$\delta_{11} X_1 + \Delta_{1F} = 0 \qquad\qquad (14.1)$$

在系数 δ_{11} 和常量 Δ_{1F} 求出后，就可由上式解出 X_1。例如，无论用第六章中的方法或莫尔积分都可求得

$$\delta_{11} = \frac{l^3}{3EI}, \qquad \Delta_{1F} = -\frac{Fa^2}{6EI}(3l-a)\text{①}$$

代入式（14.1），便可求出

$$X_1 = \frac{Fa^2}{2l^3}(3l-a)$$

　　上述求解超静定结构的方法以"力"为基本未知量，称为力法。与 §6.5 中提出的叠加法比较，除使用的记号略有差别外，并无原则上的不同。但力法的求解过程更为规范化，这对求解高次超静定结构，就更显出优越性。

　　例 14.1　　以工字梁 AB 为大梁的桥式起重机，加固成图 14.7a 的形式。除工字梁外，设其他各杆只承受拉伸或压缩，且各杆的横截面面积皆为 A。工字梁与其他各杆同为 Q235 钢，若吊重 F 作用于跨度中点，试求工字梁的最大弯矩。

　　解：加固后的起重机，支座约束力仍可由平衡方程求出为

$$F_{RA} = F_{RB} = \frac{F}{2}$$

---

　　①　这里以 X_1 方向的位移为正。

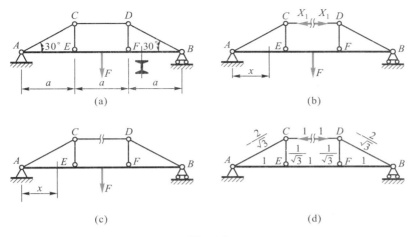

图 14.7

但工字梁和其他各杆的内力却是超静定的。将杆 CD 切开,并以其轴力 X_1 为多余约束力(图 14.7b)。基本静定系在 F 单独作用下(图 14.7c),切口两侧截面沿 X_1 方向的相对位移为 Δ_{1F}。在 $X_1=1$ 时(图 14.7d),切口两侧截面沿 X_1 方向的相对位移为 δ_{11}。在 F 及 X_1 联合作用下(图 14.7b),切口两侧截面沿 X_1 方向的相对位移应为

$$\Delta_1 = \delta_{11}X_1 + \Delta_{1F}$$

实际上,杆 CD 是连续的,切口两侧截面的相对位移 Δ_1 应等于零。于是有

$$\delta_{11}X_1 + \Delta_{1F} = 0 \qquad\qquad (\text{c})$$

现在计算 Δ_{1F} 和 δ_{11}。首先,在基本静定系上只作用载荷 F(图 14.7c),工字梁 AB 的弯矩为

$$M = \frac{F}{2}x \qquad \left(0 \leqslant x \leqslant \frac{3}{2}a\right)$$

同时,工字梁及其余各杆的轴力皆等于零。其次,在基本静定系上作用单位力如图 14.7d 所示。这时工字梁的弯矩是

AE 段:　　　　　　$\overline{M} = \left(-\frac{2}{\sqrt{3}}\sin 30°\right)x = -\frac{x}{\sqrt{3}}$

EF 段:　　　　　　$\overline{M} = -1 \times a\tan 30° = -\frac{a}{\sqrt{3}}$

工字梁和其余各杆的轴力 $\overline{F}_N$ 都已表示于图 14.7d 中。根据莫尔定理,

$$\Delta_{1F} = \int_l \frac{M\overline{M}\mathrm{d}x}{EI} + \sum \frac{F_N\overline{F}_N a}{EA_1} + \sum \frac{F_N\overline{F}_N l}{EA}$$

式中第二项表示工字梁轴力的影响,A_1 为工字梁的横截面面积。第三项是除工字梁外,其余各杆轴力的影响。由于在 F 单独作用时,工字梁和其余各杆的轴力都等于零,故第二项和第三项都等于零。结果是

$$\Delta_{1F} = \int_l \frac{M\overline{M}\mathrm{d}x}{EI} = \frac{2}{EI}\left[\int_0^a \frac{Fx}{2}\left(-\frac{x}{\sqrt{3}}\right)\mathrm{d}x + \int_a^{\frac{3}{2}a} \frac{Px}{2}\left(-\frac{a}{\sqrt{3}}\right)\mathrm{d}x\right]$$

$$= -\frac{23Fa^3}{24\sqrt{3}\,EI}$$

仍然使用莫尔定理,并利用图 14.7d 计算 δ_{11},

$$\delta_{11} = \int_l \frac{\overline{M}\,\overline{M}\mathrm{d}x}{EI} + \sum\frac{\overline{F}_N\overline{F}_N a}{EA_1} + \sum\frac{\overline{F}_N\overline{F}_N l}{EA}$$

$$= \frac{2}{EI}\left[\int_0^a\left(-\frac{x}{\sqrt{3}}\right)^2\mathrm{d}x + \int_a^{\frac{3}{2}a}\left(-\frac{a}{\sqrt{3}}\right)^2\mathrm{d}x\right] + \frac{1}{EA_1}(a+a+a) +$$

$$\frac{1}{EA}\left[2\times\left(-\frac{2}{\sqrt{3}}\right)^2\cdot\frac{2a}{\sqrt{3}} + 2\times\left(\frac{1}{\sqrt{3}}\right)^2\cdot\frac{a}{\sqrt{3}} + (-1)^2\cdot a\right]$$

$$= \frac{5a^3}{9EI} + \frac{3a}{EA_1} + \frac{a}{EA}(2\sqrt{3}+1)$$

最终结果中的第二和第三项,分别表示工字梁和其他各杆轴力的影响。由于工字梁的横截面面积 A_1 远大于其他各杆的 A,所以可以略去第二项,得

$$\delta_{11} = \frac{5a^3}{9EI} + \frac{a}{EA}(2\sqrt{3}+1)$$

把 Δ_{1F} 和 δ_{11} 代入式(c),便可解出

$$X_1 = \frac{23Fa^2}{24\sqrt{3}\left[\dfrac{5}{9}a^2 + \dfrac{I}{A}(2\sqrt{3}+1)\right]}$$

求得 X_1 后,自然不难算出工字梁的最大弯矩,读者可自行完成。

例 14.2 计算图 14.8a 所示桁架各杆的内力。设各杆的材料相同,横截面面积相等。

解: 与例 14.1 相似,桁架的支座约束力是静定的,但因桁架内部有 1 个多余约束,所以各杆的内力却是超静定的。对杆件进行编号。以杆件 4 为多余约束,假想地把它切开,并代以多余约束力 X_1,得到由图 14.8b 所表示的相当系统。以 Δ_{1F} 表示杆 4 切口两侧截面因载荷 F 而引起的沿 X_1 方向的相对位移,而 δ_{11} 表示切口两侧截面因单位力(图 14.8d)而引起的沿 X_1 方向的相对位移。由于杆件 4 实际上是连续的,故切口两侧截面的相对位移应等于零。于是

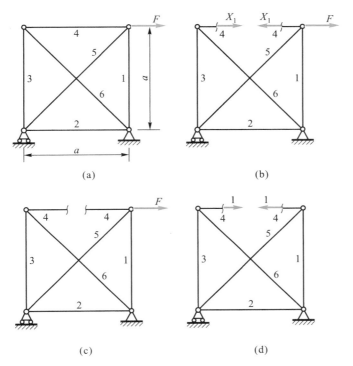

(a)　　　　　　　　　　(b)

(c)　　　　　　　　　　(d)

图 14.8

$$\delta_{11}X_1 + \Delta_{1F} = 0 \qquad\qquad （d）$$

由图 14.8c 求出基本静定系在 F 作用下各杆的内力 F_{Ni}，由图 14.8d 求出在单位力作用下各杆的内力 $\overline{F}_{Ni}$，并将所得结果列入表 14.1 中。

表 14.1

杆件编号	F_{Ni}	$\overline{F}_{Ni}$	l_i	$F_{Ni}\overline{F}_{Ni}l_i$	$\overline{F}_{Ni}\overline{F}_{Ni}l_i$	$F_{Ni}^F = F_{Ni} + \overline{F}_{Ni}X_1$
1	$-F$	1	a	$-Fa$	a	$-F/2$
2	$-F$	1	a	$-Fa$	a	$-F/2$
3	0	1	a	0	a	$F/2$
4	0	1	a	0	a	$F/2$
5	$\sqrt{2}F$	$-\sqrt{2}$	$\sqrt{2}a$	$-2\sqrt{2}Fa$	$2\sqrt{2}a$	$F/\sqrt{2}$
6	0	$-\sqrt{2}$	$\sqrt{2}a$	0	$2\sqrt{2}a$	$-F/\sqrt{2}$
求和				$\sum F_{Ni}\overline{F}_{Ni}l_i$ $= -Fa(2+2\sqrt{2})$	$\sum \overline{F}_{Ni}\overline{F}_{Ni}l_i$ $= 4(1+\sqrt{2})a$	

应用莫尔定理,

$$\Delta_{1F} = \sum \frac{F_{Ni}\overline{F}_{Ni}l_i}{EA_i} = -\frac{2(1+\sqrt{2})Fa}{EA}$$

$$\delta_{11} = \sum \frac{\overline{F}_{Ni}\overline{F}_{Ni}l_i}{EA_i} = \frac{4(1+\sqrt{2})a}{EA}$$

将 Δ_{1F} 及 δ_{11} 代入方程(d),然后解出

$$X_1 = -\frac{\Delta_{1F}}{\delta_{11}} = \frac{2(1+\sqrt{2})Fa}{4(1+\sqrt{2})a} = \frac{F}{2}$$

在求出 X_1 以后,由叠加原理可知,桁架内任一杆件的实际内力是

$$F_{Ni}^F = F_{Ni} + \overline{F}_{Ni}X_1$$

由此算出的各杆的实际内力已列入表 14.1 的最后一列中。

例 14.3 轴线为四分之一圆周的曲杆 A 端固定,B 端铰支(图 14.9a)。在 F 作用下,试作曲杆的弯矩图。设曲杆横截面尺寸远小于轴线半径,可以借用计算直杆变形的公式。

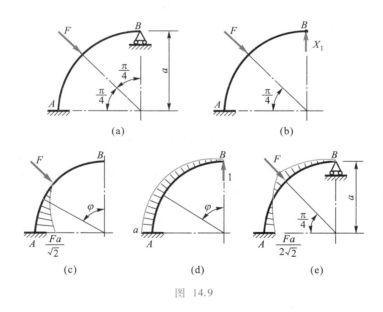

图 14.9

解:曲杆为一次超静定结构,解除多余支座 B,得到 A 端固定、B 端为自由端的基本静定系。多余约束力为 X_1(图 14.9b)。采用与以前各例相同的记号,仍可得出

$$\delta_{11}X_1 + \Delta_{1F} = 0 \qquad (\text{e})$$

当基本静定系上只作用外载荷 F 时（图 14.9c），弯矩为

$$M = 0 \qquad \left(0 \leqslant \varphi \leqslant \frac{\pi}{4}\right)$$

$$M = Fa\sin\left(\varphi - \frac{\pi}{4}\right) \qquad \left(\frac{\pi}{4} \leqslant \varphi \leqslant \frac{\pi}{2}\right)$$

这里仍把使曲杆曲率增加的弯矩规定为正，并把弯矩画在产生压应力的一侧。
当在 B 点沿 X_1 方向作用一单位力时（图 14.9d），弯矩方程是

$$\overline{M} = -a\sin\varphi$$

应用莫尔积分，并设曲杆的 EI 为常量，

$$\Delta_{1F} = \int_s \frac{M\,\overline{M}\mathrm{d}s}{EI} = \frac{1}{EI}\int_{\frac{\pi}{4}}^{\frac{\pi}{2}} \left[Fa\sin\left(\varphi - \frac{\pi}{4}\right)\right](-a\sin\varphi)a\mathrm{d}\varphi$$

$$= -\frac{\pi Fa^3}{8\sqrt{2}\,EI}$$

$$\delta_{11} = \int_s \frac{\overline{M}\,\overline{M}\mathrm{d}s}{EI} = \frac{1}{EI}\int_0^{\frac{\pi}{2}}(-a\sin\varphi)^2 a\mathrm{d}\varphi = \frac{\pi a^3}{4EI}$$

将 Δ_{1F} 和 δ_{11} 代入方程式（e），得

$$\frac{\pi a^3}{4EI}X_1 - \frac{\pi Fa^3}{8\sqrt{2}\,EI} = 0$$

由此解出

$$X_1 = \frac{F}{2\sqrt{2}}$$

X_1 为正值，表示对 X_1 假定的方向是正确的。求出 X_1 后，可以算出曲杆任意横截面上的弯矩是

$$M = -X_1 a\sin\varphi = -\frac{Fa}{2\sqrt{2}}\sin\varphi \qquad \left(0 \leqslant \varphi \leqslant \frac{\pi}{4}\right)$$

$$M = Fa\sin\left(\varphi - \frac{\pi}{4}\right) - X_1 a\sin\varphi$$

$$= Fa\left[\sin\left(\varphi - \frac{\pi}{4}\right) - \frac{1}{2\sqrt{2}}\sin\varphi\right] \qquad \left(\frac{\pi}{4} \leqslant \varphi \leqslant \frac{\pi}{2}\right)$$

作弯矩图如图 14.9e 所示。

以上各例都是只有一个多余约束的情况。现以两端固定的圆弧形曲杆（图 14.10a）为例，说明多余约束不止一个时力法的应用。因为两端固定，共有 6 个

未知约束力,为三次超静定系统。解除固定端 B 的约束,得基本静定系。基本静定系上,除原载荷 F 以外,在 B 端还作用着竖向力 X_1、水平力 X_2 和力偶矩 X_3,这些都是多余约束力(图 14.10b)。

以 Δ_{1F} 表示在载荷 F 作用下,B 点沿 X_1 方向的位移。以 δ_{11},δ_{12} 和 δ_{13} 分别表示 X_1,X_2 和 X_3 分别为单位力,且分别单独作用时,B 点沿 X_1 方向的位移。这些都已明确表示于图 14.10c~f 中。这样,B 点在 X_1 方向的总位移应为

$$\Delta_1 = \delta_{11}X_1 + \delta_{12}X_2 + \delta_{13}X_3 + \Delta_{1F}$$

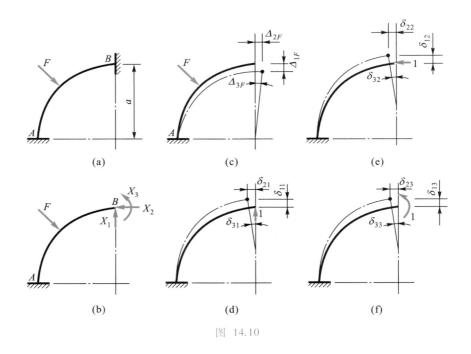

图 14.10

由于曲杆 B 端是固定端,B 点的竖向位移(亦即沿 X_1 方向的位移)Δ_1 理应为零。这样,变形谐调条件就可以写成

$$\Delta_1 = \delta_{11}X_1 + \delta_{12}X_2 + \delta_{13}X_3 + \Delta_{1F} = 0$$

按完全相同的方法,可以写出 B 端在 X_2 方向的位移等于零和在 X_3 方向的转角等于零的变形协调条件。最后得出一组线性方程式如下:

$$\left.\begin{aligned}
\delta_{11}X_1 + \delta_{12}X_2 + \delta_{13}X_3 + \Delta_{1F} = 0\\
\delta_{21}X_1 + \delta_{22}X_2 + \delta_{23}X_3 + \Delta_{2F} = 0\\
\delta_{31}X_1 + \delta_{32}X_2 + \delta_{33}X_3 + \Delta_{3F} = 0
\end{aligned}\right\} \tag{14.2}$$

方程式中的 9 个系数 $\delta_{ij}(i=1,2,3;j=1,2,3)$ 和 3 个常数项 $\Delta_{iF}(i=1,2,3)$,都

已表示于图 14.10c～f 中。

　　现在讨论方程组中系数 $\delta_{11},\delta_{12},\cdots$ 和常数项 $\Delta_{1F},\Delta_{2F},\cdots$ 的计算。对杆件,所有计算变形的方法都可用于这些系数和常数项的计算。对杆系,一般用莫尔定理比较方便。现以刚架为例说明它们的计算。平面刚架的杆件横截面上,一般有弯矩、剪力和轴力等内力,但剪力或轴力对位移的影响都远小于弯矩,故在计算上述系数和常数项时,通常只考虑弯矩的影响。例如

$$\delta_{12} = \int_l \frac{\overline{M}_1 \overline{M}_2 \mathrm{d}x}{EI} \tag{f}$$

$$\Delta_{1F} = \int_l \frac{M \overline{M}_1 \mathrm{d}x}{EI} \tag{g}$$

式中 $\overline{M}_1$ 是 $X_1 = 1$ 单独作用于基本静定系上引起的弯矩,$\overline{M}_2$ 是单独作用 $X_2 = 1$ 时的弯矩,M 是只有载荷时的弯矩。在式(f)中如将 $\overline{M}_1$ 和 $\overline{M}_2$ 的次序互换,就是 δ_{21} 的计算式,可见 δ_{12} 和 δ_{21} 是相等的。同理,$\delta_{13} = \delta_{31}$,$\delta_{23} = \delta_{32}$,或者 $\delta_{ij} = \delta_{ji}$($i,j = 1,2,3$)。以上关系还可由位移互等定理来证明。这样,方程组(14.2)中的 9 个系数独立的只有 6 个。

　　显然,可以把力法推广到 n 次超静定结构,这时线性方程组为

$$\left.\begin{aligned}
\delta_{11}X_1 + \delta_{12}X_2 + \cdots + \delta_{1n}X_n + \Delta_{1F} &= 0 \\
\delta_{21}X_1 + \delta_{22}X_2 + \cdots + \delta_{2n}X_n + \Delta_{2F} &= 0 \\
\cdots\cdots\cdots\cdots \\
\delta_{n1}X_1 + \delta_{n2}X_2 + \cdots + \delta_{nn}X_n + \Delta_{nF} &= 0
\end{aligned}\right\} \tag{14.3}$$

根据以上讨论或位移互等定理,方程组中的系数存在以下关系:

$$\delta_{ij} = \delta_{ji} \tag{14.4}$$

　　力法得出的线性方程组都按照一定规范写成标准形式,如方程式(14.2)和式(14.3)等,一般称为力法的正则方程或典型方程。

　　例 14.4　求解图 14.11a 所示超静定刚架。设两杆的 EI 相等。

　　解:与图 14.10 中两端固定的曲杆一样,刚架是一个三次超静定结构。解除固定支座 B 的 3 个多余约束,并代以 3 个多余未知力,得图 14.11b 所示相当系统。采用与图 14.10 相同的记号,正则方程就是方程式(14.2)。由图14.11c,d,e 和 f,应用莫尔定理分别计算方程式(14.2)中的 3 个常数项和 9 个系数:

$$\Delta_{1F} = -\frac{1}{EI} \int_0^a \frac{qx_2^2}{2} \cdot a \cdot \mathrm{d}x_2 = -\frac{qa^4}{6EI}$$

$$\Delta_{2F} = -\frac{1}{EI} \int_0^a \frac{qx_2^2}{2} \cdot x_2 \cdot \mathrm{d}x_2 = -\frac{qa^4}{8EI}$$

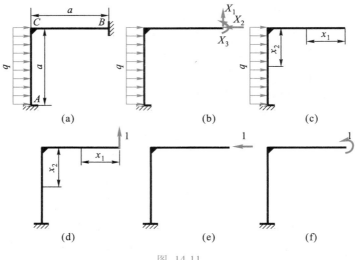

图 14.11

$$\Delta_{3F} = -\frac{1}{EI}\int_0^a \frac{qx_2^2}{2}\cdot 1\cdot dx_2 = -\frac{qa^3}{6EI}$$

$$\delta_{11} = \frac{1}{EI}\int_0^a x_1\cdot x_1\cdot dx_1 + \frac{1}{EI}\int_0^a a\cdot a\cdot dx_2 = \frac{4a^3}{3EI}$$

$$\delta_{22} = \frac{1}{EI}\int_0^a x_2\cdot x_2\cdot dx_2 = \frac{a^3}{3EI}$$

$$\delta_{33} = \frac{1}{EI}\int_0^a 1\cdot 1\cdot dx_1 + \frac{1}{EI}\int_0^a 1\cdot 1\cdot dx_2 = \frac{2a}{EI}$$

$$\delta_{12} = \delta_{21} = \frac{1}{EI}\int_0^a x_2\cdot a\cdot dx_2 = \frac{a^3}{2EI}$$

$$\delta_{13} = \delta_{31} = \frac{1}{EI}\int_0^a x_1\cdot 1\cdot dx_1 + \frac{1}{EI}\int_0^a a\cdot 1\cdot dx_2 = \frac{3a^2}{2EI}$$

$$\delta_{23} = \delta_{32} = \frac{1}{EI}\int_0^a x_2\cdot 1\cdot dx_2 = \frac{a^2}{2EI}$$

把上面求出的常数项和系数代入正则方程(14.2),经整理化简后,得到

$$\left.\begin{array}{l} 8aX_1 + 3aX_2 + 9X_3 = qa^2 \\ 12aX_1 + 8aX_2 + 12X_3 = 3qa^2 \\ 9aX_1 + 3aX_2 + 12X_3 = qa^2 \end{array}\right\}$$

解以上联立方程组,求出

$$X_1 = -\frac{qa}{16}, \quad X_2 = \frac{7qa}{16}, \quad X_3 = \frac{qa^2}{48}$$

式中负号表示 X_1 与假设的方向相反,即应该向下。求出了 3 个多余约束力,也就是求得了支座 B 的约束力,进一步可作刚架的弯矩图,这些不再赘述。

§14.3 对称及反对称性质的利用

利用对称结构上载荷的对称或反对称性质,可使正则方程得到一些简化。图 14.12a 所示结构的几何形状、支承条件和各杆的刚度都对称于某一轴线。在这样的结构上,如载荷的作用位置、大小和方向也都对称于结构的对称轴(图14.12b)则为对称载荷。如两侧载荷的作用位置和大小仍然是对称的,但方向却是反对称的(图 14.12c),则为反对称载荷。与此相似,杆件的内力也可分成对称和反对称的。例如,平面结构的杆件的横截面上,一般有剪力、弯矩和轴力等三个内力(图 14.13)。对所考察的截面来说,弯矩 M 和轴力 F_N 是对称的内力,剪力 F_s 则是反对称的内力。

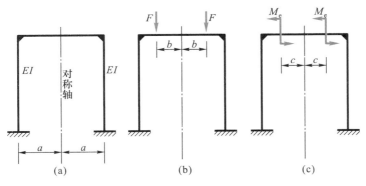

图 14.12

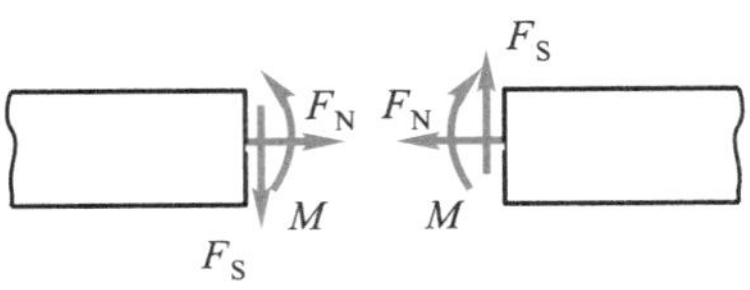

现以图 14.12b 为例,说明载荷对称性质的作用。刚架有 3 个多余约束,如沿对称轴将刚架切开,就可解除 3 个多余约束得到基本静定系。3 个多余约束力是对称截面上的轴力 X_1、剪力 X_2 和弯矩 X_3(图 14.14a)。变形协调条件是,上述切开截面的两侧水平相对位移、垂直相对位移和相对转角都等于零。这三个条件写成正则方程就是

图 14.13

$$\left.\begin{array}{l} \delta_{11}X_1 + \delta_{12}X_2 + \delta_{13}X_3 + \Delta_{1F} = 0 \\ \delta_{21}X_1 + \delta_{22}X_2 + \delta_{23}X_3 + \Delta_{2F} = 0 \\ \delta_{31}X_1 + \delta_{32}X_2 + \delta_{33}X_3 + \Delta_{3F} = 0 \end{array}\right\} \qquad (\text{a})$$

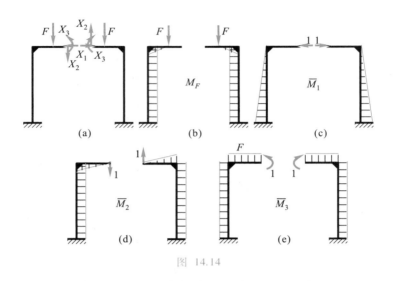

图　14.14

基本静定系在外载荷单独作用下的弯矩 M_F 图已表示于图 14.14b 中,至于令 $X_1 =$ 1,$X_2 = 1$ 和 $X_3 = 1$ 且各自单独作用时的弯矩图 $\overline{M}_1$,$\overline{M}_2$ 和 $\overline{M}_3$,则分别表示于图 14.14c,d 和 e 中。在这些弯矩图中,$\overline{M}_2$ 是反对称的,其余都是对称的。计算 Δ_{2F} 的莫尔积分是

$$\Delta_{2F} = \int_l \frac{M_F \overline{M}_2 \, \mathrm{d}x}{EI}$$

式中 M_F 是对称的,而 $\overline{M}_2$ 是反对称的,积分的结果必然等于零,即

$$\Delta_{2F} = \int_l \frac{M_F \overline{M}_2 \, \mathrm{d}x}{EI} = 0$$

以上结果同样也可由图乘法来证明。同理可知

$$\delta_{12} = \delta_{21} = \delta_{23} = \delta_{32} = 0$$

于是正则方程(a)化为

$$\left.\begin{array}{r} \delta_{11}X_1 + \delta_{13}X_3 = -\Delta_{1F} \\ \delta_{31}X_1 + \delta_{33}X_3 = -\Delta_{3F} \\ \delta_{22}X_2 = 0 \end{array}\right\}$$

这样,正则方程就分成两组:第一组是前面两式,包含两个对称的内力 X_1 和 X_3;第二组就是第三式,它只包含反对称的内力 X_2(剪力),且 $X_2 = 0$。可见,当对称结构上受对称载荷作用时,在对称截面上,反对称内力等于零。

图 14.12c 是对称结构上受反对称载荷作用的情况。如仍沿对称轴将刚架切开,并代以多余约束力,得相当系统如图 14.15a 所示。这时,正则方程仍为式(a)。但外载荷单独作用下的 M_F 图是反对称的(图 14.15b),而 $\overline{M}_1$,$\overline{M}_2$ 和 $\overline{M}_3$ 仍然如图 14.14 所示。由于 M_F 是反对称的,而 $\overline{M}_1$ 和 $\overline{M}_3$ 是对称的,这就使

$$\Delta_{1F} = \int_l \frac{M_F \overline{M}_1 \mathrm{d}x}{EI} = 0, \qquad \Delta_{3F} = \int_l \frac{M_F \overline{M}_3 \mathrm{d}x}{EI} = 0$$

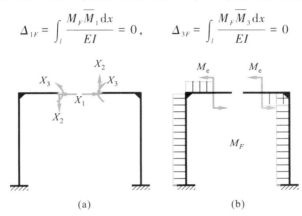

(a)　　　　　　　(b)

图 14.15

此外,和前面一样

$$\delta_{12} = \delta_{21} = \delta_{23} = \delta_{32} = 0$$

于是正则方程化为

$$\delta_{11}X_1 + \delta_{13}X_3 = 0$$
$$\delta_{31}X_1 + \delta_{33}X_3 = 0$$
$$\delta_{22}X_2 = -\Delta_{2F}$$

前面两式成为 X_1 和 X_3 的线性齐次方程组,显然有且只有 $X_1 = X_3 = 0$ 的解。所以在对称结构上作用反对称载荷时,在对称截面上,对称内力 X_1 和 X_3(即轴力和弯矩)都等于零。

有些载荷虽不是对称或反对称的(图 14.16a),但可把它转化为对称和反对称的两种载荷的叠加(图 14.16b 和 c)。分别求出对称和反对称两种情况的解,叠加后即为原载荷作用下的解。

例 14.5　在等截面圆环直径 AB 的两端,沿直径作用方向相反的一对 F 力(图 14.17a)。试求 AB 直径的长度变化。

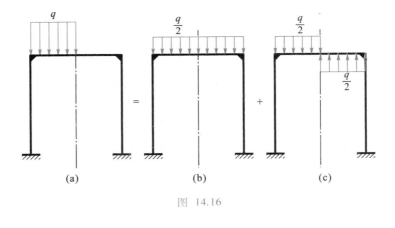

图 14.16

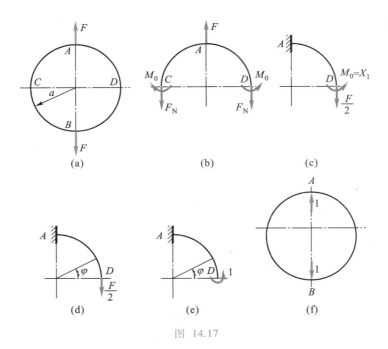

图 14.17

　　解：沿水平直径将圆环切开（图 14.17b）。由载荷的对称性质，截面 C 和 D 上的剪力等于零，只有轴力 F_N 和弯矩 M_0。利用平衡条件容易求出 $F_N = \dfrac{F}{2}$，故只有 M_0 为多余未知约束力，把它记为 X_1。因为圆对垂直直径 AB 和水平直径 CD 都是对称的，因此可以只研究圆环的四分之一（图 14.17c）。由于对称截面 A 和

D 的转角皆等于零,这样,可把 A 截面作为固定端,而把截面 D 的转角为零作为变形协调条件,并写成

$$\delta_{11}X_1 + \Delta_{1F} = 0 \qquad (b)$$

式中 Δ_{1F} 是在基本静定系上只作用 $F_N = \dfrac{F}{2}$ 时(图 14.17d),截面 D 的转角,δ_{11} 是令 $X_1 = 1$,且单独作用时(图 14.17e),截面 D 的转角。

现在计算 Δ_{1F} 和 δ_{11}。由图 14.17d 和 e 求出

$$M = \frac{Fa}{2}(1 - \cos\varphi), \quad \overline{M} = -1$$

所以

$$\Delta_{1F} = \int_0^{\frac{\pi}{2}} \frac{M\,\overline{M}a\,\mathrm{d}\varphi}{EI} = \frac{Fa^2}{2EI}\int_0^{\frac{\pi}{2}}(1 - \cos\varphi)(-1)\,\mathrm{d}\varphi = -\frac{Fa^2}{2EI}\left(\frac{\pi}{2} - 1\right)$$

$$\delta_{11} = \int_0^{\frac{\pi}{2}} \frac{\overline{M}\,\overline{M}a\,\mathrm{d}\varphi}{EI} = \frac{a}{EI}\int_0^{\frac{\pi}{2}}(-1)^2\mathrm{d}\varphi = \frac{\pi a}{2EI}$$

以 Δ_{1F} 及 δ_{11} 代入方程式(b),求得

$$X_1 = Fa\left(\frac{1}{2} - \frac{1}{\pi}\right)$$

求出 X_1 后,算出在 $\dfrac{F}{2}$ 及 X_1 共同作用下(图 14.17c)任意截面上的弯矩为

$$M(\varphi) = \frac{Fa}{2}(1 - \cos\varphi) - Fa\left(\frac{1}{2} - \frac{1}{\pi}\right) = Fa\left(\frac{1}{\pi} - \frac{\cos\varphi}{2}\right) \qquad (c)$$

这也就是四分之一圆环内的实际弯矩。由式(c)可以画出圆环的弯矩图。

在 F 力作用下圆环垂直直径 AB 的长度变化也就是 F 力作用点 A 和 B 的相对位移 δ。为了求出这个位移,在 A、B 两点作用单位力如图 14.17f 所示。这时只要在式(c)中令 $F = 1$,就得到在单位力作用下圆环内的弯矩为

$$\overline{M}(\varphi) = a\left(\frac{1}{\pi} - \frac{\cos\varphi}{2}\right) \qquad \left(0 \leqslant \varphi \leqslant \frac{\pi}{2}\right)$$

使用莫尔积分求 A、B 两点的相对位移 δ 时,积分应遍及整个圆环。故

$$\delta = 4\int_0^{\frac{\pi}{2}} \frac{M(\varphi)\overline{M}(\varphi)a\,\mathrm{d}\varphi}{EI} = \frac{4Fa^3}{EI}\int_0^{\frac{\pi}{2}}\left(\frac{1}{\pi} - \frac{\cos\varphi}{2}\right)^2\mathrm{d}\varphi$$

$$= \frac{Fa^3}{EI}\left(\frac{\pi}{4} - \frac{2}{\pi}\right) = 0.149\frac{Fa^3}{EI}$$

例 14.6 求图 14.18a 所示刚架的约束力。

解:刚架有 4 个约束力,是一次超静定结构。为得到基本静定系,可以沿截

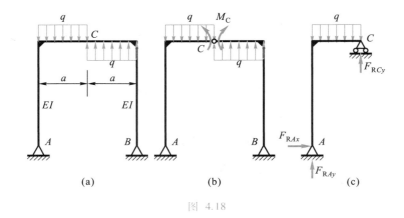

图 4.18

面 C 将刚架切开,再以铰链将两部分连接起来。这时以截面 C 上的弯矩 M_C 代替被解除的约束(图 14.18b)。但因结构上的载荷是反对称的,所以 M_C 应等于零,同时截面 C 上的轴力也等于零,就只剩下剪力。这样,刚架的左半部分就可简化成图 14.18c 所示情况,其支座约束力便可直接由平衡方程求出为

$$F_{RAy} = \frac{qa}{2}, \qquad F_{RCy} = \frac{qa}{2}, \qquad F_{RAx} = 0$$

至于刚架右半部分的求解,与左半部分相似,不再重复。

§14.4 连续梁及三弯矩方程

为了减小直梁的弯曲变形和应力,工程上经常采用给梁增加支座的办法。例如,某大型螺丝磨床为保证水平空心丝杆的精度,就用了 5 个支承(图 14.19a)。又如有些六缸柴油机的凸轮轴连续通过 7 个轴承(图 14.19b)。像这类连续跨过一系列中间支座的多跨梁,一般称为连续梁。在房屋建筑和桥梁结构中,连续梁的使用就更为广泛。

对连续梁今后采用下述记号:从左到右把支座依次编号为 $0,1,2,\cdots$(图 14.20a),把跨度依次编号为 $l_1, l_2, l_3, \cdots$。设所有支座在同一水平线上,并无不同沉陷。且设只有支座 0 为固定铰支座,其余皆为可动铰支座。这样,如梁只有两端铰支座,它将是两端简支的静定梁。于是增加 1 个中间支座就增加了 1 个多余约束,超静定的次数就等于中间支座的数目。例如,图 14.19a 所示水平丝杆有 3 个中间支座,就是一个三次超静定结构。

求解连续梁时,如采取解除中间支座得到基本静定系的方案,则变形协调方程(即力法正则方程)的每一方程式中,都将包含所有的多余约束力,这将使计

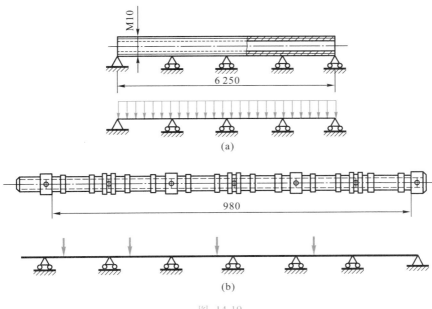

图 14.19

算非常繁琐。为此,设想在每个中间支座的上方,把梁切开并装上铰链(图 14.20b),这就相当于把这些截面上的弯矩作为多余约束力,并分别记为 X_1, $X_2,\cdots,X_n\cdots$。在任一支座上方,两侧截面上的弯矩是大小相等、方向相反的一对力偶矩,与其相应的位移是两侧截面的相对转角。例如在放大后的图 14.21a 中,支座 n 上方,铰链两侧截面的相对转角为 Δ_n,且可将它写成

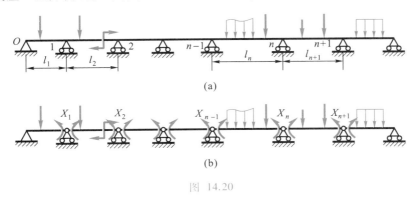

图 14.20

$$\Delta_n = \delta_{n(n-1)}X_{n-1} + \delta_{nn}X_n + \delta_{n(n+1)}X_{n+1} + \Delta_{nF}$$

式中所用记号的含义与前面两节相同。例如,Δ_{nF} 表示载荷单独作用下(图

14.21b),铰链 n 两侧截面的相对转角。又如系数 δ_{nn} 表示令 $X_n = 1$ 且单独作用时(图 14.21d),铰链 n 两侧截面的相对转角。因为梁在支座 n 上本来就是光滑连续的,铰链 n 两侧的截面不应有相对转角,即 $\Delta_n = 0$,所以

$$\delta_{n(n-1)}X_{n-1} + \delta_{nn}X_n + \delta_{n(n+1)}X_{n+1} + \Delta_{nF} = 0 \qquad (a)$$

式中常数项和 3 个系数都可由莫尔积分来计算。

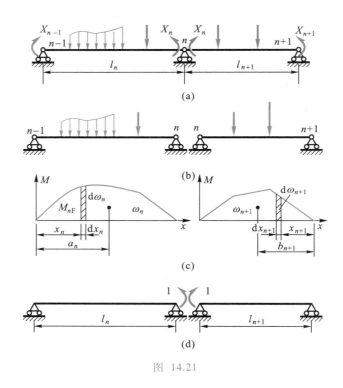

图　14.21

当基本静定系上只作用外载荷时(图 14.21b),把跨度 l_n 中的弯矩记为 M_{nF},跨度 l_{n+1} 中的弯矩记为 $M_{(n+1)F}$。当只作用单位力偶矩 $X_n = 1$ 时(图 14.21d),跨度 l_n 和 l_{n+1} 内的弯矩分别是

$$\overline{M} = \frac{x_n}{l_n}, \quad \overline{M} = \frac{x_{n+1}}{l_{n+1}}$$

于是由莫尔积分得

$$\begin{aligned}
\Delta_{nF} &= \int_{l_n} \frac{M_{nF}x_n \mathrm{d}x_n}{EIl_n} + \int_{l_{n+1}} \frac{M_{(n+1)F}x_{n+1}\mathrm{d}x_{n+1}}{EIl_{n+1}} \\
&= \frac{1}{EI}\left(\frac{1}{l_n}\int_{l_n} x_n \mathrm{d}\omega_n + \frac{1}{l_{n+1}}\int_{l_{n+1}} x_{n+1}\mathrm{d}\omega_{n+1} \right)
\end{aligned} \qquad (b)$$

式中 $M_{nF}\mathrm{d}x = \mathrm{d}\omega_n$，是外载荷单独作用下，跨度 l_n 中弯矩图的微分面积（图 14.21c）。因而积分 $\int_l x_n \mathrm{d}\omega_n$ 是弯矩图面积 ω_n 对 l_n 左端的静矩。如以 a_n 表示跨度 l_n 内弯矩图面积 ω_n 的形心到左端的距离，则

$$\int_{l_n} x_n \mathrm{d}\omega_n = a_n \omega_n$$

同理，以 b_{n+1} 表示外载荷单独作用下，跨度 l_{n+1} 内弯矩图面积 ω_{n+1} 的形心到右端的距离，则

$$\int_{l_{n+1}} x_{n+1} \mathrm{d}\omega_{n+1} = b_{n+1} \omega_{n+1}$$

于是式（b）可以写成

$$\Delta_{nF} = \frac{1}{EI}\left(\frac{\omega_n a_n}{l_n} + \frac{\omega_{n+1} b_{n+1}}{l_{n+1}}\right) \tag{c}$$

也可以把式（b）或式（c）的第一项看作是跨度 l_n 的右端按逆时针方向的转角，第二项看作是跨度 l_{n+1} 的左端按顺时针方向的转角。两项之和就是铰链 n 两侧截面在外载荷单独作用下的相对转角。此外，导出式（b）和式（c）时，认为在 l_n 和 l_{n+1} 两个跨度内 EI 相等，当然，它们也可不同，在使用莫尔积分时作相应处理即可，就不再赘述。仍然使用莫尔积分计算 δ_{nn}，

$$\delta_{nn} = \int_{l_n} \frac{1}{EI}\left(\frac{x_n}{l_n}\right)\left(\frac{x_n}{l_n}\right)\mathrm{d}x_n + \int_{l_{n+1}} \frac{1}{EI}\left(\frac{x_{n+1}}{l_{n+1}}\right)\left(\frac{x_{n+1}}{l_{n+1}}\right)\mathrm{d}x_{n+1}$$

$$= \frac{1}{3EI}(l_n + l_{n+1})$$

类似地还可求出

$$\delta_{n(n-1)} = \frac{l_n}{6EI}, \qquad \delta_{n(n+1)} = \frac{l_{n+1}}{6EI}$$

将 Δ_{nF}，$\delta_{n(n-1)}$，δ_{nn} 和 $\delta_{n(n+1)}$ 代入式（a），整理后得出

$$X_{n-1} l_n + 2X_n (l_n + l_{n+1}) + X_{n+1} l_{n+1} = -\frac{6\omega_n a_n}{l_n} - \frac{6\omega_{n+1} b_{n+1}}{l_{n+1}} \tag{14.5}$$

如把弯矩 X_{n-1}，X_n 和 X_{n+1} 改为习惯上使用的记号 M_{n-1}，M_n 和 M_{n+1}，则公式（14.5）可以写成

$$M_{n-1} l_n + 2M_n (l_n + l_{n+1}) + M_{n+1} l_{n+1} = -\frac{6\omega_n a_n}{l_n} - \frac{6\omega_{n+1} b_{n+1}}{l_{n+1}} \tag{14.6}$$

这就是**三弯矩方程**。

对连续梁的每一个中间支座都可以列出一个三弯矩方程，所以可能列出的方程式的数目恰好等于中间支座的数目，也就是等于超静定的次数；而且每一方

程式中只含有 3 个多余约束力偶矩,这就给计算带来一定的方便。

例 14.7 求解图 14.22a 所示连续梁。

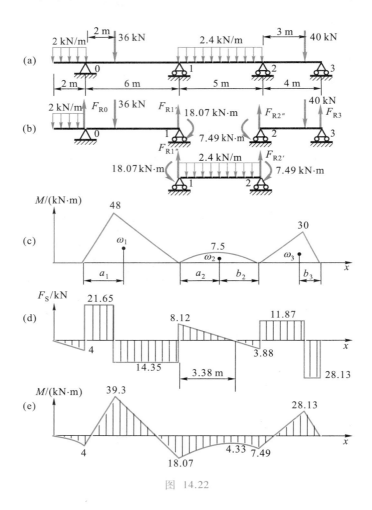

图 14.22

解:支座编号如图所示。$l_1 = 6$ m,$l_2 = 5$ m,$l_3 = 4$ m。基本静定系的每个跨度皆为简支梁,这些简支梁在外载荷作用下的弯矩图如图 14.22c 所示。由此求得

$$\omega_1 = \frac{1}{2} \times 48 \text{ kN·m} \times 6 \text{ m} = 144 \text{ kN·m}^2$$

$$\omega_2 = \frac{2}{3} \times 7.5 \text{ kN·m} \times 5 \text{ m} = 25 \text{ kN·m}^2$$

$$\omega_3 = \frac{1}{2} \times 30 \text{ kN} \cdot \text{m} \times 4 \text{ m} = 60 \text{ kN} \cdot \text{m}^2$$

利用图 13.27,还可求得以上弯矩图面积的形心的位置,

$$a_1 = \frac{6+2}{3} \text{ m} = \frac{8}{3} \text{ m}$$

$$a_2 = b_2 = \frac{5}{2} \text{ m}$$

$$b_3 = \frac{4+1}{3} \text{ m} = \frac{5}{3} \text{ m}$$

梁在左端有外伸部分,支座 0 上梁截面的弯矩显然是

$$M_0 = -\frac{1}{2} \times (2 \text{ kN/m})(2 \text{ m})^2 = -4 \text{ kN} \cdot \text{m}$$

对跨度 l_1 和跨度 l_2 写出三弯矩方程。这时 $n=1$, $M_{n-1} = M_0 = -4 \text{ kN} \cdot \text{m}$, $M_n = M_1$, $M_{n+1} = M_2$, $l_n = l_1 = 6 \text{ m}$, $l_{n+1} = l_2 = 5 \text{ m}$, $a_n = a_1 = \frac{8}{3} \text{ m}$, $b_{n+1} = b_2 = \frac{5}{2} \text{ m}$。代入公式(14.6),得

$$-4 \times 6 + 2M_1(6+5) + M_2 \times 5 = \frac{6 \times 144 \times 8}{6 \times 3} - \frac{6 \times 25 \times 5}{5 \times 2}$$

式中 M_1 与 M_2 的单位为 kN·m。再对跨度 l_2 和 l_3 写出三弯矩方程。这时 $n=2$, $M_{n-1} = M_1$, $M_n = M_2$, $M_{n+1} = M_3 = 0$, $l_n = l_2 = 5 \text{ m}$, $l_{n+1} = l_3 = 4 \text{ m}$, $a_n = a_2 = \frac{5}{2} \text{ m}$, $b_{n+1} = b_3 = \frac{5}{3} \text{ m}$。代入公式(14.6),得

$$M_1 \times 5 + 2M_2(5+4) + 0 \times 4 = -\frac{6 \times 25 \times 5}{5 \times 2} - \frac{6 \times 60 \times 5}{4 \times 3}$$

式中 M_1 与 M_2 的单位为 kN·m。

整理上面的两个三弯矩方程,得

$$22M_1 + 5M_2 = -435$$

$$5M_1 + 18M_2 = -225$$

解以上联立方程组,得出

$$M_1 = -18.07 \text{ kN} \cdot \text{m}, \quad M_2 = -7.48 \text{ kN} \cdot \text{m}$$

求得 M_1 和 M_2 以后,连续梁三个跨度的受力情况如图 14.22b 所示。可以把它们看作是三个静定梁,而且载荷和端截面上的弯矩都是已知的。对每一跨都可以求出约束力并作剪力图和弯矩图,把这些图连接起来就是连续梁的剪力图和弯矩图(图 14.22d 和 e)。进一步可完成强度和变形的计算和校核。

习　题

14.1　用力法解题 6.38,题 6.39 和题 6.40。

14.2　用力法解题 6.35 和题 6.41。

14.3　求图示超静定梁的两端约束力。设固定端沿梁轴线的约束力可以忽略。

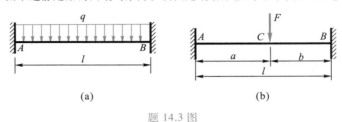

(a)　　　　　　　　　　　　(b)

题 14.3 图

14.4　作图示刚架的弯矩图。设刚架各杆的 EI 皆相等。

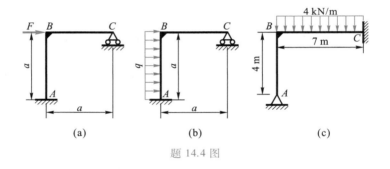

(a)　　　　　　(b)　　　　　　(c)

题 14.4 图

14.5　图示杆系各杆的材料相同,横截面面积相等,试求各杆的内力。建议用力法求解。

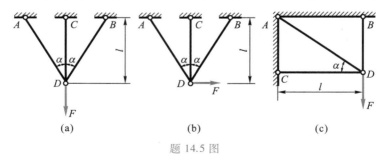

(a)　　　　　　(b)　　　　　　(c)

题 14.5 图

14.6　在图示平面桁架中,所有杆件的 E 皆相同,CA,AB,BF 三杆的横截面面积为 $3\,000\ \text{mm}^2$,其余各杆的截面面积均为 $1\,500\ \text{mm}^2$。$a = 6\ \text{m}$,$F = 130\ \text{kN}$。试求 AB 杆的轴力。

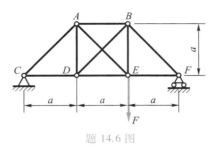

题 14.6 图

14.7 为改善桥式起重机大梁的刚度和强度,在图示大梁的下方增加预应力拉杆 CD,如图 a 所示。梁的计算简图如图 b 所示。由于 CC' 和 DD' 两杆甚短,且刚度较大,其变形可以不计。试求拉杆 CD 因吊重 P 而增加的内力。

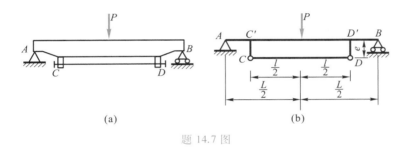

(a)　　　　　　　　　　(b)

题 14.7 图

14.8 图示刚架的 A、B 两点由拉杆 AB 相连接,拉杆的抗拉刚度为 EA。试作刚架的弯矩图。

14.9 求解图示超静定刚架的各支座约束力。

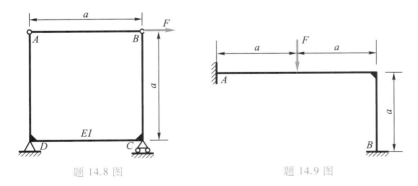

题 14.8 图　　　　　　　　　　题 14.9 图

14.10 链条的一环及受力情况如图所示。试求环内最大弯矩。

14.11 压力机机身或轧钢机机架可以简化成封闭的矩形刚架,如图所示。设刚架横梁

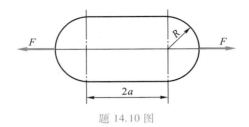

题 14.10 图

的抗弯刚度为 EI_1，立柱的抗弯刚度为 EI_2。作刚架的弯矩图。

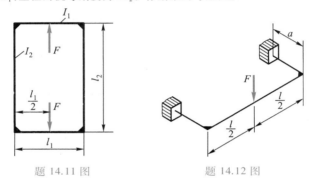

题 14.11 图　　　　　　　　题 14.12 图

14.12　折杆截面为圆形，直径 $d = 20$ mm。$a = 0.2$ m，$l = 1$ m，$F = 650$ N，$E = 200$ GPa，$G = 80$ GPa。试求 F 力作用点的铅垂位移。

14.13　车床夹具如图所示，EI 已知。试求夹具 A 截面上的弯矩。

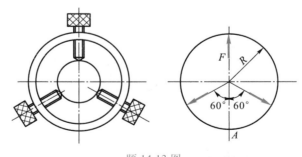

题 14.13 图

14.14　沿圆环的水平和竖直直径各作用一对 F 力，如图所示。试求圆环横截面上的内力。

14.15　求解图示超静定刚架几何对称面上的内力。

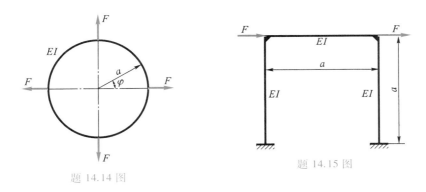

题 14.14 图

题 14.15 图

14.16 图示刚架几何上以 C 为对称中心。试证明截面 C 上的轴力及剪力皆等于零。

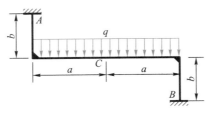

题 14.16 图

14.17 用三弯矩方程求解题 6.34。

14.18 等截面连续梁上,载荷如图所示。已知 $[\sigma] = 160$ MPa。试选择合适的工字梁型号。

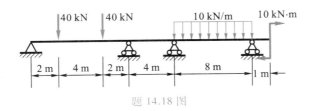

题 14.18 图

14.19 若连续梁的一端固定,将怎样使用三弯矩方程?

解:设梁的右端固定(图 a)。把右端固定的跨度记为 l_n。l_n 内只作用外载荷时,弯矩图如图 c 所示。a_n 为弯矩图面积 ω_n 的形心到左端支座的距离。仿照 §14.4 中使用的方法,不难求得支座 n 截面的转角为

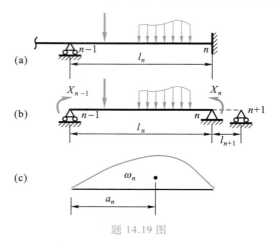

题 14.19 图

$$\Delta_n = \frac{X_{n-1}l_n}{6EI} + \frac{X_n l_n}{3EI} + \frac{\omega_n a_n}{EIl_n}$$

因支座 n 原为固定端,故 $\Delta_n = 0$。于是上式化为

$$X_{n-1}l_n + 2X_n l_n = -\frac{6\omega_n a_n}{l_n} \qquad (a)$$

这就是由于右端固定增加的方程式。如设想从支座 n 向右延伸一个虚拟的跨度 l_{n+1},如图 b 中虚线所示。对 l_n 和 l_{n+1} 写出三弯矩方程,然后使 l_{n+1} 趋于零,则同样可以得出式(a)。可见,固定端相当于一个以零为极限的跨度。

14.20　　在有三个轴承的轴上,载荷如图 a 所示。试求轴在支座 1 截面上的弯矩 M_1。

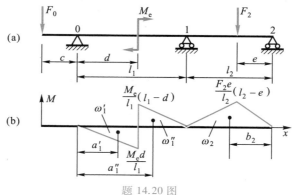

题 14.20 图

　　解: 把跨度 l_1 和 l_2 分别作为简支梁,外载荷引起的弯矩图如图 b 所示。在跨度 l_1 内,弯矩图面积 ω_1 由符号不同的两部分 ω_1' 和 ω_1'' 所组成。当计算静矩 $\omega_1 a_1$ 时,要分成两部分计算,即

$$\omega_1 a_1 = \omega_1' a_1' + \omega_1'' a_1''$$

$$= -\frac{1}{2} \times \frac{M_e}{l_1} d \times d \times \frac{2}{3} d + \frac{1}{2} \times \frac{M_e}{l_1} (l_1 - d)(l_1 - d) \left(\frac{l_1 - d}{3} + d \right)$$

$$= \frac{M_e}{6} (l_1^2 - 3d^2)$$

在跨度 l_2 内,

$$\omega_2 b_2 = \frac{1}{2} \times \frac{F_2 e(l_2 - e)}{l_2} \times l_2 \times \frac{l_2 + e}{3} = \frac{F_2 e}{6}(l_2^2 - e^2)$$

此外,由左端的外伸部分又可求出

$$M_0 = -F_0 c$$

将以上结果代入三弯矩方程式(14.6),得

$$-F_0 c l_1 + 2M_1(l_1 + l_2) + 0 \times l_2 = -\frac{6}{l_1} \times \frac{M_e}{6}(l_1^2 - 3d^2) - \frac{6}{l_2} \times \frac{F_2 e(l_2^2 - e^2)}{6}$$

由上式解出

$$M_1 = \frac{1}{2(l_1 + l_2)} \left[F_0 c l_1 - \frac{M_e}{l_1}(l_1^2 - 3d^2) - \frac{F_2 e(l_2^2 - e^2)}{l_2} \right]$$

14.21　作图示各梁的剪力图和弯矩图。设 EI 为常量。

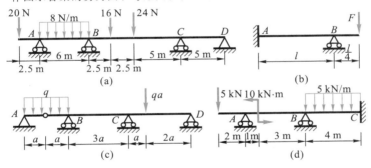

题 14.21 图

14.22　车床的主轴简化成直径为 $d = 90$ mm 的等截面当量轴,该轴有三个轴承,在铅垂平面内的受力情况如图所示。F_b 和 F_z 分别是传动力和切削力简化到轴线上的分力,且 $F_b = 3.9$ kN,$F_z = 2.64$ kN。若 $E = 200$ GPa,试求 D 点的挠度。

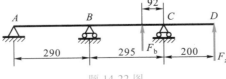

题 14.22 图

第十五章 平面曲杆

§15.1 概　　述

有些零件,如吊钩、链环、连杆大头盖等,轴线是一条曲线(图15.1),称为曲杆或曲梁。这里所研究的曲杆限于下述情况:曲杆有一纵向对称面,因而横截面有一对称轴,轴线是纵向对称面中的平面曲线,称为平面曲杆。若作用于曲杆上的载荷都在纵向对称面内,由于对称,变形后的曲杆轴线将仍是纵向对称面内的曲线,这就是平面曲杆的对称弯曲,是工程中最常见的情况。

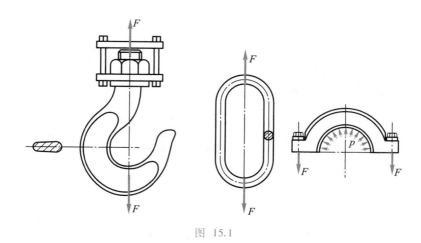

图　15.1

如曲杆横截面高度与轴线曲率半径相比不是一个小量,则弯曲正应力的分布规律与直梁有很大差别。吊钩、链环等就属于这种情况。本章将研究这类曲杆的应力和变形的计算。

§15.2 曲杆纯弯曲时的正应力

在曲杆的纵向对称面内,于两端作用大小相等、方向相反的两个弯曲力偶矩 M_e(图 15.2a),这就构成纯弯曲。关于直梁纯弯曲的两个假设(§5.1),即(1)平面假设,(2)纵向纤维间无正应力,认为仍然适用于曲梁的纯弯曲。

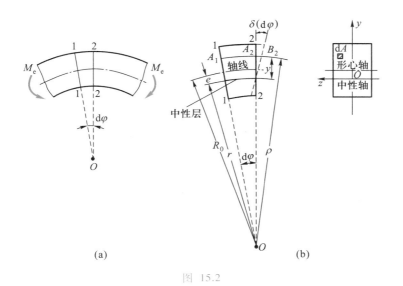

图 15.2

以夹角为 $d\varphi$ 的相邻横截面 1-1 和 2-2,从变形前的曲杆中取出一个微段,并放大为图 15.2b。以横截面的对称轴为 y 轴,且以背离曲率中心的方向为正。以中性轴为 z 轴。根据平面假设,在弯曲变形中,相邻横截面 1-1 和 2-2 绕中性轴相对地转动了微小角度 $\delta(d\varphi)$,这就造成距中性层为 y 的纤维 $\widehat{A_1A_2}$ 伸长了 $\widehat{A_2B_2}$,且

$$\widehat{A_2B_2} = y\cdot\delta(d\varphi)$$

若以 r 表中性层的曲率半径,由图 15.2b 看出,纤维 $\widehat{A_1A_2}$ 的曲率半径为 $\rho = r + y$,其原长度为

$$\widehat{A_1A_2} = (r+y)d\varphi = \rho d\varphi$$

纤维 $\widehat{A_1A_2}$ 的伸长与其原长度之比就是纤维的应变,即

$$\varepsilon = \frac{\overset{\frown}{A_2 B_2}}{\overset{\frown}{A_1 A_2}} = \frac{y}{\rho} \frac{\delta(\mathrm{d}\varphi)}{\mathrm{d}\varphi} \tag{a}$$

这就是曲杆纯弯曲的变形几何关系。

根据纵向纤维间无正应力的假设,由胡克定律得物理关系为

$$\sigma = E\varepsilon = E \frac{y}{\rho} \frac{\delta(\mathrm{d}\varphi)}{\mathrm{d}\varphi} \tag{15.1}$$

或者写成

$$\sigma = E \frac{y}{r+y} \frac{\delta(\mathrm{d}\varphi)}{\mathrm{d}\varphi} \tag{b}$$

对一个给定的截面,E,r 和 $\dfrac{\delta(\mathrm{d}\varphi)}{\mathrm{d}\varphi}$ 都为常量,截面上各点的应力便只与坐标 y 有关,且上式表明,沿 y 轴 σ 按双曲线规律变化,如图15.3所示。

在直梁的相邻两截面之间,各纵向纤维原长度相等,由平面假设,得出沿截面高度应变和应力按线性分布的规律。在曲杆的相邻两截面之间,各纵向纤维的原长度并不相等(图 15.2),靠近曲率中心一侧的纤维较短,而远离曲率中心一侧的纤维较长。这样,虽然仍使用平面假设,但沿截面高度应变和应力就按双曲线规律变化了。

现在考察静力关系。在横截面上微内力 $\sigma\mathrm{d}A$ 组成垂直于横截面的空间平行力系(在图 15.4 中只画出一个微内力 $\sigma\mathrm{d}A$),与上述内力系相应的内力分量有轴力 F_N、弯矩 M_y 和 M_z,

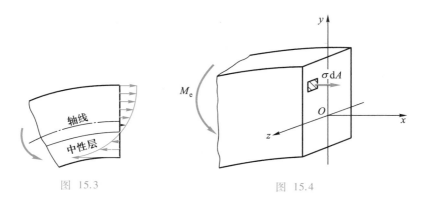

图 15.3　　　　　　　　　　图 15.4

$$F_\mathrm{N} = \int_A \sigma \mathrm{d}A, \qquad M_y = \int_A z\sigma \mathrm{d}A, \qquad M_z = \int_A y\sigma \mathrm{d}A$$

截面上的内力应与截面左侧的外力平衡。平衡方程是

$$\sum F_x = 0, \qquad F_N = \int_A \sigma \, dA = 0 \qquad (c)$$

$$\sum M_y = 0, \qquad M_y = \int_A z\sigma \, dA = 0 \qquad (d)$$

$$\sum M_z = 0, \qquad M_e - M_z = 0$$

可见,由 σdA 组成的内力系最终只归结为对 z 的弯矩,它与截面左侧唯一的力偶矩 M_e 相平衡。将弯矩 M_z 记为 M,于是

$$M = M_z = \int_A y\sigma \, dA \qquad (e)$$

将公式(15.1)代入式(c),得

$$F_N = E \cdot \frac{\delta(d\varphi)}{d\varphi} \int_A \frac{y}{\rho} \, dA = 0$$

因为 $E \cdot \dfrac{\delta(d\varphi)}{d\varphi}$ 不等于零,故有

$$\int_A \frac{y}{\rho} \, dA = 0 \qquad (f)$$

由于 $\rho = r + y$,故 $\dfrac{y}{\rho} = \dfrac{\rho - r}{\rho} = 1 - \dfrac{r}{\rho}$。这样,式(f)可以写成

$$\int_A \frac{y}{\rho} \, dA = \int_A \left(1 - \frac{r}{\rho} \right) dA = \int_A dA - r \int_A \frac{dA}{\rho} = 0$$

由此得出

$$r = \frac{\int_A dA}{\int_A \dfrac{dA}{\rho}} = \frac{A}{\int_A \dfrac{dA}{\rho}} \qquad (15.2)$$

由上式可以求出中性层的曲率半径 r,从而确定了中性轴在横截面上的位置。关于由公式(15.2)确定 r 的问题,将于下节讨论。这里与直梁不同,并未得出截面对中性轴的静矩等于零的结论,所以中性轴并不通过截面形心。由于横截面上正应力按双曲线规律分布(图 15.3),靠近曲杆曲率中心的一侧应力增加较快,远离曲率中心的一侧应力增加缓慢,根据平衡条件,又要求整个截面上微内力 σdA 的总和等于零,因而中性轴从截面形心向曲杆的曲率中心移动。若以 e 表示形心轴与中性轴(亦即轴线与中性层)之间的距离,R_0 为轴线的曲率半径,则由图 15.2 可知

$$e = R_0 - r \qquad (15.3)$$

以公式(15.1)代入式(d),得

$$M_y = E \cdot \frac{\delta(\mathrm{d}\varphi)}{\mathrm{d}\varphi} \int_A \frac{yz}{\rho} \mathrm{d}A = 0$$

由于 y 轴是横截面的对称轴,上式中的积分应等于零(题 15.4),即

$$\int_A \frac{yz}{\rho} \mathrm{d}A = 0$$

这样式(d)便自动满足了。

以公式(15.1)代入式(e),得

$$M = \int_A y\sigma \, \mathrm{d}A = E \cdot \frac{\delta(\mathrm{d}\varphi)}{\mathrm{d}\varphi} \int_A \frac{y^2}{\rho} \mathrm{d}A \qquad\qquad (\mathrm{g})$$

因为 $\rho = r + y$,上式中的积分可以写成

$$\int_A \frac{y^2}{\rho} \mathrm{d}A = \int_A \frac{(\rho - r)y}{\rho} \mathrm{d}A = \int_A y \, \mathrm{d}A - r \int_A \frac{y}{\rho} \mathrm{d}A$$

由式(f)知,等号右边的第二个积分等于零。而第一个积分是整个横截面对中性轴(z 轴)的静矩 S,于是

$$\int_A \frac{y^2}{\rho} \mathrm{d}A = \int_A y \, \mathrm{d}A = A \cdot e = S \qquad\qquad (\mathrm{h})$$

把式(h)代回式(g),得

$$M = E \cdot \frac{\delta(\mathrm{d}\varphi)}{\mathrm{d}\varphi} \cdot S$$

从上式中解出 $\dfrac{\delta(\mathrm{d}\varphi)}{\mathrm{d}\varphi}$,然后代入公式(15.1),得

$$\sigma = \frac{My}{S\rho} \qquad\qquad (15.4)$$

这是平面曲杆纯弯曲时,横截面上任一点正应力的计算公式。式中 y 为该点到中性轴的距离,ρ 为该点到曲率中心的距离,S 为整个横截面对中性轴的静矩,M 为横截面上的弯矩。按照过去的规定,使曲杆曲率增加的弯矩为正。容易看出,截面上的最大正应力发生于离中性轴最远的边缘处。

像吊钩、链环等零件,其横截面尺寸与中性层的曲率半径一般是同一量级的量,称为大曲率曲杆。这类曲杆的弯曲正应力应按公式(15.4)计算。若曲杆横截面高度远小于轴线的曲率半径(称为小曲率曲杆),可以证明,这时弯曲正应力实际上接近于直线分布。因为如从公式(15.1)和式(g)中消去 $E \dfrac{\delta(\mathrm{d}\varphi)}{\mathrm{d}\varphi}$,即可求得

$$\sigma = \frac{My}{\rho \int_A \dfrac{y^2}{\rho} \mathrm{d}A}$$

注意到 $\rho = r + y$，上式又可改写成

$$\sigma = \frac{My}{(r+y)\int_A \dfrac{y^2}{r+y}\mathrm{d}A} = \frac{My}{\left(1+\dfrac{y}{r}\right)\int_A \dfrac{y^2\,\mathrm{d}A}{\left(1+\dfrac{y}{r}\right)}}$$

对小曲率杆，由于 y 远小于 r，$\dfrac{y}{r}$ 与 1 相比可以忽略，于是

$$\sigma = \frac{My}{\int_A y^2 \mathrm{d}A} = \frac{My}{I_z}$$

这也就是直梁的弯曲正应力公式，中性轴必然通过截面的形心。

若以 c 代表截面形心到截面内侧边缘的距离，并以轴线曲率半径 R_0 与 c 之比 $\dfrac{R_0}{c}$ 表示曲杆形状的特性。在截面为矩形的情况下，当 $\dfrac{R_0}{c} = \dfrac{2R_0}{h} = 10$ 时，计算结果表明，按直梁公式与按公式（15.4）的差别在 7% 以内。因此，可以认为当曲杆的 $\dfrac{R_0}{c} > 10$ 时，弯曲正应力可近似地用直梁公式计算，属于小曲率曲杆。如桥梁结构或房屋结构中的拱就属于这种情况。至于当 $\dfrac{R_0}{c} \leqslant 10$ 时，属于大曲率曲杆，弯曲正应力应该按曲杆公式（15.4）计算。

把按公式（15.4）得出的结果与弹性力学的精确解[1]比较，误差甚微，表明公式（15.4）有足够的精度。精确解证实了曲杆横截面于弯曲变形后仍保持为平面的假设，但指出纵向纤维间存在有正应力，只是其数值远小于弯曲正应力。

§ 15.3　中性层曲率半径的确定

计算曲杆弯曲正应力时，首先要按照公式（15.2）确定中性层的曲率半径 r。而在公式（15.2）中，主要是计算积分 $\int_A \dfrac{\mathrm{d}A}{\rho}$。现在对几种常见的截面，说明公式（15.2）的应用。

---

① Timoshenko S, Goodier J N. Theory of elasticity. 3rd ed. New York: McGraw-Hill Book Company, 1970.

1. 矩形截面   设曲杆的横截面为矩形,若以图 15.5 所示方式选取 $\mathrm{d}A$,则

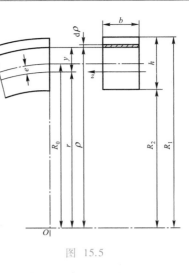

$$\mathrm{d}A = b\mathrm{d}\rho$$

于是

$$\int_A \frac{\mathrm{d}A}{\rho} = b\int_{R_2}^{R_1} \frac{\mathrm{d}\rho}{\rho} = b\ln\frac{R_1}{R_2}$$

式中 R_1 和 R_2 分别是曲杆最外缘和最内缘纤维的曲率半径。把以上积分代入公式(15.2),求得中性层的曲率半径为

$$r = \frac{A}{\int_A \dfrac{\mathrm{d}A}{\rho}} = \frac{bh}{b\ln\dfrac{R_1}{R_2}} = \frac{h}{\ln\dfrac{R_1}{R_2}} \qquad (15.5)$$

图 15.5

2. 梯形与三角形截面   当曲杆的横截面为梯形时,由图 15.6 看出,

$$b_\rho = b_1 + (b_2 - b_1)\frac{R_1 - \rho}{R_1 - R_2}$$

$$\mathrm{d}A = b_\rho\mathrm{d}\rho$$

这样,

$$\int_A \frac{\mathrm{d}A}{\rho} = \int_{R_2}^{R_1}\left[b_1 + (b_2 - b_1)\frac{R_1 - \rho}{R_1 - R_2}\right]\frac{\mathrm{d}\rho}{\rho}$$

$$= \left[b_1 + \frac{(b_2 - b_1)R_1}{R_1 - R_2}\right]\ln\frac{R_1}{R_2} - (b_2 - b_1)$$

$$= \frac{b_2 R_1 - b_1 R_2}{h}\ln\frac{R_1}{R_2} - (b_2 - b_1)$$

$$r = \frac{A}{\int_A \dfrac{\mathrm{d}A}{\rho}} = \frac{\dfrac{1}{2}(b_1 + b_2)h}{\dfrac{b_2 R_1 - b_1 R_2}{h}\ln\dfrac{R_1}{R_2} - (b_2 - b_1)} \qquad (15.6)$$

在上式中如令 $b_1 = b_2 = b$,就得到矩形截面的公式(15.5)。如令 $b_1 = 0$,$b_2 = b$,得截面为三角形(图 15.7)时,

$$r = \frac{h}{2\left(\dfrac{R_1}{h}\ln\dfrac{R_1}{R_2} - 1\right)} \qquad (15.7)$$

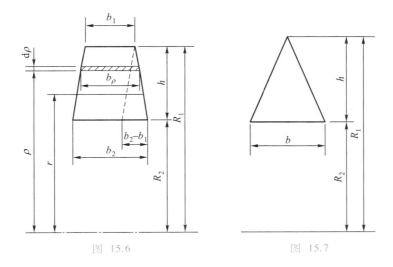

图 15.6 图 15.7

3. **圆形截面** 当曲杆的横截面为直径为 d 的圆形时,中性层的曲率半径是

$$r = \frac{d^2}{4\left(2R_0 - \sqrt{4R_0^2 - d^2}\right)} \tag{15.8}$$

该公式的推导见习题 15.13。

4. **组合截面** 当曲杆的横截面是由 $A_1, A_2, \cdots$ 几部分组成时,公式(15.2)中的 A 和 $\int_A \dfrac{\mathrm{d}A}{\rho}$ 显然可以写成

$$A = \sum_{i=1}^{n} A_i$$

$$\int_A \frac{\mathrm{d}A}{\rho} = \int_{A_1} \frac{\mathrm{d}A}{\rho} + \int_{A_2} \frac{\mathrm{d}A}{\rho} + \cdots = \sum_{i=1}^{n} \int_{A_i} \frac{\mathrm{d}A}{\rho}$$

于是公式(15.2)可以写成

$$r = \frac{\displaystyle\sum_{i=1}^{n} A_i}{\displaystyle\sum_{i=1}^{n} \int_{A_i} \frac{\mathrm{d}A}{\rho}} \tag{15.9}$$

表 15.1 中列入了几种常用截面的有关数据。利用表 15.1 中的数据和公式(15.9),便可求出一些组合截面的 r。例如把工字形截面(图 15.8)看作是三个矩形的组合截面,由公式(15.9)和公式(15.5)可以直接写出

表 15.1　曲杆横截面的 A, R_0 和 $\int_A \dfrac{\mathrm{d}A}{\rho}$

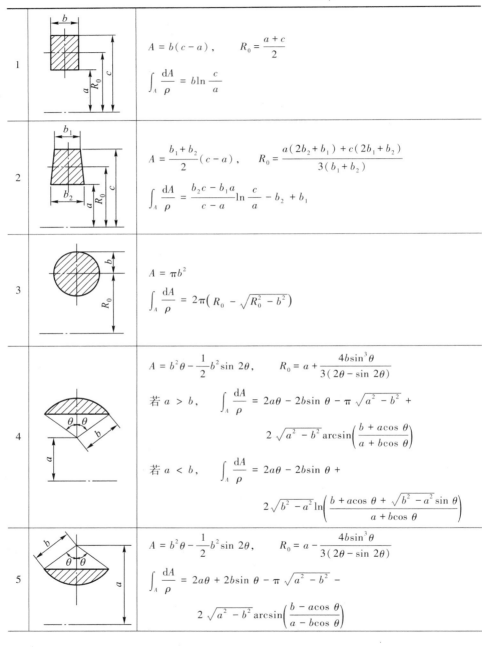

1		$A = b(c-a)$, $\qquad R_0 = \dfrac{a+c}{2}$ $\displaystyle\int_A \dfrac{\mathrm{d}A}{\rho} = b\ln\dfrac{c}{a}$
2		$A = \dfrac{b_1+b_2}{2}(c-a)$, $\qquad R_0 = \dfrac{a(2b_2+b_1)+c(2b_1+b_2)}{3(b_1+b_2)}$ $\displaystyle\int_A \dfrac{\mathrm{d}A}{\rho} = \dfrac{b_2 c - b_1 a}{c-a}\ln\dfrac{c}{a} - b_2 + b_1$
3		$A = \pi b^2$ $\displaystyle\int_A \dfrac{\mathrm{d}A}{\rho} = 2\pi\left(R_0 - \sqrt{R_0^2 - b^2}\right)$
4		$A = b^2\theta - \dfrac{1}{2}b^2\sin 2\theta$, $\qquad R_0 = a + \dfrac{4b\sin^3\theta}{3(2\theta - \sin 2\theta)}$ 若 $a > b$, $\quad \displaystyle\int_A \dfrac{\mathrm{d}A}{\rho} = 2a\theta - 2b\sin\theta - \pi\sqrt{a^2 - b^2} +$ $2\sqrt{a^2 - b^2}\arcsin\left(\dfrac{b + a\cos\theta}{a + b\cos\theta}\right)$ 若 $a < b$, $\quad \displaystyle\int_A \dfrac{\mathrm{d}A}{\rho} = 2a\theta - 2b\sin\theta +$ $2\sqrt{b^2 - a^2}\ln\left(\dfrac{b + a\cos\theta + \sqrt{b^2 - a^2}\sin\theta}{a + b\cos\theta}\right)$
5		$A = b^2\theta - \dfrac{1}{2}b^2\sin 2\theta$, $\qquad R_0 = a - \dfrac{4b\sin^3\theta}{3(2\theta - \sin 2\theta)}$ $\displaystyle\int_A \dfrac{\mathrm{d}A}{\rho} = 2a\theta + 2b\sin\theta - \pi\sqrt{a^2 - b^2} -$ $2\sqrt{a^2 - b^2}\arcsin\left(\dfrac{b - a\cos\theta}{a - b\cos\theta}\right)$

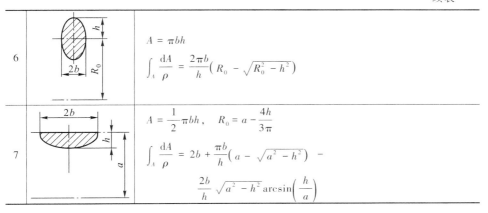

6		$A = \pi b h$ $\displaystyle\int_A \frac{\mathrm{d}A}{\rho} = \frac{2\pi b}{h}\left(R_0 - \sqrt{R_0^2 - h^2} \right)$
7		$A = \dfrac{1}{2}\pi b h, \quad R_0 = a - \dfrac{4h}{3\pi}$ $\displaystyle\int_A \frac{\mathrm{d}A}{\rho} = 2b + \frac{\pi b}{h}\left(a - \sqrt{a^2 - h^2} \right) -$ $\displaystyle\qquad\qquad \frac{2b}{h}\sqrt{a^2 - h^2}\,\arcsin\!\left(\frac{h}{a} \right)$

$$r = \frac{\displaystyle\sum_{i=1}^{3} A_i}{\displaystyle\sum_{i=1}^{3} \int_{A_i} \frac{\mathrm{d}A}{\rho}} = \frac{b_1 h_1 + b_2 h_2 + b_3 h_3}{b_1 \ln \dfrac{R_1}{R_2} + b_2 \ln \dfrac{R_2}{R_3} + b_3 \ln \dfrac{R_3}{R_4}}$$

又如图 15.9 所示 T 字形截面,可以看作是由两个矩形组成的截面,于是

$$r = \frac{b_2 h_2 + b_3 h_3}{b_2 \ln \dfrac{R_2}{R_3} + b_3 \ln \dfrac{R_3}{R_4}}$$

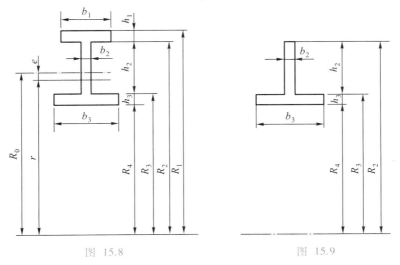

图 15.8　　　　　　　　　　　　图 15.9

5. 计算 r 的近似法　某些曲杆虽然也有纵向对称面,但横截面的形状却使

积分 $\int_A \dfrac{\mathrm{d}A}{\rho}$ 难以用解析法完成,这时可采取近似法计算 r。将截面划分成平行于中性轴的若干狭长条(图 15.10),其面积分别为 $\Delta A_1, \Delta A_2, \cdots, \Delta A_i, \cdots$。各长条的形心到曲杆曲率中心的距离分别为 $\rho_1, \rho_2, \cdots, \rho_i, \cdots$。这些面积和距离都可以按比例从图上直接量出。于是积分 $\int_A \dfrac{\mathrm{d}A}{\rho}$ 可近似地用总和 $\sum \dfrac{\Delta A_i}{\rho_i}$ 来代替,公式(15.2)就可写成

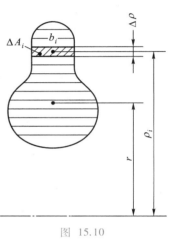

$$r = \frac{\sum \Delta A_i}{\sum \dfrac{\Delta A_i}{\rho_i}} \qquad (15.10)$$

显然,狭长条划分得越细,所得结果也就越准确。

以上讨论了各种情况下曲杆中性层曲率半径 r 的计算。确定 r 后,由公式(15.3)求出截面的中性轴与形心轴之间的距离 e,从而可以算出截面对中性轴的静矩 S,即

$$S = Ae = A(R_0 - r)$$

求得 S 后,便可由公式(15.4)计算弯曲正应力。

图 15.10

例 15.1 设曲杆的横截面为梯形(参看图 15.6),尺寸是:$b_1 = 40 \text{ mm}, b_2 = 60 \text{ mm}, h = 140 \text{ mm}, R_1 = 260 \text{ mm}, R_2 = 120 \text{ mm}$。试确定曲杆中性层的曲率半径 r,并计算截面对中性轴的静矩 S。若截面上的弯矩为 $M = -18.53 \text{ kN·m}$,试求最大拉应力和最大压应力。

解:根据横截面尺寸,截面面积为

$$A = \frac{1}{2} \times (40 + 60) \text{ mm} \times 140 \text{ mm} = 7\,000 \text{ mm}^2$$

将梯形截面看作是平行四边形和三角形的组合,见图中的虚线。采用求组合截面形心的方法(见本书第 Ⅰ 册的附录 Ⅰ·1),求得截面形心到内侧边缘的距离 c 为

$$c = \frac{\left[40 \times 140 \times \dfrac{140}{2} + \dfrac{1}{2}(60 - 40) \times 140 \times \dfrac{140}{3}\right] \text{ mm}^3}{7\,000 \text{ mm}^2} = 65.3 \text{ mm}$$

曲杆轴线的曲率半径为

$$R_0 = R_2 + c = 185.3 \text{ mm}$$

由公式(15.6)计算曲杆中性层的曲率半径 r,

$$r = \cfrac{\cfrac{1}{2}(b_1+b_2)h}{\cfrac{b_2 R_1 - b_1 R_2}{h}\ln\cfrac{R_1}{R_2}-(b_2-b_1)}$$

$$= 176.6 \text{ mm}$$

截面中性轴与形心轴之间的距离为

$$e = R_0 - r = 8.7 \text{ mm}$$

截面面积对中性轴的静矩 S 为

$$S = A \cdot e = 60\ 900 \text{ mm}^3$$

由于弯矩为负,最大拉应力发生于截面上离曲率中心最近的内侧边缘处。由公式(15.4),

$$\sigma_1 = \frac{M(R_2-r)}{SR_2} = 143.5\times10^6 \text{ Pa} = 143.5 \text{ MPa}$$

最大压应力发生于外侧边缘处,

$$\sigma_c = \frac{M(R_1-r)}{SR_1} = -97.6\times10^6 \text{ Pa} = -97.6 \text{ MPa}$$

从上面的计算看出,一般情况下曲杆的 R_0 与 r 相差不大,但 e 的值对应力的影响显著。因此,对 r 的数值计算要力求精确,否则就很难求得 $e = R_0 - r$ 的准确数值,也就难以保证 S 及应力计算的准确。

例 15.2　曲杆横截面形状如图 15.11 所示。它由三部分组成,A_1 为圆形的一部分,A_2 为梯形,A_3 为半个椭圆。试确定截面的形心轴和中性轴的位置,并计算 S。

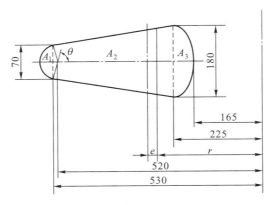

图 15.11

解：利用表 15.1 序号为 4 截面的公式，对 A_1 求出

$$A_1 = 1\,363 \text{ mm}^2, \qquad R_{01} = 541 \text{ mm}, \qquad \int_{A_1} \frac{\mathrm{d}A}{\rho} = 2.52 \text{ mm}$$

利用表 15.1 序号为 2 截面的公式，对 A_2 求得

$$A_2 = 38\,130 \text{ mm}^2, \qquad R_{02} = 355.1 \text{ mm}, \qquad \int_{A_2} \frac{\mathrm{d}A}{\rho} = 113.7 \text{ mm}$$

利用表 15.1 序号为 7 截面的公式，对 A_3 求得

$$A_3 = 8\,482 \text{ mm}^2, \qquad R_{03} = 199.5 \text{ mm}, \qquad \int_{A_3} \frac{\mathrm{d}A}{\rho} = 42.79 \text{ mm}$$

由以上数据，求出整个截面的面积 A、形心位置 R_0 和积分 $\int_A \dfrac{\mathrm{d}A}{\rho}$ 分别为

$$A = A_1 + A_2 + A_3 = 47\,975 \text{ mm}^2$$

$$R_0 = \frac{A_1 \cdot R_{01} + A_2 \cdot R_{02} + A_3 \cdot R_{03}}{A_1 + A_2 + A_3} = 332.9 \text{ mm}$$

$$\int_A \frac{\mathrm{d}A}{\rho} = \sum_{i=1}^{3} \int_{A_i} \frac{\mathrm{d}A}{\rho} = 2.52 \text{ mm} + 113.7 \text{ mm} + 42.79 \text{ mm} = 159.01 \text{ mm}$$

由此求得中性层的曲率半径为

$$r = \frac{A}{\displaystyle\int_A \frac{\mathrm{d}A}{\rho}} = 301.7 \text{ mm}$$

形心轴和中性轴间的距离是

$$e = R_0 - r = 31.2 \text{ mm}$$

截面对中性轴的静矩是

$$S = A \cdot e = 1.497 \times 10^6 \text{ mm}^3$$

§15.4 曲杆的强度计算

当曲杆上的载荷作用于纵向对称面内时，横截面上的内力，一般说，除弯矩外，还有轴力和剪力（参看 §4.6）。现以图 15.12a 所示曲杆为例，从曲杆中取出截面 $m-m$ 以右部分（图 15.12b），把内力和外力分别投影于 $m-m$ 截面的法线和切线方向，并对截面的形心取矩，由平衡方程容易求得

$$F_N = -F\sin\varphi, \qquad F_S = F\cos\varphi, \qquad M = FR\sin\varphi$$

根据 §4.6 关于内力符号的规定：引起拉伸的轴力 F_N 为正；使轴线曲率增加的弯矩 M 为正；以剪力 F_S 对所考察的一段曲杆内任一点取矩，若力矩的方向

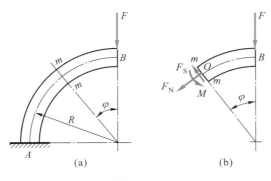

图 15.12

为顺时针，则 F_s 为正。

与弯矩 M 对应的正应力沿截面高度按双曲线规律分布，用公式（15.4）计算。与轴力 F_N 对应的正应力在截面上均匀分布。计算最大正应力时，应将上述两种正应力叠加。与剪力 F_s 对应的切应力一般很小，无需计算。精确分析表明[1]，当横截面为矩形时，小曲率杆横截面上切应力的分布规律非常接近于抛物线。这时使用直梁的切应力计算公式已可得到足够精确的结果。

例 15.3　起重机吊钩上的载荷为 $F = 100$ kN（图 15.13）。截面 $m-m$ 的尺寸是：$b_1 = 40$ mm，$b_2 = 60$ mm，$h = 140$ mm，$R_1 = 260$ mm，$R_2 = 120$ mm。材料的许用应力为 $[\sigma] = 160$ MPa。试校核吊钩的强度。

解：关于截面 $m-m$ 的一些几何性质已于例 15.1 中求出。现在分析曲杆横截面上的内力。可以看出，在截面 $m-m$ 上弯矩及轴力皆为最大值，且

$$M = -FR_0 = (-100 \text{ kN}) \times (185.3 \times 10^{-3} \text{ m}) = -18.53 \text{ kN·m}$$

$$F_N = F = 100 \text{ kN}$$

与 M 对应的弯曲正应力已于例 15.1 中算出。将弯曲正应力与均布的正应力 $\dfrac{F_N}{A}$ 叠加，得出截面内侧边缘处的最大拉应力为

$$\sigma_t = \frac{M(R_2 - r)}{SR_2} + \frac{F_N}{A} = 143.5 \times 10^6 \text{ Pa} + \frac{100 \times 10^3 \text{ N}}{7\,000 \times 10^{-6} \text{ m}^2}$$

$$= 157.8 \times 10^6 \text{ Pa} = 157.8 \text{ MPa}$$

截面外侧边缘处的最大压应力为

$$\sigma_c = \frac{M(R_1 - r)}{SR_1} + \frac{F_N}{A} = (-97.6 \times 10^6 \text{ Pa}) + \frac{100 \times 10^3 \text{ N}}{7\,000 \times 10^{-6} \text{ m}^2} = -83.3 \times 10^6 \text{ Pa} = -83.3 \text{ MPa}$$

---

[1]　Timoshenko S, Goodier J N. Theory of elasticity. 3rd ed. New York：McGraw-Hill Book Company, 1970。

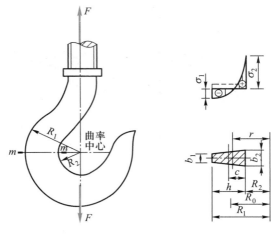

图　15.13

所得最大应力低于许用应力,吊钩满足强度要求。

§15.5　曲杆的变形计算

　　曲杆的变形可用能量法计算。对横截面尺寸远小于曲率半径的小曲率曲杆,变形能的计算与直梁相同。一般可以忽略与轴力和剪力对应的应变能,把应变能的表达式写成

$$V_\varepsilon = \int_s \frac{M^2 \mathrm{d}s}{2EI}$$

在第十三章和第十四章中,曾有不少计算小曲率曲杆变形的例子,这里不再赘述。

　　当曲杆横截面尺寸与曲率半径相比并非很小时,这类曲杆称为大曲率曲杆,则应变能中除弯曲应变能外,还应包括轴力和剪切的应变能。首先计算与弯矩和轴力对应的应变能。由弯矩和轴力引起的正应力是

$$\sigma = \frac{My}{S\rho} + \frac{F_N}{A}$$

相应的应变能密度是

$$v_\varepsilon = \frac{\sigma^2}{2E} = \frac{1}{2E}\left(\frac{My}{S\rho} + \frac{F_N}{A}\right)^2$$

从曲杆中取单元体如图 15.14 所示,其体积为

$$dV = dA\rho d\varphi = \frac{\rho}{R_0}dAds$$

式中 ds 为沿轴线的微分弧长，R_0 为轴线的曲率半径。这样，与正应力相应的应变能是

$$V_{\varepsilon\sigma} = \int_V v_\varepsilon dV = \iint_{sA} \frac{1}{2ER_0}\left(\frac{My}{S\rho} + \frac{F_N}{A}\right)^2 \rho dAds$$

$$= \iint_{sA} \frac{1}{2ER_0}\left(\frac{M^2y^2}{S^2\rho} + 2\frac{MF_Ny}{SA} + \frac{F_N^2\rho}{A^2}\right) dAds \quad\quad (a)$$

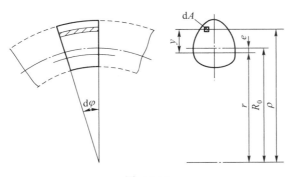

图 15.14

由 § 15.2 的式（h）知，

$$\int_A \frac{y^2}{\rho}dA = A \cdot e = S$$

于是式（a）等号右边的第一个积分化为

$$\iint_{sA} \frac{1}{2ER_0} \cdot \frac{M^2y^2}{S^2\rho}dAds = \int_s \frac{M^2ds}{2ESR_0} \quad\quad (b)$$

由于积分 $\int_A ydA$ 等于截面对中性轴的静矩 S，式（a）等号右边的第二个积分化为

$$\iint_{sA} \frac{1}{ER_0} \cdot \frac{MF_Ny}{SA}dAds = \int_s \frac{MF_Nds}{EAR_0} \quad\quad (c)$$

又因积分 $\int_A \rho dA$ 等于横截面对曲率中心的静矩 AR_0，式（a）等号右边的第三个积分化为

$$\iint_{sA} \frac{1}{2ER_0} \cdot \frac{F_N^2\rho}{A^2}dAds = \int_s \frac{F_N^2ds}{2EA} \quad\quad (d)$$

以式（b），式（c），式（d）诸式代入式（a），得

$$V_{\varepsilon\sigma} = \int_s \left(\frac{M^2}{2ESR_0} + \frac{MF_N}{EAR_0} + \frac{F_N^2}{2EA} \right) \mathrm{d}s \qquad (\mathrm{e})$$

在计算与剪力对应的应变能时,可近似地用直梁公式。由例 13.2 的讨论可知,剪切应变能可以写成

$$V_{\varepsilon\tau} = \int_s \frac{kF_S^2}{2GA} \mathrm{d}s \qquad (\mathrm{f})$$

式中 k 为与横截面形状有关的因数。例如,在矩形截面的情况下,$k = \dfrac{6}{5}$;在圆截面的情况下,$k = \dfrac{10}{9}$。把式(e)和式(f)相加,得到曲杆应变能的表达式为

$$V_{\varepsilon} = \int_s \left(\frac{M^2}{2ESR_0} + \frac{MF_N}{EAR_0} + \frac{F_N^2}{2EA} + \frac{kF_S^2}{2GA} \right) \mathrm{d}s \qquad (15.11)$$

求得应变能后,便可由卡氏第二定理计算变形。

例 15.4 求图 15.12 所示曲杆截面 B 的铅垂位移。曲杆轴线为四分之一圆周。

解:当使用卡氏第二定理求截面 B 的铅垂位移时,由公式(15.11)得

$$\delta = \frac{\partial V_{\varepsilon}}{\partial F} = \int_s \left(\frac{M}{ESR_0} \frac{\partial M}{\partial F} + \frac{F_N}{EAR_0} \frac{\partial M}{\partial F} + \frac{M}{EAR_0} \frac{\partial F_N}{\partial F} + \frac{F_N}{EA} \frac{\partial F_N}{\partial F} + \frac{kF_S}{GA} \frac{\partial F_S}{\partial F} \right) \mathrm{d}s \qquad (\mathrm{g})$$

在现在所考虑的情况下,

$$R_0 = R, \qquad \mathrm{d}s = R\mathrm{d}\varphi$$

$$M = FR\sin\varphi, \qquad \frac{\partial M}{\partial F} = R\sin\varphi$$

$$F_N = -F\sin\varphi, \qquad \frac{\partial F_N}{\partial F} = -\sin\varphi$$

$$F_S = F\cos\varphi, \qquad \frac{\partial F_S}{\partial F} = \cos\varphi$$

把以上诸式一并代入式(g),得

$$\delta = \int_0^{\frac{\pi}{2}} \left(\frac{FR^2}{ES}\sin^2\varphi - \frac{FR}{EA}\sin^2\varphi - \frac{FR}{EA}\sin^2\varphi + \frac{FR}{EA}\sin^2\varphi + \frac{kFR}{GA}\cos^2\varphi \right) \mathrm{d}\varphi$$

$$= \frac{\pi FR}{4EA} \left(\frac{R}{e} - 1 + \frac{kE}{G} \right)$$

上式结果等号右边括号内的第二项和第三项代表轴力和剪力的影响。在横截面为矩形的情况下,$k = 1.2$,取 $\dfrac{E}{G} = 2.6$,上式变成

$$\delta = \frac{\pi FR}{4EA}\left(\frac{R}{e} + 2.12\right)$$

对小曲率曲杆, $\dfrac{R}{e}$ 的值很大, 与此相比, 代表轴力及剪力影响的因子 2.12 便可忽略不计。

例 15.5 求图 15.15a 所示圆环截面上的内力。圆环轴线的半径为 R。

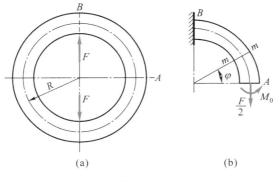

图 15.15

解: 利用圆环和载荷的对称性, 可以只考察圆环的四分之一(图 15.15b), 且截面 A 上只有 1 个多余未知量 M_0。任意截面 $m-m$ 上的内力为

$$\left.\begin{array}{l} M = -M_0 + \dfrac{FR}{2}(1 - \cos \varphi) \\[2mm] F_{\mathrm{S}} = \dfrac{F}{2}\sin \varphi \\[2mm] F_{\mathrm{N}} = \dfrac{F}{2}\cos \varphi \end{array}\right\} \tag{h}$$

由于对称, 截面 A 的转角应等于零, 故变形协调条件是

$$\theta_A = \frac{\partial V_\varepsilon}{\partial M_0} = 0$$

利用应变能的表达式(15.11), 以上变形协调条件可以写成

$$\theta_A = \frac{\partial V_\varepsilon}{\partial M_0} = \int_0^{\frac{\pi}{2}} \left(\frac{M}{ES}\frac{\partial M}{\partial M_0} + \frac{F_{\mathrm{N}}}{EA}\frac{\partial M}{\partial M_0} + \frac{M}{EA}\frac{\partial F_{\mathrm{N}}}{\partial M_0} + \frac{F_{\mathrm{N}}R}{EA}\frac{\partial F_{\mathrm{N}}}{\partial M_0} + \frac{kF_{\mathrm{S}}R}{GA}\frac{\partial F_{\mathrm{S}}}{\partial M_0} \right) \mathrm{d}\varphi = 0$$

把式(h)中的内力代入以上协调条件, 得

$$\frac{1}{ES}\int_0^{\frac{\pi}{2}} \left[M_0 - \frac{FR}{2}(1 - \cos \varphi) \right] \mathrm{d}\varphi - \frac{F}{2EA}\int_0^{\frac{\pi}{2}} \cos \varphi \, \mathrm{d}\varphi = 0$$

完成积分,解得

$$M_0 = FR\left(\frac{1}{2} - \frac{1}{\pi}\right) + \frac{FS}{\pi A} \tag{i}$$

把求得的 M_0 代入式(h)便可求得任意横截面上的内力。在第十四章中,对同一问题曾按小曲率曲杆求解(例 14.5),所得结果与式(i)的差别在于等号右边的第二项。

习　　题

15.1　压力机机架如图所示,半径 $R_0 = 80$ mm,横截面为矩形。压力机的最大压力 $F = 8$ kN。试计算其横截面上的最大正应力。

15.2　图示矩形截面曲杆受纯弯曲,弯矩 $M = 600$ N·m,曲杆最外层和最内层纤维的曲率半径分别为 $R_1 = 70$ mm,$R_2 = 30$ mm,截面宽度 $b = 20$ mm。试计算曲杆最内层和最外层纤维的正应力,并与按直梁公式计算的结果相比较。

15.3　作用于图示开口圆环外周上的均布压力 $p = 4$ MPa,圆环的尺寸为 $R_1 = 40$ mm,$R_2 = 10$ mm,$b = 5$ mm。试求其横截面上的最大正应力。

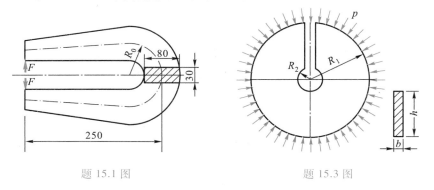

题 15.1 图　　　　　　　　　　　　　题 15.3 图

15.4　设 y 为曲杆横截面的对称轴,仿照第 I 册附录 I 中证明对称截面惯性积 I_{yz} 等于零的方法(§ I.3),证明

$$\int_A \frac{yz}{\rho}\mathrm{d}A = 0$$

15.5　横截面为梯形的吊钩,起重量为 $F = 100$ kN,如图所示。吊钩的尺寸是:$R_1 = 200$ mm,$R_2 = 80$ mm,$b_1 = 30$ mm,$b_2 = 80$ mm。试计算危险截面 $m-m$ 上的最大拉应力。

15.6　图示圆环的内径 $D_2 = 120$ mm,圆环的横截面为直径 $d = 80$ mm 的圆形,压力 $F = 20$ kN。求 A、B 两点的正应力。

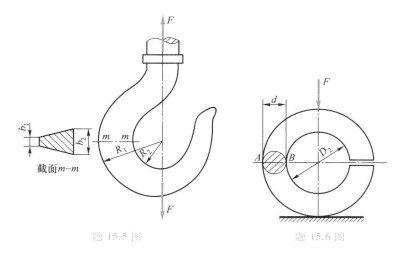

题 15.5 图　　　　　　　　　题 15.6 图

15.7　T 形截面的曲杆如图所示。设 $F = 450$ N，$l = 700$ mm，$R = 200$ mm。试绘出截面 $m - m$ 上的应力分布图。

15.8　图示曲杆的横截面为空心正方形，外边边长 $a = 25$ mm，里边边长 $b = 15$ mm，最内层纤维的曲率半径 $R = 12.5$ mm，弯矩为 M。另外一直杆的横截面形状与上述曲杆相同，弯矩相等。试求曲杆和直杆横截面上的最大正应力之比。

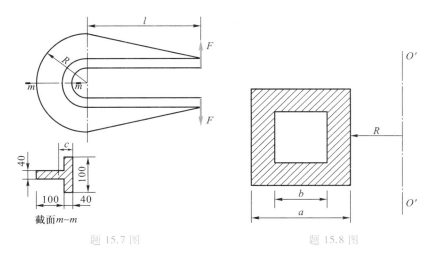

题 15.7 图　　　　　　　　　题 15.8 图

15.9　图示由钢制成的小钩，$d = 10$ mm，$\delta = 5$ mm，$b = 25$ mm，材料的弹性极限为 350 MPa。试问载荷 F 为多大时，小钩开始出现塑性变形。

15.10　钢制圆形曲杆如图所示，$E = 200$ GPa。若 $M_x = 200$ N·m，试求自由端截面的铅垂及水平位移。

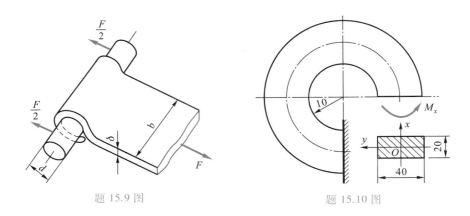

題 15.9 图　　　　　　　　　　　题 15.10 图

15.11　图示钢制链环的横截面为圆形,屈服极限为 $\sigma_s = 250$ MPa。试求使链环开始出现塑性变形的载荷 F。

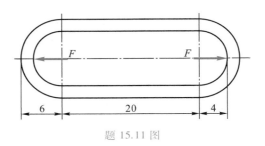

题 15.11 图

15.12　两端固定的曲杆如图所示,其轴线为 $R_0 = 100$ mm 的圆周,横截面为 $h = 80$ mm 和 $b = 40$ mm 的矩形。材料的 $E = 200$ GPa,$G = 80$ GPa。若 $F = 40$ kN,试求 F 力作用点的铅垂位移。

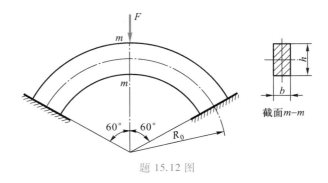

题 15.12 图

15.13　导出公式(15.8)。

解：曲杆横截面为圆形时,以 φ 角为变量(见图),则有

$$b_\rho = d\cos\varphi$$

$$\rho = R_0 + \frac{d}{2}\sin\varphi$$

$$\mathrm{d}\rho = \frac{d}{2}\cos\varphi\,\mathrm{d}\varphi$$

$$\mathrm{d}A = b_\rho\,\mathrm{d}\rho = \frac{d^2}{2}\cos^2\varphi\,\mathrm{d}\varphi$$

由此求得

$$\int_A \frac{\mathrm{d}A}{\rho} = \int_{-\frac{\pi}{2}}^{\frac{\pi}{2}} \frac{\dfrac{d^2}{2}\cos^2\varphi\,\mathrm{d}\varphi}{R_0 + \dfrac{d}{2}\sin\varphi} = \int_{-\frac{\pi}{2}}^{\frac{\pi}{2}} \frac{d^2(1-\sin^2\varphi)\,\mathrm{d}\varphi}{2R_0 + d\sin\varphi}$$

$$= \int_{-\frac{\pi}{2}}^{\frac{\pi}{2}} \left(\frac{d^2 - 4R_0^2}{2R_0 + d\sin\varphi} - d\sin\varphi + 2R_0 \right)\mathrm{d}\varphi \qquad (\mathrm{a})$$

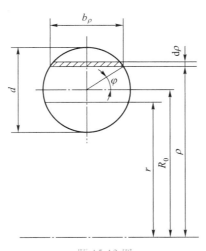

题 15.13 图

上式右边的第一个积分可以利用积分表求得为

$$\int_{-\frac{\pi}{2}}^{\frac{\pi}{2}} \frac{(d^2 - 4R_0^2)\,\mathrm{d}\varphi}{2R_0 + d\sin\varphi} = (d^2 - 4R_0^2)\frac{2}{\sqrt{4R_0^2 - d^2}}\arctan\frac{2R_0\tan\dfrac{\varphi}{2} + d}{\sqrt{4R_0^2 - d^2}}\Bigg|_{-\frac{\pi}{2}}^{\frac{\pi}{2}}$$

$$= -2\sqrt{4R_0^2 - d^2}\left[\arctan\left(\frac{\sqrt{2R_0 + d}}{\sqrt{2R_0 - d}} \right) + \arctan\left(\frac{\sqrt{2R_0 - d}}{\sqrt{2R_0 + d}} \right) \right]$$

$$= -2\sqrt{4R_0^2 - d^2} \cdot \frac{\pi}{2} = -\pi\sqrt{4R_0^2 - d^2}$$

式(a)右边的第二个和第三个积分分别是

$$\int_{-\frac{\pi}{2}}^{\frac{\pi}{2}} d\sin\varphi\,\mathrm{d}\varphi = 0, \qquad \int_{-\frac{\pi}{2}}^{\frac{\pi}{2}} 2R_0\,\mathrm{d}\varphi = 2R_0\pi$$

把以上结果代入式(a),得

$$\int_A \frac{\mathrm{d}A}{\rho} = \pi(2R_0 - \sqrt{4R_0^2 - d^2})$$

再代入公式(15.2)便可求得

$$r = \frac{A}{\displaystyle\int_A \frac{\mathrm{d}A}{\rho}} = \frac{d^2}{4(2R_0 - \sqrt{4R_0^2 - d^2})}$$

第十六章　厚壁圆筒和旋转圆盘

§16.1　概　　述

工程中常见的高压容器、高压管道、油泵缸体、枪筒、炮筒等,都可以简化成在内压作用下的圆筒。这类圆筒与薄壁圆筒(§7.2)不同,其壁厚与半径属于同一量级的量,称为厚壁圆筒。薄壁圆筒的壁厚与半径相比是一个微小的量,可以认为沿壁厚应力是均匀分布的。厚壁圆筒的壁厚与半径相比不再是一个微小的量,不能再假设沿壁厚应力是均匀的。但厚壁圆筒的几何形状和载荷都对称于圆筒的轴线,所以壁内各点的应力和变形也应该对称于轴线。这类问题称为轴对称问题。

对于有封头的容器(图 16.1),在封头与筒体的连接焊缝附近,应力和变形比较复杂。在离上述连接焊缝较远处,可以认为应力和变形沿轴线无变化,即它们与坐标 z 无关。今后我们只研究离焊缝较远处的应力和应变。

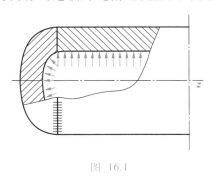

厚壁圆筒的计算公式可用于轮毂与轴的紧配合、轴承的紧配合等问题。高速旋转的圆盘,如汽轮机的转子等,虽然是另外一类问题,但分析方法与厚壁圆筒相近,所以也在这一章中讨论。

图 16.1

§16.2　厚　壁　圆　筒

对厚壁圆筒应力和变形的分析,也和研究弯曲等问题相似,应该综合考虑几何、静力平衡和物理三方面的关系。

1. 变形几何关系　图 16.2 表示一厚壁圆筒,p_1 和 p_2 分别为圆筒所受的内压力和外压力。以半径为 ρ 和 $\rho + d\rho$ 的两个相邻圆柱面和夹角为 $d\varphi$ 的两个相邻径向面,从圆筒中取出单元体 $abcd$,并设单元体沿轴线方向的尺寸(即垂直于图面的尺寸)为一单位。将单元体放大成图 16.3。由于变形对圆筒轴线是对称的,故筒内各点沿半径方向的位移 u 只与半径 ρ 有关,与 φ 角无关。变形后单元体 ad 边位移到 $a'd'$,由此求得周向应变为

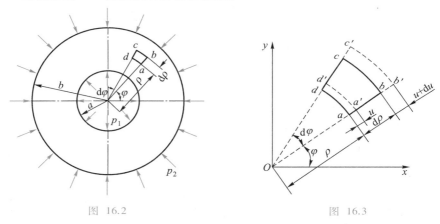

图 16.2　　　　　　　　　　　图 16.3

$$\varepsilon_\varphi = \frac{\widehat{a'd'} - \widehat{ad}}{\widehat{ad}} = \frac{(\rho + u)\,\mathrm{d}\varphi - \rho\mathrm{d}\varphi}{\rho\mathrm{d}\varphi} = \frac{u}{\rho} \tag{a}$$

因为位移 u 是 ρ 的函数,在 ab 边上,若 a 点的径向位移为 u,则 b 点的径向位移应为 $u + \mathrm{d}u$。因而 a 点沿径向的应变是

$$\varepsilon_\rho = \frac{\overline{a'b'} - \overline{ab}}{\overline{ab}} = \frac{[\mathrm{d}\rho + (u + \mathrm{d}u) - u] - \mathrm{d}\rho}{\mathrm{d}\rho} = \frac{\mathrm{d}u}{\mathrm{d}\rho} \tag{b}$$

2. 静力平衡方程　作用于单元体的柱面 ad 上的正应力 σ_ρ(图 16.4)称为径向应力,作用于径向面 ab 上的正应力 σ_φ 称为周向应力或环向应力。根据轴对称的性质,σ_ρ 和 σ_φ 都只是 ρ 的函数,与 φ 角无关。所以,cd 和 ab 面上的正应力相同,bc 面上的正应力比 ad 面上的多一个增量 $\mathrm{d}\sigma_\rho$。也由于轴对称的原因,单元体的周围四个面上无切应力,因此 σ_ρ 和 σ_φ 都是主应力。将作用于单元体上的内力投影于坐标 ρ 方向,得

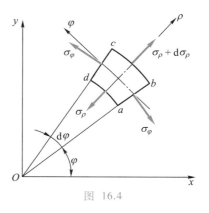

图 16.4

$$(\sigma_\rho + \mathrm{d}\sigma_\rho)(\rho + \mathrm{d}\rho)\mathrm{d}\varphi - \sigma_\rho\rho\mathrm{d}\varphi - 2\sigma_\varphi\mathrm{d}\rho \cdot \frac{\mathrm{d}\varphi}{2} = 0$$

整理上式,并略去高阶微量,得

$$\frac{\mathrm{d}\sigma_\rho}{\mathrm{d}\rho} + \frac{\sigma_\rho - \sigma_\varphi}{\rho} = 0 \qquad (\text{c})$$

至于在坐标 φ 方向上的投影已自动满足平衡方程。

3. 物理方程　在线弹性的情况下,由广义胡克定律得应力、应变间的关系[①]

$$\left.\begin{aligned} \varepsilon_\rho &= \frac{1}{E}(\sigma_\rho - \mu\sigma_\varphi) \\ \varepsilon_\varphi &= \frac{1}{E}(\sigma_\varphi - \mu\sigma_\rho) \end{aligned}\right\} \qquad (\text{d})$$

基于以上三方面的关系式,便可进一步求出厚壁圆筒的应力和变形。以式(a)和式(b)代入式(d),得

$$\left.\begin{aligned} \frac{\mathrm{d}u}{\mathrm{d}\rho} &= \frac{1}{E}(\sigma_\rho - \mu\sigma_\varphi) \\ \frac{u}{\rho} &= \frac{1}{E}(\sigma_\varphi - \mu\sigma_\rho) \end{aligned}\right\}$$

由此解出 σ_ρ 和 σ_φ 为

$$\left.\begin{aligned} \sigma_\rho &= \frac{E}{1-\mu^2}\left(\frac{\mathrm{d}u}{\mathrm{d}\rho} + \mu\,\frac{u}{\rho}\right) \\ \sigma_\varphi &= \frac{E}{1-\mu^2}\left(\frac{u}{\rho} + \mu\,\frac{\mathrm{d}u}{\mathrm{d}\rho}\right) \end{aligned}\right\} \qquad (\text{e})$$

把上式中的 σ_ρ 和 σ_φ 代入平衡方程(c),整理后得出

$$\frac{\mathrm{d}^2 u}{\mathrm{d}\rho^2} + \frac{1}{\rho}\frac{\mathrm{d}u}{\mathrm{d}\rho} - \frac{u}{\rho^2} = 0 \qquad (\text{f})$$

这是用位移 u 表示的平衡方程。求解以上微分方程时,令 $\rho = \mathrm{e}^t$,即 $\ln\rho = t$,则微分方程(f)化为

$$\frac{\mathrm{d}^2 u}{\mathrm{d}t^2} - u = 0$$

由此求得位移 u 的通解为

$$u = A\mathrm{e}^t + B\mathrm{e}^{-t} = A\rho + \frac{B}{\rho} \qquad (\text{g})$$

---

① 这是在厚壁圆筒无轴向力情况下的应力、应变间的关系。至于有轴向力的厚壁圆筒,则可看作是上述情况与轴向拉伸的叠加。

式中 A、B 为积分常数。

以位移 u 代入式(e),求出应力

$$\left.\begin{array}{l} \sigma_\rho = \dfrac{E}{1-\mu^2}\left[A(1+\mu) - B\dfrac{1-\mu}{\rho^2}\right] \\[4mm] \sigma_\varphi = \dfrac{E}{1-\mu^2}\left[A(1+\mu) + B\dfrac{1-\mu}{\rho^2}\right] \end{array}\right\} \tag{h}$$

确定积分常数的边界条件是

$$\rho = a \text{ 时}, \sigma_\rho = -p_1$$
$$\rho = b \text{ 时}, \sigma_\rho = -p_2$$

分别代入式(h)的第一式,得

$$\frac{E}{1-\mu^2}\left[A(1+\mu) - B\frac{1-\mu}{a^2}\right] = -p_1$$

$$\frac{E}{1-\mu^2}\left[A(1+\mu) - B\frac{1-\mu}{b^2}\right] = -p_2$$

从以上两式中解出

$$A = \frac{1-\mu}{E}\frac{a^2 p_1 - b^2 p_2}{b^2 - a^2}, \qquad B = \frac{1+\mu}{E}\frac{a^2 b^2 (p_1 - p_2)}{b^2 - a^2} \tag{i}$$

将常数 A、B 代回式(h),求得应力的表达式

$$\left.\begin{array}{l} \sigma_\rho = \dfrac{a^2 p_1 - b^2 p_2}{b^2 - a^2} - \dfrac{(p_1 - p_2)a^2 b^2}{(b^2 - a^2)}\cdot\dfrac{1}{\rho^2} \\[4mm] \sigma_\varphi = \dfrac{a^2 p_1 - b^2 p_2}{b^2 - a^2} + \dfrac{(p_1 - p_2)a^2 b^2}{b^2 - a^2}\cdot\dfrac{1}{\rho^2} \end{array}\right\} \tag{16.1}$$

公式(16.1)表明,σ_ρ 和 σ_φ 之和为常量。根据广义胡克定律,轴线方向的应变 ε_z 也是常量,与 ρ 无关。所以变形前的横截面变形后仍为平面。

以式(i)中的积分常数代入式(g),求出筒壁内任一点的径向位移为

$$u = \frac{1-\mu}{E}\frac{a^2 p_1 - b^2 p_2}{b^2 - a^2}\cdot\rho + \frac{1+\mu}{E}\frac{a^2 b^2 (p_1 - p_2)}{b^2 - a^2}\cdot\frac{1}{\rho} \tag{16.2}$$

只有内压的厚壁圆筒 这是实际中最常见的情况,如压力油缸、高压容器等都是只有内压而无外压。这时在公式(16.1)中,令 $p_2 = 0$,得到应力计算公式

$$\left.\begin{array}{l} \sigma_\rho = -\dfrac{p_1 a^2}{b^2 - a^2}\left(\dfrac{b^2}{\rho^2} - 1\right) \\[4mm] \sigma_\varphi = \dfrac{p_1 a^2}{b^2 - a^2}\left(\dfrac{b^2}{\rho^2} + 1\right) \end{array}\right\} \tag{16.3}$$

上式表明,σ_ρ 恒为压应力,而 σ_φ 恒为拉应力。
沿筒壁厚度,σ_φ 和 σ_ρ 的变化情况如图 16.5 所
示。在筒壁内侧面处,$\rho = a$,两者同时达到极
值。因为两者同为主应力,故可记为 $\sigma_\varphi = \sigma_1$,
$\sigma_\rho = \sigma_3$。根据最大切应力理论,塑性屈服条件
和强度条件分别为

$$\sigma_1 - \sigma_3 = \sigma_s, \qquad \sigma_1 - \sigma_3 \leqslant [\sigma] \qquad (j)$$

式中 σ_s 为材料的屈服极限。以公式(16.3)中
的 σ_φ 和 σ_ρ 分别代替 σ_1 和 σ_3,并令 $\rho = a$,式
(j)化为

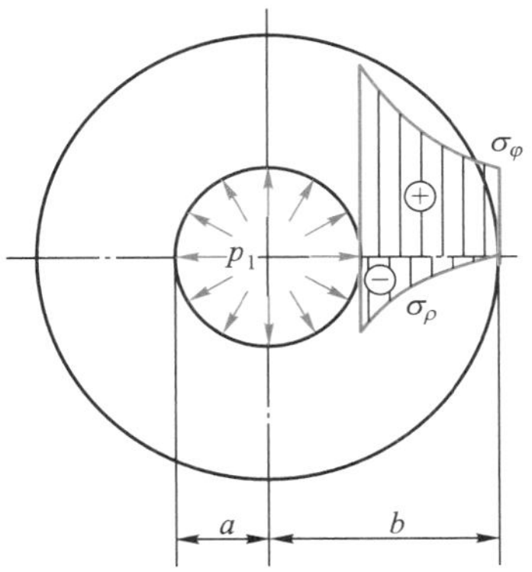

图 16.5

$$\frac{2p_1^0 b^2}{b^2 - a^2} = \sigma_s \qquad (16.4)$$

$$\frac{2p_1 b^2}{b^2 - a^2} \leqslant [\sigma] \qquad (16.5)$$

式中 p_1^0 是筒壁内侧面处开始出现塑性变形时的内压力。

当圆筒的壁厚 $b - a = \delta$ 与半径 a、b 相比是一个很小的数值时(即为薄壁圆
筒),在公式(16.3)的第二式中可近似地认为

$$\frac{b^2}{\rho^2} + 1 \rightarrow 1 + 1 = 2, \quad b^2 - a^2 = (b - a)(b + a) \rightarrow \delta d$$

式中 d 为薄壁圆筒的内直径。于是该式变为

$$\sigma_\varphi = \frac{p_1 d}{2\delta} \qquad (k)$$

这就是在 § 7.2 中导出的薄壁圆筒的应力计算公式。可见厚壁圆筒公式(16.3)
是一个精确解,而式(k)只是它的一个特殊情况。

例 16.1　某柴油机的高压油管内径 $d_1 = 2$ mm,外径 $d_2 = 7$ mm。材料为 20
钢,$\sigma_s = 250$ MPa。最大油压 $p = 60$ MPa。试求高压油管的工作安全因数。

解:油管属于只有内压的情况,且

$$a = 1 \text{ mm}, \quad b = 3.5 \text{ mm}, \quad p_1 = p = 60 \text{ MPa}$$

在油管的内壁上 σ_φ 及 σ_ρ 同为最大值,由公式(16.5)计算出第三强度理论的相
当应力为

$$\sigma_{r3} = \frac{2pb^2}{b^2 - a^2} = 130.7 \text{ MPa}$$

由此求出工作安全因数为

$$n = \frac{\sigma_s}{\sigma_{r3}} = \frac{250}{130.7} = 1.91$$

§16.3 组合厚壁圆筒

在机械工程中,某些轴与轮毂的配合、组合曲轴的曲柄与轴颈的配合,经常采用过盈配合的方法。这种配合可看作是把两个圆筒套合在一起,但加工时使外筒的内半径略小于内筒的外半径(图16.6),两者的差值 δ 就是过盈量。配合之后,两筒接触面上必将产生相互压紧的装配压力 p,形成紧固的静配合。

对内筒来说,装配压力 p 相当于外压力 p_2,而它却并无内压力。在公式(16.2)中,令 $p_1 = 0$,$p_2 = p$,$\rho = b$,求得内筒外半径的缩短为

$$\delta_i = u \Big|_{\rho = b} = -\frac{bp}{E_i}\left(\frac{b^2 + a^2}{b^2 - a^2} - \mu_i\right) \tag{a}$$

式中 E_i 和 μ_i 是内筒材料的弹性常数。

对外筒来说,装配压力 p 相当于内压力 p_1,而它却无外压力。于是在公式(16.2)中,令 $p_1 = p$,$p_2 = 0$,把 a 改为 b,b 改为 c(这因为外筒内半径为 b,而外半径为 c),且令 $\rho = b$,求得外筒内半径的伸长为

$$\delta_e = u \Big|_{\rho = b} = \frac{bp}{E_e}\left(\frac{c^2 + b^2}{c^2 - b^2} + \mu_e\right) \tag{b}$$

式中 E_e 和 μ_e 为外筒材料的弹性常数。

从图16.6可以看出,配合后 δ_i 与 δ_e 绝对值之和应该等于过盈量 δ,即

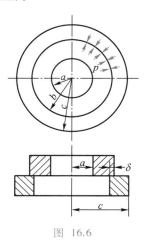

图 16.6

$$|\delta_i| + |\delta_e| = \delta \tag{c}$$

把式(a)及式(b)代入式(c),且注意到 $\delta_i < 0$,$\delta_e > 0$,整理后得到

$$p = \frac{\delta}{b\left[\dfrac{1}{E_i}\left(\dfrac{b^2 + a^2}{b^2 - a^2} - \mu_i\right) + \dfrac{1}{E_e}\left(\dfrac{c^2 + b^2}{c^2 - b^2} + \mu_e\right)\right]}① \tag{16.6}$$

某些情况下,内筒和外筒材料相同。例如组合曲轴的曲柄与轴颈一般就是同一

---

① 该结果对应的是平面应力问题。若是平面应变问题,应将 E 替换成 $\dfrac{E}{1 - \mu^2}$,μ 替换成 $\dfrac{\mu}{1 - \mu}$。对于长的厚壁圆筒,处理成平面应变问题更为合适。

种钢材。这时 $E_i = E_e = E$，$\mu_i = \mu_e = \mu$，公式（16.6）化为

$$p = \frac{E\delta(c^2 - b^2)(b^2 - a^2)}{2b^3(c^2 - a^2)} \tag{16.7}$$

有些厚壁圆筒要承受很高的内压，如高压容器、炮筒等。如果为改善其强度状况而采取增加壁厚的方法，则因在公式（16.5）中，当 b 的数值增加时，分子与分母同时加大，所以收效甚微。这种情况下，往往用两个圆筒以过盈配合的方法构成组合筒，其应力分布将比单一的整体厚壁筒合理。例如，内半径为 a、外半径为 c 的整体厚壁筒在内压作用下，按照公式（16.3），应力 σ_φ 沿壁厚的分布如图 16.7a 中虚线 mn 所示。最大应力发生于筒壁的内侧面，而筒壁的外层材料应力尚低，并未充分利用。如改为组合筒，装配压力将引起内筒受外压而外筒受内压。内筒的 σ_φ 为压应力，而外筒的 σ_φ 为拉应力，σ_φ 的分布表示于图 16.7b 中。组合筒在内压作用下的应力应该是上述两种应力的叠加，由图 16.7a 中实线表示。显然，这样就降低了内筒的应力而提高了外筒的应力，使应力的分布更趋合理。

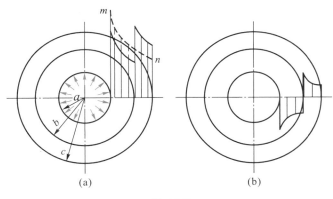

(a)　　　　　　　　　(b)

图 16.7

例 16.2 万吨货轮低速大功率柴油机的曲轴为组合曲轴（图 16.8），轴颈与曲柄用红套配合（将曲柄加热后套在轴颈上），可近似地看作是两个厚壁筒的过盈配合。已知：$r_1 = 110$ mm，$r_2 = 282.5$ mm，$r_3 = 545$ mm，曲柄厚度 $h = 345$ mm。钢材的 $E = 210$ GPa，$\sigma_s = 280$ MPa。试计算当曲柄开始出现塑性变形时的装配压力，并求产生这一装配压力的过盈量。

若曲轴按上述方式配合后，轴颈传递的最大扭矩为 $T_{max} = 1\ 055$ kN·m，取摩擦因数为 $f = 0.15$，试计算传递这一扭矩时的工作安全因数。

解： 在过盈配合中把曲柄看成是只受内压的厚壁筒。设当内侧面出现塑性

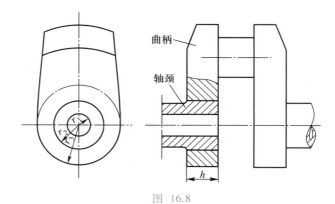

图 16.8

变形时的装配压力为 p^0，在公式（16.4）中以 r_2 代 a，以 r_3 代 b，得

$$\frac{2p^0 b^2}{b^2 - a^2} = \frac{2p^0 r_3^2}{r_3^2 - r_2^2} = \sigma_s = 280 \text{ MPa}$$

由此解出

$$p^0 = 102 \text{ MPa}$$

求出装配压力后，以 $a = 110$ mm，$b = 282.5$ mm，$c = 545$ mm，$p = p^0 = 102$ MPa 代入公式（16.7），即

$$p = \frac{E\delta(c^2 - b^2)(b^2 - a^2)}{2b^3(c^2 - a^2)}$$

由此解出

$$\delta = 0.43 \times 10^{-3} \text{ m} = 0.43 \text{ mm}$$

按上述方式配合后，由装配压力 $p^0 = 102$ MPa，算出曲柄与轴颈配合面单位面积上的摩擦力为

$$fp^0 = 15.3 \text{ MPa}$$

对轴的中心线的摩擦力矩为

$$M_f = 2\pi r_2 h \cdot fp^0 \cdot r_2$$
$$= 2\,640 \times 10^3 \text{ N} \cdot \text{m} = 2\,640 \text{ kN} \cdot \text{m}$$

M_f 与 T_{max} 之比即为工作安全因数，故

$$n = \frac{M_f}{T_{max}} = 2.5$$

§ 16.4 等厚旋转圆盘

高速旋转的转子将因惯性力而引起应力。现以匀角速旋转的等厚圆盘说明求解这类问题的方法。圆盘内半径 ρ 相同的诸点惯性力相同,且与坐标 φ 无关,该问题仍然是轴对称的。

仍以径向位移 u 作为基本未知量,和 § 16.2 一样,几何方程为

$$\varepsilon_\rho = \frac{\mathrm{d}u}{\mathrm{d}\rho}, \qquad \varepsilon_\varphi = \frac{u}{\rho} \qquad (\mathrm{a})$$

若圆盘的角速度为 ω,材料的密度为 ρ_0,单位体积的惯性力应是

$$F_\mathrm{d} = \rho_0 \omega^2 \rho$$

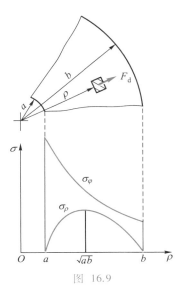

图 16.9

F_d 的方向为沿着坐标 ρ 的方向(图 16.9)。用动静法(达朗贝尔原理)建立平衡方程时,仍可使用图 16.4,只是在 ρ 方向增加一个惯性力 $\rho_0 \omega^2 \rho \cdot \rho \mathrm{d}\varphi \mathrm{d}\rho$。依照导出 § 16.2 中式(c)的步骤,即可得出

$$\frac{\mathrm{d}\sigma_\rho}{\mathrm{d}\rho} + \frac{\sigma_\rho - \sigma_\varphi}{\rho} + \rho_0 \omega^2 \rho = 0 \qquad (\mathrm{b})$$

物理方程仍然是广义胡克定律

$$\left. \begin{aligned} \varepsilon_\rho &= \frac{1}{E}(\sigma_\rho - \mu\sigma_\varphi) \\ \varepsilon_\varphi &= \frac{1}{E}(\sigma_\varphi - \mu\sigma_\rho) \end{aligned} \right\} \qquad (\mathrm{c})$$

利用以上三方面的方程式,便可求解等厚旋转圆盘问题。把式(a)代入式(c),然后解出 σ_ρ 和 σ_φ,

$$\left. \begin{aligned} \sigma_\rho &= \frac{E}{1-\mu^2}\left(\frac{\mathrm{d}u}{\mathrm{d}\rho} + \mu\frac{u}{\rho}\right) \\ \sigma_\varphi &= \frac{E}{1-\mu^2}\left(\frac{u}{\rho} + \mu\frac{\mathrm{d}u}{\mathrm{d}\rho}\right) \end{aligned} \right\} \qquad (\mathrm{d})$$

再把上式中的 σ_ρ 和 σ_φ 代入式(b),经整理后得出

$$\frac{\mathrm{d}^2 u}{\mathrm{d}\rho^2} + \frac{1}{\rho}\frac{\mathrm{d}u}{\mathrm{d}\rho} - \frac{u}{\rho^2} = -\frac{\rho_0(1-\mu^2)\omega^2\rho}{E} \qquad (\mathrm{e})$$

与以上方程式对应的齐次方程是

$$\frac{\mathrm{d}^2 u}{\mathrm{d}\rho^2} + \frac{1}{\rho}\frac{\mathrm{d}u}{\mathrm{d}\rho} - \frac{u}{\rho^2} = 0$$

在 §16.2 中已经求得这一齐次方程式的解为

$$u_1 = A\rho + \frac{B}{\rho} \tag{f}$$

方程式(e)的特解不难求出为

$$u_2 = -\frac{\rho_0(1-\mu^2)\omega^2\rho^3}{8E}$$

将 u_1 和 u_2 相加得出微分方程(e)的通解为

$$u = u_1 + u_2 = A\rho + \frac{B}{\rho} - \frac{\rho_0(1-\mu^2)\omega^2\rho^3}{8E} \tag{g}$$

将 u 代入式(d),求出应力

$$\left.\begin{aligned}
\sigma_\rho &= \frac{E}{1-\mu^2}\left[A(1+\mu) - B\frac{(1-\mu)}{\rho^2}\right] - \frac{\rho_0(3+\mu)\omega^2\rho^2}{8} \\
\sigma_\varphi &= \frac{E}{1-\mu^2}\left[A(1+\mu) + B\frac{(1-\mu)}{\rho^2}\right] - \frac{\rho_0(1+3\mu)\omega^2\rho^2}{8}
\end{aligned}\right\} \tag{h}$$

利用边界条件确定积分常数。现分成两种情况讨论。

(1) 实心圆盘　若圆盘中心无孔,则在盘的中心上($\rho \to 0$)应力仍然应该是有限的。因此要求在式(h)中

$$B = 0①$$

否则,当 $\rho \to 0$ 时,应力将变为无限大。此外,圆盘周边为自由边缘,所以当 $\rho = b$ 时,$\sigma_\rho = 0$。

把以上条件代入式(h),确定积分常数 A,

$$A = \frac{(3+\mu)(1-\mu)\rho_0\omega^2}{8E}b^2$$

将常数 A 和 B 代入式(h),

$$\left.\begin{aligned}
\sigma_\rho &= \frac{\rho_0(3+\mu)\omega^2}{8}(b^2 - \rho^2) \\
\sigma_\varphi &= \frac{\rho_0(3+\mu)\omega^2}{8}\left(b^2 - \frac{1+3\mu}{3+\mu}\rho^2\right)
\end{aligned}\right\} \tag{16.8}$$

————————

① 对于轴对称问题,在实心圆盘的中心点上,应满足的边界条件是位移等于零。同样得到 $B = 0$。

从上式看出 σ_φ 及 σ_ρ 都为拉应力,且随 ρ 的减小而增加,当 $\rho \to 0$ 时,在圆盘中心两者都达到极值,

$$(\sigma_\rho)_{\max} = (\sigma_\varphi)_{\max} = \frac{\rho_0 \omega^2 b^2}{8}(3 + \mu) \tag{i}$$

（2）有孔圆盘　若圆盘中心有半径为 a 的圆孔,且在圆盘的内、外边缘上都不作用外力,于是边界条件是

$$\rho = a \text{ 时}, \sigma_\rho = 0$$
$$\rho = b \text{ 时}, \sigma_\rho = 0$$

将以上边界条件分别代入式（h）的第一式,得

$$\frac{E}{1 - \mu^2}\left[A(1 + \mu) - B\frac{(1 - \mu)}{a^2}\right] - \frac{\rho_0(3 + \mu)\omega^2 a^2}{8} = 0$$

$$\frac{E}{1 - \mu^2}\left[A(1 + \mu) - B\frac{(1 - \mu)}{b^2}\right] - \frac{\rho_0(3 + \mu)\omega^2 b^2}{8} = 0$$

由此解出

$$A = \frac{(3 + \mu)(1 - \mu)(a^2 + b^2)\rho_0\omega^2}{8E}$$

$$B = \frac{(3 + \mu)(1 + \mu)a^2 b^2 \rho_0\omega^2}{8E}$$

以常数 A 和 B 代回式（h）,得

$$\left.\begin{array}{l}
\sigma_\rho = \dfrac{\rho_0\omega^2(3 + \mu)}{8}\left(a^2 + b^2 - \dfrac{a^2 b^2}{\rho^2} - \rho^2\right) \\[3mm]
\sigma_\varphi = \dfrac{\rho_0\omega^2(3 + \mu)}{8}\left[b^2 - \dfrac{1 + 3\mu}{3 + \mu}\rho^2 + a^2\left(1 + \dfrac{b^2}{\rho^2}\right)\right]
\end{array}\right\} \tag{16.9}$$

σ_ρ 和 σ_φ 沿半径变化的情况,示于图 16.9 中。在 $\rho = \sqrt{ab}$ 处,σ_ρ 达到极值,且

$$(\sigma_\rho)_{\max} = \frac{\rho_0\omega^2(3 + \mu)}{8}(b - a)^2 \tag{j}$$

在圆孔内边缘处,$\rho = a$,σ_φ 达到极值,

$$(\sigma_\varphi)_{\max} = \frac{\rho_0\omega^2(3 + \mu)}{4}\left(b^2 + \frac{1 - \mu}{3 + \mu}a^2\right) \tag{k}$$

若圆孔的半径 a 远小于圆盘的半径 b，上式括号中的第二项与第一项相比可以忽略，于是

$$(\sigma_\varphi)_{\max} \approx \frac{\rho_0 \omega^2 (3+\mu) b^2}{4} \qquad (1)$$

与式(i)比较，可见小圆孔边上的环向应力比实心圆盘中心的应力大一倍。

习　题

16.1　如图所示万能试验机油缸外径 $D = 194$ mm，活塞面积为 0.01 m^2。$F = 200$ kN。试求油缸内侧面的径向应力和环向应力，并求第三强度理论的相当应力 σ_{r3}。

16.2　某型柴油机的连杆小头如图所示。小头外径 $d_3 = 50$ mm，内径 $d_2 = 39$ mm。青铜衬套内径 $d_1 = 35$ mm。连杆材料的弹性模量 $E = 220$ GPa，青铜衬套的弹性模量 $E_1 = 115$ GPa，两种材料的泊松比皆为 $\mu = 0.3$。小头及铜衬套间的过盈量按直径计算为 $(0.068+0.037)$ mm，其中 0.068 mm 为装配过盈，0.037 mm 为温度过盈。试计算小头与衬套间的压力。

16.3　炮筒内直径为 150 mm，外直径为 250 mm。射击时筒内气体的最大压力为 $p_1 = 120$ MPa。试求炮筒内侧面的周向应力及径向应力。

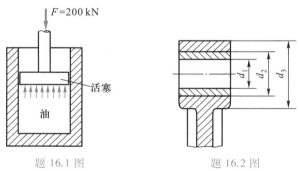

题 16.1 图　　　　　　　　题 16.2 图

16.4　钢制厚壁圆筒，内半径 $a = 100$ mm，内压 $p_1 = 30$ MPa，外压 p_2 为零。$[\sigma] = 160$ MPa。试用第三强度理论设计壁厚。

16.5　图示轮与轴装配时采用过盈配合，需要传递的扭矩为 $T = 500$ N·m。轮的外直径 $d_1 = 80$ mm，宽 $l = 60$ mm。轴直径 $d_3 = 40$ mm。轮与轴由同一钢材制成，$E = 210$ GPa，$\mu = 0.3$。接触面上的摩擦因数取 $f = 0.09$。求所需装配压力及以半径计算的过盈量。规定工作安全因数为 2。

16.6　图示由 45 钢制成的齿轮，轮缘以过盈配合的方式装于铸铁 HT250 制成的轮芯上。将轮缘及轮芯作为厚壁筒，其尺寸如图所示。铸铁的 $E_1 = 137$ GPa，$\mu_1 = 0.25$。钢的 $E_2 = 210$ GPa，$\mu_2 = 0.3$。已知传递的扭矩 $T = 7\,000$ N·m，接触面上的摩擦因数为 $f = 0.09$，规定的安全因数为 2。试求所需装配压力和以半径计算的过盈量。

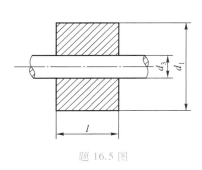

题 16.5 图

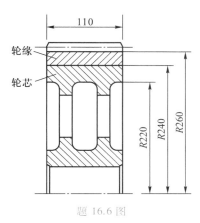

题 16.6 图

第十七章 矩阵位移法

§ 17.1 概　　述

结构分析中,以力为基本未知量,借助于变形协调方程求解的方法称为力法。前面章节曾多次使用力法求解超静定结构。结构分析的另一种方法是以位移为基本未知量,借助于平衡方程求解,称为位移法。

图 17.1a 所示结构在 § 2.10 中曾用力法分析过,现在以同一结构说明位移法。设想把结构分散成三根杆件(图 17.1b),它们的轴力分别为 F_{N1}, F_{N2}, F_{N3}。若①,②两杆的材料相同,横截面面积相等,则由于对称,显然有 $F_{N1} = F_{N2}$。以 A 点的铅垂位移 δ 为基本未知量,由图 17.1a 看出,三杆的伸长分别是

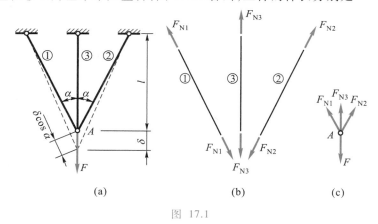

图 17.1

$$\Delta l_3 = \delta, \quad \Delta l_1 = \Delta l_2 = \delta\cos\alpha$$

由胡克定律,

$$\Delta l_3 = \delta = \frac{F_{N3} l}{E_3 A_3}, \quad \Delta l_1 = \delta\cos\alpha = \frac{F_{N1} l}{E_1 A_1 \cos\alpha}$$

这样,可以把三根杆的轴力由位移 δ 表示为

$$F_{N3} = \frac{E_3 A_3}{l}\delta, \qquad F_{N1} = F_{N2} = \frac{E_1 A_1 \cos^2\alpha}{l}\delta \qquad (a)$$

分散的三杆原本在节点 A 以铰链相连接,组成原来的结构。节点 A 受到 F_{N1}, F_{N2}, F_{N3} 和载荷 F 的作用(图17.1c),它们应满足平衡条件 $\sum F_y = 0$,即

$$2F_{N1}\cos\alpha + F_{N3} - F = 0$$

将式(a)代入上式,得

$$2\frac{E_1 A_1 \cos^3\alpha}{l}\delta + \frac{E_3 A_3}{l}\delta - F = 0 \qquad (b)$$

于是得到由位移 δ 表示的平衡方程。从中解出位移 δ,再将 δ 代回式(a),就可求出三杆的轴力。

通过上述简单例子,可见位移法的求解过程是:首先将结构分散成若干个杆件,以后把分散后的每一根杆件称为一个单元。把单元的内力由位移表示出,例如式(a)就是如此。其次,当再把各单元组成原来的结构时,结构各节点的平衡方程便可由位移表示出,例如式(b)。从平衡方程中解出位移,最终由位移求出各单元的内力。

位移分析法中如以矩阵为运算工具,就是矩阵位移法。因它易于编制程序,便于利用计算机进行计算,所以受到广泛重视。

§17.2 轴向拉伸(压缩)杆件的刚度方程

从结构中取出的第 m 根杆如图17.2a所示。将杆件的左端和右端分别记为 i 和 j,并以杆件的轴线为 x 轴。当杆件只受轴向拉伸或压缩时,称为杆件单元。把单元两端的轴力分别记为 F_{Ni}^m 和 F_{Nj}^m(F_N 表示轴力)。这里上标 m 表示是第 m 根杆,下标 i 或 j 则表示轴力作用于 i 端或 j 端。F_{Ni}^m 和 F_{Nj}^m 称为节点力。将 i,j 两端的位移分别记为 u_i 和 u_j,称为节点位移。节点力和节点位移的符号规定为:凡是与坐标轴方向一致的节点力和节点位移为正;反之,为负。

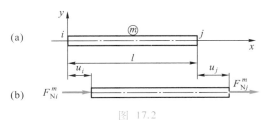

图 17.2

因为 i,j 两端的位移分别为 u_i 和 u_j,由图 17.2b 看出,杆件的伸长为

$$\Delta l = (l + u_j - u_i) - l = u_j - u_i$$

由胡克定律求出

$$F_{Nj}^m = \frac{EA}{l}\Delta l = -\frac{EA}{l}u_i + \frac{EA}{l}u_j$$

再由平衡方程 $F_{Ni}^m + F_{Nj}^m = 0$ 可知

$$F_{Ni}^m = -F_{Nj}^m = \frac{EA}{l}u_i - \frac{EA}{l}u_j$$

引用称为刚度系数的下列记号:

$$\left.\begin{array}{ll} a_{ii}^m = \dfrac{EA}{l}, & a_{ij}^m = -\dfrac{EA}{l} \\[2mm] a_{ji}^m = -\dfrac{EA}{l}, & a_{jj}^m = \dfrac{EA}{l} \end{array}\right\} \tag{a}$$

就可把 F_{Ni}^m 和 F_{Nj}^m 的表达式写成

$$\left.\begin{array}{l} F_{Ni}^m = a_{ii}^m u_i + a_{ij}^m u_j \\ F_{Nj}^m = a_{ji}^m u_i + a_{jj}^m u_j \end{array}\right\} \tag{17.1}$$

从上式看出,如令 $u_i = 1, u_j = 0$,则刚度系数 a_{ii}^m 和 a_{ji}^m 就是两端的节点力。这里,刚度系数的第一个下标 i 或 j 表明节点力作用于 i 端或 j 端;第二个下标 i 或 j 则表明,只有 i 或 j 端位移等于 1 而另一端位移等于零时的节点力。把节点力由节点位移表示出的方程式(17.1),称为第 m 根杆的单元刚度方程。还可把刚度方程写成矩阵的形式:

$$\begin{pmatrix} F_{Ni}^m \\ F_{Nj}^m \end{pmatrix} = \begin{pmatrix} a_{ii}^m & a_{ij}^m \\ a_{ji}^m & a_{jj}^m \end{pmatrix}\begin{pmatrix} u_i \\ u_j \end{pmatrix} \tag{17.2}$$

或者缩写成

$$\boldsymbol{F}_m = \boldsymbol{k}_m\boldsymbol{\delta}_m \tag{17.3}$$

式中

$$\boldsymbol{F}_m = \begin{pmatrix} F_{Ni}^m \\ F_{Nj}^m \end{pmatrix}, \quad \boldsymbol{\delta}_m = \begin{pmatrix} u_i \\ u_j \end{pmatrix}, \quad \boldsymbol{k}_m = \begin{pmatrix} a_{ii}^m & a_{ij}^m \\ a_{ji}^m & a_{jj}^m \end{pmatrix}$$

$\boldsymbol{k}_m$ 称为单元刚度矩阵。因 $a_{ij}^m = a_{ji}^m$,所以 $\boldsymbol{k}_m$ 是对称矩阵。

在单元刚度方程中,若杆件的节点位移 $\boldsymbol{\delta}_m$ 已知,则可以唯一地确定节点力 $\boldsymbol{F}_m$;反之,若已知 $\boldsymbol{F}_m$,却并不一定能唯一地确定 $\boldsymbol{\delta}_m$。为说明这一点,将式(17.1)复原为

$$F_{Ni}^m = \frac{EA}{l}(u_i - u_j)$$

$$F_{Nj}^m = -\frac{EA}{l}(u_i - u_j)$$

可见,如已知 F_{Ni}^m 和 F_{Nj}^m,只能由上式确定位移差值 $(u_i - u_j)$,却不能确定 u_i 和 u_j。这是因为如杆件沿 x 轴有刚性位移,只要不改变差值 $(u_i - u_j)$,u_i 和 u_j 却可以有各种可能的数值。只有当 i 端或 j 端的位移给定,譬如 $u_i = 0$,消除了杆件的刚性位移,$\boldsymbol{\delta}_m$ 才是唯一确定的。

现在讨论由两根杆件组成的杆系(图 17.3a)。两杆共一条轴线,故称为共线杆系。将节点 1,2,3 的轴向位移分别记为 u_1, u_2, u_3,显然,杆件①的右端和杆件②的左端应有相同的位移 u_2。F_1, F_2, F_3 为作用于节点 1,2,3 的外载荷,称为节点载荷,并规定与坐标轴方向一致的节点载荷为正。设把杆系分散成图 17.3b 所示情况。写出杆件①和②的单元刚度方程:

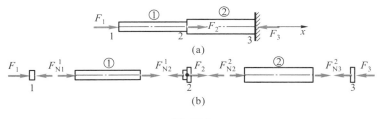

图 17.3

$$\begin{pmatrix} F_{N1}^1 \\ F_{N2}^1 \end{pmatrix} = \begin{pmatrix} a_{11}^1 & a_{12}^1 \\ a_{21}^1 & a_{22}^1 \end{pmatrix} \begin{pmatrix} u_1 \\ u_2 \end{pmatrix} \tag{b}$$

$$\begin{pmatrix} F_{N2}^2 \\ F_{N3}^2 \end{pmatrix} = \begin{pmatrix} a_{22}^2 & a_{23}^2 \\ a_{32}^2 & a_{33}^2 \end{pmatrix} \begin{pmatrix} u_2 \\ u_3 \end{pmatrix} \tag{c}$$

在 1,2,3 三个节点上,节点力与节点载荷之间应满足以下平衡方程:

$$F_1 = F_{N1}^1, \qquad F_2 = F_{N2}^1 + F_{N2}^2, \qquad -F_3 = F_{N3}^2 \tag{d}$$

把式(b)和式(c)中的 $F_{N1}^1, F_{N2}^1, F_{N2}^2, F_{N3}^2$ 分别代入上列平衡方程,得到

$$\left. \begin{aligned} F_1 &= a_{11}^1 u_1 + a_{12}^1 u_2 \\ F_2 &= a_{21}^1 u_1 + (a_{22}^1 + a_{22}^2) u_2 + a_{23}^2 u_3 \\ -F_3 &= a_{32}^2 u_2 + a_{33}^2 u_3 \end{aligned} \right\} \tag{e}$$

这就是由节点位移表示的平衡方程,可以将其写成矩阵的形式:

$$\begin{pmatrix} F_1 \\ F_2 \\ -F_3 \end{pmatrix} = \begin{pmatrix} a_{11}^1 & a_{12}^1 & 0 \\ a_{21}^1 & a_{22}^1 + a_{22}^2 & a_{23}^2 \\ 0 & a_{32}^2 & a_{33}^2 \end{pmatrix} \begin{pmatrix} u_1 \\ u_2 \\ u_3 \end{pmatrix} \tag{f}$$

式（f）称为图 17.3a 所示杆系的整体刚度方程，并可缩写成

$$F = K\delta$$

这里

$$F = \begin{pmatrix} F_1 \\ F_2 \\ -F_3 \end{pmatrix}, \qquad \delta = \begin{pmatrix} u_1 \\ u_2 \\ u_3 \end{pmatrix}, \qquad K = \begin{pmatrix} a_{11}^1 & a_{12}^1 & 0 \\ a_{21}^1 & a_{22}^1 + a_{22}^2 & a_{23}^2 \\ 0 & a_{32}^2 & a_{33}^2 \end{pmatrix} \tag{g}$$

F 和 δ 分别是节点载荷和节点位移的列阵，而 K 则称为杆系的整体刚度矩阵。

正如前面指出的，刚度系数 a_{12}^1 是 $u_2 = 1$ 且其余节点位移皆等于零时的节点力 F_{N1}^1，而 a_{21}^1 则是 $u_1 = 1$ 且其余节点位移皆等于零时的节点力 F_{N2}^1。由功的互等定理可知 $a_{12}^1 = a_{21}^1$。同理可以证明 $a_{23}^2 = a_{32}^2$。所以整体刚度矩阵是一个对称矩阵。

在图 17.3a 中，如固定杆件的右端，使 $u_3 = 0$，这就消除了杆件的整体刚性位移，而 F_3 就是固定端的约束力。这时方程（f）化为

$$\begin{pmatrix} F_1 \\ F_2 \\ -F_3 \end{pmatrix} = \begin{pmatrix} a_{11}^1 & a_{12}^1 & 0 \\ a_{21}^1 & a_{22}^1 + a_{22}^2 & a_{23}^2 \\ 0 & a_{32}^2 & a_{33}^2 \end{pmatrix} \begin{pmatrix} u_1 \\ u_2 \\ 0 \end{pmatrix} \tag{h}$$

方程组的第一和第二式成为

$$\begin{pmatrix} F_1 \\ F_2 \end{pmatrix} = \begin{pmatrix} a_{11}^1 & a_{12}^1 \\ a_{21}^1 & a_{22}^1 + a_{22}^2 \end{pmatrix} \begin{pmatrix} u_1 \\ u_2 \end{pmatrix} \tag{i}$$

若载荷 F_1，F_2 已知，由上式便可解出 u_1 和 u_2。把 u_1 和 u_2 代回式（h），又求出 F_3。

上述方法容易推广到节点更多的共线杆系。当然，这里的讨论是为了介绍位移法和整体刚度矩阵等概念。如果只是为了求出位移 u_1、u_2 和约束力 F_3，按现在的方法就显得过于繁琐了。此外，这里是借助于节点的平衡方程来建立整体刚度方程和整体刚度矩阵的。当节点很多时，这种方法就很不方便。关于这个问题今后还要讨论（参见 §17.4）。

例 17.1　一杆两端固定，载荷如图 17.4 所示。试求两端的约束力。

解：把杆件看作是由①，②，③三个单元组成的共线杆系。节点载荷是

$$F = (F_1 \quad F_2 \quad F_3 \quad F_4)^{\mathrm{T}}$$

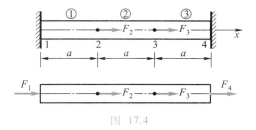

图 17.4

这里 F_1 和 F_4 即为两端的约束力,并且都假设为正。因节点 1 和节点 4 是固定端,所以节点位移是

$$\boldsymbol{\delta} = \begin{pmatrix} 0 & u_2 & u_3 & 0 \end{pmatrix}^{\mathrm{T}}$$

对两端固定的杆来说,两端位移已经给定,杆件不可能有刚性位移。

三个杆件单元的单元刚度矩阵相同,

$$\boldsymbol{k}_1 = \boldsymbol{k}_2 = \boldsymbol{k}_3 = \frac{EA}{a} \begin{pmatrix} 1 & -1 \\ -1 & 1 \end{pmatrix}$$

仿照前面建立式(f)的同样方法,得杆系的整体刚度方程为

$$\begin{pmatrix} F_1 \\ F_2 \\ F_3 \\ F_4 \end{pmatrix} = \frac{EA}{a} \begin{pmatrix} 1 & -1 & 0 & 0 \\ -1 & 1+1 & -1 & 0 \\ 0 & -1 & 1+1 & -1 \\ 0 & 0 & -1 & 1 \end{pmatrix} \begin{pmatrix} 0 \\ u_2 \\ u_3 \\ 0 \end{pmatrix} \qquad (\mathrm{j})$$

上式等号右边 4×4 的矩阵即为整体刚度矩阵 $\boldsymbol{K}$。在 $\boldsymbol{K}$ 中去掉与 $u_1 = u_4 = 0$ 对应的第一列和第四列,并抽掉与未知节点载荷 F_1 和 F_4 对应的第一行和第四行。使整体刚度方程降阶为

$$\begin{pmatrix} F_2 \\ F_3 \end{pmatrix} = \frac{EA}{a} \begin{pmatrix} 2 & -1 \\ -1 & 2 \end{pmatrix} \begin{pmatrix} u_2 \\ u_3 \end{pmatrix}$$

由此解出

$$u_2 = \frac{(2F_2 + F_3)a}{3EA}$$

$$u_3 = \frac{(F_2 + 2F_3)a}{3EA}$$

把 u_2 和 u_3 代回式(j),求出

$$F_1 = -\frac{2F_2 + F_3}{3}$$

$$F_4 = -\frac{F_2 + 2F_3}{3}$$

式中负号表示约束力 F_1 和 F_4 的方向与 x 轴的方向相反。

§17.3　受扭杆件的刚度方程

与轴向拉伸(压缩)相似,可以建立杆件扭转时的刚度方程。设编号为 ⑩ 的

杆件两端为 i 和 j (图 17.5),端截面上的
扭矩为 T_i^m 和 T_j^m,扭转角为 φ_i 和 φ_j。如
按右手定则用矢量表示扭矩和扭转角,
则矢量的方向与 x 轴方向一致的扭矩和
扭转角规定为正,反之为负。例如在图
17.5 中的扭矩和扭转角都是正的。i,j 两
端端截面上的扭矩和扭转角即为两端的
节点力和节点位移,并可用列阵表示为

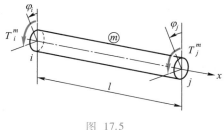

图　17.5

$$\boldsymbol{F}_m = \begin{pmatrix} T_i^m \\ T_j^m \end{pmatrix}, \qquad \boldsymbol{\delta}_m = \begin{pmatrix} \varphi_i \\ \varphi_j \end{pmatrix}$$

对图 17.5 所示杆件,j 端对 i 端的相对扭转角为 $(\varphi_j - \varphi_i)$,它相当于公式
(3.17)中的相对扭转角 φ。根据该式求出

$$T_j^m = \frac{GI_p}{l}(\varphi_j - \varphi_i) = \frac{GI_p}{l}(-\varphi_i + \varphi_j)$$

式中 GI_p 为圆截面杆的抗扭刚度。若为非圆截面杆,则应代之以相应的抗扭刚
度 GI_t。求得 T_j^m 后,再由平衡方程 $\sum M_x = 0$ 求出

$$T_i^m = -T_j^m = \frac{GI_p}{l}(\varphi_i - \varphi_j)$$

可以把以上两式写成

$$\begin{pmatrix} T_i^m \\ T_j^m \end{pmatrix} = \frac{GI_p}{l} \begin{pmatrix} 1 & -1 \\ -1 & 1 \end{pmatrix} \begin{pmatrix} \varphi_i \\ \varphi_j \end{pmatrix} \tag{17.4}$$

这就是受扭杆件的单元刚度方程,可以缩写成

$$\boldsymbol{F}_m = \boldsymbol{k}_m \boldsymbol{\delta}_m \tag{a}$$

式中

$$\boldsymbol{k}_m = \frac{GI_p}{l} \begin{pmatrix} 1 & -1 \\ -1 & 1 \end{pmatrix} \tag{17.5}$$

即为受扭杆件的单元刚度矩阵。

例 **17.2**　图 17.6 中的杆①和杆②在节点 2 刚性连接。杆①的 GI_{p1} = $270{\times}10^3$ N·m^2,l_1 = 2 m;杆②的 GI_{p2} = $322{\times}10^3$ N·m^2,l_2 = 4 m。

（1）已知 φ_1 = -0.02 rad,节点 2 和 3 上的外载荷分别为 T_2 = 0,T_3 = 10 kN·m,试求两端端截面的相对扭转角。

（2）若两端固定,且节点 2 上的载荷为 T_2 = 10 kN·m,试求两端的约束力偶矩。

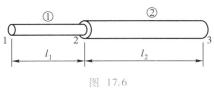

图 17.6

解：将杆件分散为①和②两个单元,分别写出两个单元的单元刚度方程（方程中 T 以 kN·m 为单位,φ 以 rad 为单位）[①]。

单元①：
$$\frac{GI_{p1}}{l_1} = 135 \text{ kN·m}$$

$$\begin{pmatrix} T_1^1 \\ T_2^1 \end{pmatrix} = 135\begin{pmatrix} 1 & -1 \\ -1 & 1 \end{pmatrix}\begin{pmatrix} \varphi_1 \\ \varphi_2 \end{pmatrix}$$

单元②：
$$\frac{GI_{p2}}{l_2} = 80.5 \text{ kN·m}$$

$$\begin{pmatrix} T_2^2 \\ T_3^2 \end{pmatrix} = 80.5\begin{pmatrix} 1 & -1 \\ -1 & 1 \end{pmatrix}\begin{pmatrix} \varphi_2 \\ \varphi_3 \end{pmatrix}$$

仿照 §17.2 中建立平衡方程式（d）的同样方法,对节点 1,2,3 得出下列三个平衡方程：
$$T_1 = T_1^1, \quad T_2 = T_2^1 + T_2^2, \quad T_3 = T_3^2$$

以上各式等号的左端为作用于节点上的外载荷。把单元刚度方程中的 T_1^1, T_2^1, T_2^2, T_3^2 代入以上平衡方程,求得整体刚度方程

$$\begin{pmatrix} T_1 \\ T_2 \\ T_3 \end{pmatrix} = \begin{pmatrix} 135 & -135 & 0 \\ -135 & 135+80.5 & -80.5 \\ 0 & -80.5 & 80.5 \end{pmatrix}\begin{pmatrix} \varphi_1 \\ \varphi_2 \\ \varphi_3 \end{pmatrix} \quad\quad (b)$$

①　本章中矩阵中的量仅写数值,略去单位。

（1）若 $\varphi_1 = -0.02$ rad，$T_2 = 0$，$T_3 = 10$ kN·m，则整体刚度方程化为

$$\begin{pmatrix} T_1 \\ 0 \\ 10 \end{pmatrix} = \begin{pmatrix} 135 & -135 & 0 \\ -135 & 135+80.5 & -80.5 \\ 0 & -80.5 & 80.5 \end{pmatrix} \begin{pmatrix} -0.02 \\ \varphi_2 \\ \varphi_3 \end{pmatrix}$$

把第二和第三方程式等号右边的已知项移到左边，并去掉与未知节点力 T_1 相应的第一个方程式，得到

$$\begin{pmatrix} 0 \\ 10 \end{pmatrix} - (-0.02) \begin{pmatrix} -135 \\ 0 \end{pmatrix} = \begin{pmatrix} 215.5 & -80.5 \\ -80.5 & 80.5 \end{pmatrix} \begin{pmatrix} \varphi_2 \\ \varphi_3 \end{pmatrix}$$

由上式解出

$$\varphi_2 = 0.054 \text{ rad}, \qquad \varphi_3 = 0.178 \text{ rad}$$

两端端截面的相对扭转角为

$$\varphi_3 - \varphi_1 = 0.178 \text{ rad} - (-0.02 \text{ rad}) = 0.198 \text{ rad}$$

（2）若两端固定，则 $\varphi_1 = \varphi_3 = 0$，且 $T_2 = 10$ kN·m。这时，节点 1 和 3 上的节点载荷 T_1 和 T_3 即为两端的约束力偶矩。整体刚度方程式（b）化为

$$\begin{pmatrix} T_1 \\ 10 \\ T_3 \end{pmatrix} = \begin{pmatrix} 135 & -135 & 0 \\ -135 & 215.5 & -80.5 \\ 0 & -80.5 & 80.5 \end{pmatrix} \begin{pmatrix} 0 \\ \varphi_2 \\ 0 \end{pmatrix} \qquad (\text{c})$$

从以上方程中的第二式得到

$$\varphi_2 = 0.046\ 4 \text{ rad}$$

把 φ_2 的值代回式（c），从而求出

$$T_1 = -6.264 \text{ kN·m}, \quad T_3 = -3.735 \text{ kN·m}$$

§17.4　受弯杆件的刚度方程

受弯杆件通常称为梁单元。它可以是梁或刚架的一部分，也可以是连续梁的一个跨度。图 17.7a 表示右端固定、编号为 ⑩ 的梁单元。单元左端的节点力就是端截面上的剪力和弯矩，记为 F_{Si}^m 和 M_i^m；节点位移是端截面的挠度和转角，记为 w_i 和 θ_i。节点力和节点位移的符号规定为：与坐标轴方向一致的力和位移为正，即逆时针方向的弯矩和转角为正。单元右端的节点力是 F_{Sj}^m 和 M_j^m，由于右端固定，节点位移是 $w_j = \theta_j = 0$。对图 17.7a 所示梁单元，利用求弯曲变形的任一种方法都可求得

$$w_i = \frac{F_{Si}^m l^3}{3EI} - \frac{M_i^m l^2}{2EI}$$

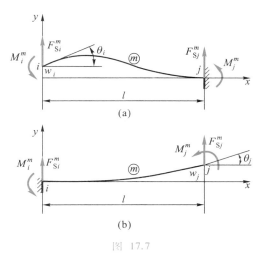

图 17.7

$$\theta_i = -\frac{F_{Si}^m l^2}{2EI} + \frac{M_i^m l}{EI}$$

从以上两式中解出

$$\left.\begin{aligned} F_{Si}^m &= \frac{12EI}{l^3}w_i + \frac{6EI}{l^2}\theta_i \\ M_i^m &= \frac{6EI}{l^2}w_i + \frac{4EI}{l}\theta_i \end{aligned}\right\}\qquad(\text{a})$$

求出 F_{Si}^m 和 M_i^m 后,利用平衡方程求出右端节点力 M_j^m 和 F_{Sj}^m 分别为

$$\left.\begin{aligned} F_{Sj}^m &= -\frac{12EI}{l^3}w_i - \frac{6EI}{l^2}\theta_i \\ M_j^m &= \frac{6EI}{l^2}w_i + \frac{2EI}{l}\theta_i \end{aligned}\right\}\qquad(\text{b})$$

用完全相同的方法,求得左端固定,$w_i = \theta_i = 0$ 时(图 17.7b),节点力的表达式为

$$F_{Si}^m = -\frac{12EI}{l^3}w_j + \frac{6EI}{l^2}\theta_j$$

$$M_i^m = -\frac{6EI}{l^2}w_j + \frac{2EI}{l}\theta_j$$

$$F_{Sj}^m = \frac{12EI}{l^3}w_j - \frac{6EI}{l^2}\theta_j$$

$$M_j^m = -\frac{6EI}{l^2}w_j + \frac{4EI}{l}\theta_j$$

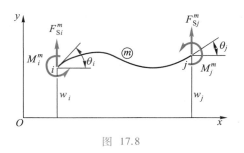

图 17.8

叠加以上两种情况,得到当 $w_i,\theta_i,w_j,\theta_j$ 皆不等于零时(图 17.8),节点力由节点位移表示的单元刚度方程为

$$
\left.\begin{aligned}
F_{Si}^m &= \frac{12EI}{l^3}w_i + \frac{6EI}{l^2}\theta_i - \frac{12EI}{l^3}w_j + \frac{6EI}{l^2}\theta_j \\
M_i^m &= \frac{6EI}{l^2}w_i + \frac{4EI}{l}\theta_i - \frac{6EI}{l^2}w_j + \frac{2EI}{l}\theta_j \\
F_{Sj}^m &= -\frac{12EI}{l^3}w_i - \frac{6EI}{l^2}\theta_i + \frac{12EI}{l^3}w_j - \frac{6EI}{l^2}\theta_j \\
M_j^m &= \frac{6EI}{l^2}w_i + \frac{2EI}{l}\theta_i - \frac{6EI}{l^2}w_j + \frac{4EI}{l}\theta_j
\end{aligned}\right\}
\tag{c}
$$

在以上方程式中令 $w_i = 1$,$\theta_i = w_j = \theta_j = 0$,得

$$
F_{Si}^m = \frac{12EI}{l^3}, \qquad M_i^m = \frac{6EI}{l^2}
$$

$$
F_{Sj}^m = -\frac{12EI}{l^3}, \qquad M_j^m = \frac{6EI}{l^2}
$$

可见,单元刚度方程中 w_i 的系数是使 $w_i = 1$ 且其余节点位移皆为零时,所需要的节点力。方程式中其余刚度系数也可作同样的解释。现把单元刚度方程(c)写成矩阵的形式:

$$
\begin{pmatrix} F_{Si}^m \\ M_i^m \\ F_{Sj}^m \\ M_j^m \end{pmatrix} = \frac{EI}{l^3}
\begin{pmatrix}
12 & 6l & -12 & 6l \\
6l & 4l^2 & -6l & 2l^2 \\
-12 & -6l & 12 & -6l \\
6l & 2l^2 & -6l & 4l^2
\end{pmatrix}
\begin{pmatrix} w_i \\ \theta_i \\ w_j \\ \theta_j \end{pmatrix}
\tag{17.6}
$$

或者缩写成

$$
\boldsymbol{F}_m = \boldsymbol{k}_m \boldsymbol{\delta}_m
\tag{d}
$$

式中 $\boldsymbol{F}_m$ 和 $\boldsymbol{\delta}_m$ 是节点力和节点位移的列阵。

$$\boldsymbol{k}_m = \frac{EI}{l^3}\begin{pmatrix} 12 & 6l & -12 & 6l \\ 6l & 4l^2 & -6l & 2l^2 \\ -12 & -6l & 12 & -6l \\ 6l & 2l^2 & -6l & 4l^2 \end{pmatrix} \tag{17.7}$$

是梁单元的单元刚度矩阵,它是一个 4×4 阶的对称矩阵。式(17.7)表明,$\boldsymbol{k}_m$ 中各元素的量纲是不完全相同的。

例 17.3 左端固定、右端铰支的梁(图 17.9a),于右端作用一弯曲力偶矩 8 kN·m。设梁的 $EI = 8 \times 10^6$ N·m^2,试求梁的各支座约束力,并作梁的剪力图和弯矩图。

解:由梁的抗弯刚度 EI 和跨度 l 算出

$$\frac{EI}{l^3} = \frac{8 \times 10^6 \text{ N·m}^2}{(4 \text{ m})^3} = 0.125 \times 10^6 \text{ N/m}$$

由公式(17.7)求出单元刚度矩阵

$$\boldsymbol{k}_1 = 0.125 \times 10^6 \begin{pmatrix} 12 & 24 & -12 & 24 \\ 24 & 64 & -24 & 32 \\ -12 & -24 & 12 & -24 \\ 24 & 32 & -24 & 64 \end{pmatrix}$$

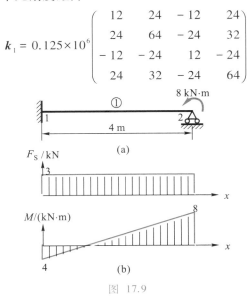

图 17.9

根据梁的支座条件,节点位移应为

$$\boldsymbol{\delta}_1 = \begin{pmatrix} w_1 & \theta_1 & w_2 & \theta_2 \end{pmatrix}^{\mathrm{T}} = \begin{pmatrix} 0 & 0 & 0 & \theta_2 \end{pmatrix}^{\mathrm{T}}$$

节点力为

$$\boldsymbol{F}_1 = \begin{pmatrix} F_{S1}^1 & M_1^1 & F_{S2}^1 & M_2^1 \end{pmatrix}^{\mathrm{T}} = \begin{pmatrix} F_{S1}^1 & M_1^1 & F_{S2}^1 & 8 \times 10^3 \end{pmatrix}^{\mathrm{T}}$$

单元刚度方程为

$$\begin{pmatrix} F_{S1}^1 \\ M_1^1 \\ F_{S2}^1 \\ 8\times10^3 \end{pmatrix} = 0.125\times10^6 \begin{pmatrix} 12 & 24 & -12 & 24 \\ 24 & 64 & -24 & 32 \\ -12 & -24 & 12 & -24 \\ 24 & 32 & -24 & 64 \end{pmatrix} \begin{pmatrix} 0 \\ 0 \\ 0 \\ \theta_2 \end{pmatrix}$$

由以上方程组的第四式求得

$$\theta_2 = \frac{8\times10^3 \text{ N}\cdot\text{m}}{64 \text{ m}^2\times(0.125\times10^6 \text{ N}/\text{m})} = 0.001 \text{ rad}$$

把 θ_2 代回单元刚度方程,求出

$$\begin{pmatrix} F_{S1}^1 \\ M_1^1 \\ F_{S2}^1 \\ M_2^1 \end{pmatrix} = 0.125\times10^3 \begin{pmatrix} 24 \\ 32 \\ -24 \\ 64 \end{pmatrix} = 10^3 \begin{pmatrix} 3 \\ 4 \\ -3 \\ 8 \end{pmatrix}$$

式中力的单位为 N,力偶矩的单位为 N·m。这里所得节点力也就是两端支座约束力。

按第四章关于剪力图和弯矩图的规定,作剪力图和弯矩图如图 17.9b 所示。

现在讨论由①和②两个梁单元组成的共线杆系(图 17.10a)。在 1,2,3 三个节点上,节点载荷和节点位移分别是

$$\boldsymbol{F} = (F_{y1} \quad M_1 \quad F_{y2} \quad M_2 \quad F_{y3} \quad M_3)^\text{T}$$

$$\boldsymbol{\delta} = (w_1 \quad \theta_1 \quad w_2 \quad \theta_2 \quad w_3 \quad \theta_3)^\text{T}$$

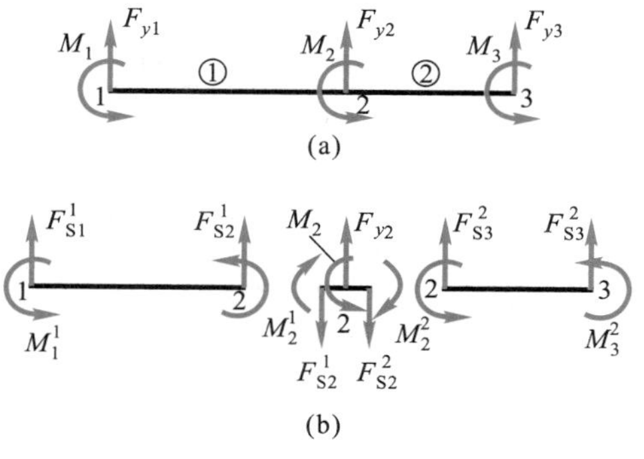

图 17.10

显然,单元①和②在相互连接的节点 2 上,有相同的节点位移 w_2 和 θ_2。这其实也就隐含着变形协调条件。按公式(17.6)分别写出单元①和②的单元刚度方程:

$$
\begin{pmatrix} F_{S1}^1 \\ M_1^1 \\ F_{S2}^1 \\ M_2^1 \end{pmatrix} = \begin{pmatrix} a_{11}^1 & a_{12}^1 & a_{13}^1 & a_{14}^1 \\ a_{21}^1 & a_{22}^1 & a_{23}^1 & a_{24}^1 \\ a_{31}^1 & a_{32}^1 & a_{33}^1 & a_{34}^1 \\ a_{41}^1 & a_{42}^1 & a_{43}^1 & a_{44}^1 \end{pmatrix} \begin{pmatrix} w_1 \\ \theta_1 \\ w_2 \\ \theta_2 \end{pmatrix} \tag{e}
$$

$$
\begin{pmatrix} F_{S2}^2 \\ M_2^2 \\ F_{S3}^2 \\ M_3^2 \end{pmatrix} = \begin{pmatrix} a_{11}^2 & a_{12}^2 & a_{13}^2 & a_{14}^2 \\ a_{21}^2 & a_{22}^2 & a_{23}^2 & a_{24}^2 \\ a_{31}^2 & a_{32}^2 & a_{33}^2 & a_{34}^2 \\ a_{41}^2 & a_{42}^2 & a_{43}^2 & a_{44}^2 \end{pmatrix} \begin{pmatrix} w_2 \\ \theta_2 \\ w_3 \\ \theta_3 \end{pmatrix} \tag{f}
$$

为书写方便,这里我们用 a_{gh}^m 代表公式(17.6)中的刚度系数。

现在,对每个节点都可以写出两个平衡方程。例如对节点 2,由图 17.10b 看出,

$$
F_{y2} = F_{S2}^1 + F_{S2}^2, \qquad M_2 = M_2^1 + M_2^2
$$

这样,对 3 个节点得到下列 6 个平衡方程:

$$
\left. \begin{aligned} F_{y1} &= F_{S1}^1, & M_1 &= M_1^1 \\ F_{y2} &= F_{S2}^1 + F_{S2}^2, & M_2 &= M_2^1 + M_2^2 \\ F_{y3} &= F_{S3}^2, & M_3 &= M_3^2 \end{aligned} \right\} \tag{g}
$$

将(e),(f)两式中的节点力代入式(g),于是得到整体刚度方程

$$
\left. \begin{aligned} F_{y1} &= a_{11}^1 w_1 + a_{12}^1 \theta_1 + a_{13}^1 w_2 + a_{14}^1 \theta_2 \\ M_1 &= a_{21}^1 w_1 + a_{22}^1 \theta_1 + a_{23}^1 w_2 + a_{24}^1 \theta_2 \\ F_{y2} &= a_{31}^1 w_1 + a_{32}^1 \theta_1 + (a_{33}^1 + a_{11}^2) w_2 + (a_{34}^1 + a_{12}^2) \theta_2 + a_{13}^2 w_3 + a_{14}^2 \theta_3 \\ M_2 &= a_{41}^1 w_1 + a_{42}^1 \theta_1 + (a_{43}^1 + a_{21}^2) w_2 + (a_{44}^1 + a_{22}^2) \theta_2 + a_{23}^2 w_3 + a_{24}^2 \theta_3 \\ F_{y3} &= a_{31}^2 w_2 + a_{32}^2 \theta_2 + a_{33}^2 w_3 + a_{34}^2 \theta_3 \\ M_3 &= a_{41}^2 w_2 + a_{42}^2 \theta_2 + a_{43}^2 w_3 + a_{44}^2 \theta_3 \end{aligned} \right\} \tag{h}
$$

把以上整体刚度方程写成矩阵形式:

$$
\begin{pmatrix} F_{y1} \\ M_1 \\ F_{y2} \\ M_2 \\ F_{y3} \\ M_3 \end{pmatrix} = \begin{pmatrix} a_{11}^1 & a_{12}^1 & a_{13}^1 & a_{14}^1 & 0 & 0 \\ a_{21}^1 & a_{22}^1 & a_{23}^1 & a_{24}^1 & 0 & 0 \\ a_{31}^1 & a_{32}^1 & a_{33}^1+a_{11}^2 & a_{34}^1+a_{12}^2 & a_{13}^2 & a_{14}^2 \\ a_{41}^1 & a_{42}^1 & a_{43}^1+a_{21}^2 & a_{44}^1+a_{22}^2 & a_{23}^2 & a_{24}^2 \\ 0 & 0 & a_{31}^2 & a_{32}^2 & a_{33}^2 & a_{34}^2 \\ 0 & 0 & a_{41}^2 & a_{42}^2 & a_{43}^2 & a_{44}^2 \end{pmatrix} \begin{pmatrix} w_1 \\ \theta_1 \\ w_2 \\ \theta_2 \\ w_3 \\ \theta_3 \end{pmatrix} \tag{17.8}
$$

上式等号右边的方阵即为杆系的整体刚度矩阵 $\boldsymbol{K}$。杆系有 3 个节点，每个节点有 w 和 θ 两个自由度，杆系共有 6 个自由度。$\boldsymbol{K}$ 是一个 6×6 阶的对称方阵。

这里仍然是利用平衡方程得到整体刚度方程和整体刚度矩阵 $\boldsymbol{K}$。若节点较多，这种方法可能颇不方便。现在介绍一种直接得出刚度矩阵的方法。从 (17.8) 式看出，把式(e)、式(f) 两式中单元刚度矩阵的各元素放入一定位置，就可组成整体刚度矩阵 $\boldsymbol{K}$。具体方法是，把式(e)、式(f) 两式中的单元刚度矩阵由 4×4 阶扩大为 6×6 阶，并使其各元素按整体刚度矩阵 $\boldsymbol{K}$ 的次序排列，空白处用零填补。这样就把式(e) 和式(f) 变为

$$
\begin{pmatrix} F_{S1}^1 \\ M_1^1 \\ F_{S2}^1 \\ M_2^1 \\ 0 \\ 0 \end{pmatrix} = \begin{pmatrix} a_{11}^1 & a_{12}^1 & a_{13}^1 & a_{14}^1 & 0 & 0 \\ a_{21}^1 & a_{22}^1 & a_{23}^1 & a_{24}^1 & 0 & 0 \\ a_{31}^1 & a_{32}^1 & a_{33}^1 & a_{34}^1 & 0 & 0 \\ a_{41}^1 & a_{42}^1 & a_{43}^1 & a_{44}^1 & 0 & 0 \\ 0 & 0 & 0 & 0 & 0 & 0 \\ 0 & 0 & 0 & 0 & 0 & 0 \end{pmatrix} \begin{pmatrix} w_1 \\ \theta_1 \\ w_2 \\ \theta_2 \\ w_3 \\ \theta_3 \end{pmatrix}
$$

$$
\begin{pmatrix} 0 \\ 0 \\ F_{S2}^2 \\ M_2^2 \\ F_{S3}^2 \\ M_3^2 \end{pmatrix} = \begin{pmatrix} 0 & 0 & 0 & 0 & 0 & 0 \\ 0 & 0 & 0 & 0 & 0 & 0 \\ 0 & 0 & a_{11}^2 & a_{12}^2 & a_{13}^2 & a_{14}^2 \\ 0 & 0 & a_{21}^2 & a_{22}^2 & a_{23}^2 & a_{24}^2 \\ 0 & 0 & a_{31}^2 & a_{32}^2 & a_{33}^2 & a_{34}^2 \\ 0 & 0 & a_{41}^2 & a_{42}^2 & a_{43}^2 & a_{44}^2 \end{pmatrix} \begin{pmatrix} w_1 \\ \theta_1 \\ w_2 \\ \theta_2 \\ w_3 \\ \theta_3 \end{pmatrix}
$$

以上经过扩大的矩阵称为单元的贡献矩阵，表示单元刚度矩阵在整体刚度矩阵中的贡献。把每一单元的贡献矩阵叠加就得到整体刚度矩阵，如式(17.8) 所示。

例 17.4 两端固定的梁如图 17.11 所示，$EI = 8\times10^6 \ \text{N} \cdot \text{m}^2$。在跨度中点受集中力作用。试求集中力作用点的位移和固定端的约束力。

解：把图 17.11 中的梁看作是由①和②两个梁单元组成的杆系。节点 1 和 3 上的节点载荷 F_{y1}，M_1，F_{y3}，M_3 即为两端的约束力。在节点 2 上，节点载荷为 $F_{y2} = -10^4 \ \text{N}$，$M_2 = 0$。故节点载荷为

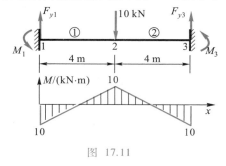

图 17.11

$$
\boldsymbol{F} = \begin{pmatrix} F_{y1} & M_1 & -10^4 & 0 & F_{y3} & M_3 \end{pmatrix}^{\text{T}}
$$

梁的两端固定节点 1 和 3 的位移皆等于零。变形对跨度中点对称,中点截面的转角等于零。故节点位移是

$$\boldsymbol{\delta} = (0 \quad 0 \quad w_2 \quad 0 \quad 0 \quad 0)^{\mathsf{T}}$$

单元①和②的单元刚度矩阵相同,由式(17.7)求出为

$$\boldsymbol{k}_1 = \boldsymbol{k}_2 = 0.125 \times 10^6 \begin{pmatrix} 12 & 24 & -12 & 24 \\ 24 & 64 & -24 & 32 \\ -12 & -24 & 12 & -24 \\ 24 & 32 & -24 & 64 \end{pmatrix}$$

将 $\boldsymbol{k}_1$ 和 $\boldsymbol{k}_2$ 扩大为各自的贡献矩阵,经过叠加求出整体刚度矩阵 $\boldsymbol{K}$。最后得整体刚度方程如下:

$$\begin{pmatrix} F_{y1} \\ M_1 \\ -10^4 \\ 0 \\ F_{y3} \\ M_3 \end{pmatrix} = 0.125 \times 10^6 \begin{pmatrix} 12 & 24 & -12 & 24 & 0 & 0 \\ 24 & 64 & -24 & 32 & 0 & 0 \\ -12 & -24 & 24 & 0 & -12 & 24 \\ 24 & 32 & 0 & 128 & -24 & 32 \\ 0 & 0 & -12 & -24 & 12 & -24 \\ 0 & 0 & 24 & 32 & -24 & 64 \end{pmatrix} \begin{pmatrix} 0 \\ 0 \\ w_2 \\ 0 \\ 0 \\ 0 \end{pmatrix} \quad (\text{i})$$

从以上方程组的第三式求得

$$w_2 = \frac{-10^4 \text{ N}}{24 \times (0.125 \times 10^6 \text{ N/ m})} = -0.003\,33 \text{ m}$$

将求得的 w_2 代入式(i),求得节点载荷为

$$\boldsymbol{F} = (F_{y1} \quad M_1 \quad -10^4 \quad 0 \quad F_{y3} \quad M_3)^{\mathsf{T}}$$
$$= 10^3 (5 \quad 10 \quad -10 \quad 0 \quad 5 \quad -10)^{\mathsf{T}}$$

上面的结果中,力的单位为 N,力偶矩的单位为 N·m。根据所得结果作梁的弯矩图,如图 17.11 所示。

§ 17.5　梁单元的中间载荷

在前面讨论的问题中,外载荷都只作用于杆系的节点上。但梁上的载荷也往往作用于节点之间,称为中间载荷。现在讨论中间载荷的置换方法。

设在杆系的单元 ⓜ 上有向上的均布载荷 q(图 17.12a)。对这种中间载荷可用下述方法处理:(1) 设想有一个载荷与尺寸都与梁单元 ⓜ 相同,但两端固定的梁,如图 17.12b 所示。梁在两端的固端约束力是 $-\dfrac{ql}{2}$ 和 $-\dfrac{ql}{2}$,固端力矩是 $-\dfrac{ql^2}{12}$ 和

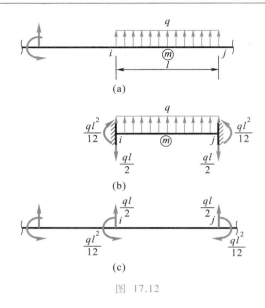

图 17.12

$\dfrac{ql^2}{12}$。（2）在原来的杆系上保留所有原来的节点载荷，但除掉 ⓜ 单元上的均布载荷，而代以与固端约束力和约束力矩方向相反的节点力 $F_{yi} = \dfrac{ql}{2}$，$M_i = \dfrac{ql^2}{12}$，$F_{yj} = \dfrac{ql}{2}$，$M_j = -\dfrac{ql^2}{12}$（图 17.12c）。这些节点载荷称为等效节点载荷。显然，叠加（1）和（2）两种情况，就得到原来的杆系。因而在计算时也分成两步：第一步，计算情况（2），亦即图 17.12c 所示杆系。这只要用 §17.4 中提出的方法就可以了。第二步，将第一步求得的结果与情况（1），亦即图 17.12b 所示两端固定梁叠加，即为最终结果。

用上述方法分析时，要用到固端约束力和约束力矩。几种常见情况的固端约束力和约束力矩列于表 17.1 中。

表 17.1　固端约束力和约束力矩

中间载荷	F_{yi}	M_i	F_{yj}	M_j
（图）	$\dfrac{ql}{2}$	$\dfrac{ql^2}{12}$	$\dfrac{ql}{2}$	$-\dfrac{ql^2}{12}$

中间载荷	F_{yi}	M_i	F_{yj}	M_j
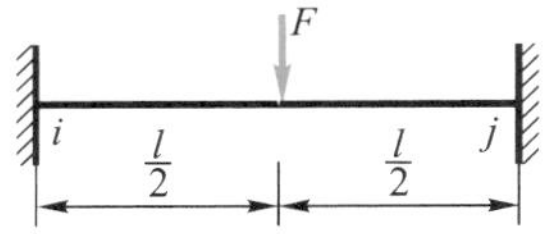	$\dfrac{F}{2}$	$\dfrac{Fl}{8}$	$\dfrac{F}{2}$	$-\dfrac{Fl}{8}$
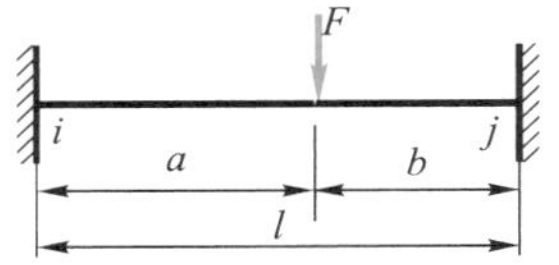	$\dfrac{Fb^2(l+2a)}{l^3}$	$\dfrac{Fab^2}{l^2}$	$\dfrac{Fa^2(l+2b)}{l^3}$	$-\dfrac{Fa^2b}{l^2}$
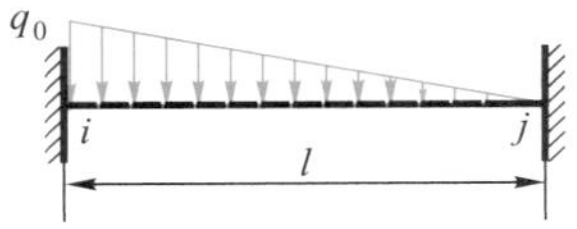	$\dfrac{7q_0l}{20}$	$\dfrac{q_0l^2}{20}$	$\dfrac{3q_0l}{20}$	$-\dfrac{q_0l^2}{30}$

例 17.5　车床床头箱的一根主轴简化成等截面杆系,如图 17.13a 所示。试作该主轴的剪力图和弯矩图。

解:如把轴分成 AD,DB,BC 等三个梁单元,则因载荷皆作用于节点上,故可直接用 § 17.4 提出的方法。但这样就有 4 个节点,8 个自由度,整体刚度方程将包含 8 个线性方程,计算工作量就比较大。如把集中力 F 作为中间载荷处理,则这一杆系可认为由 AB 和 BC 两个单元组成,计算将得到简化。

将 AB 单元编号为①,BC 编号为②。与梁单元①相应的两端固定梁如图 17.13b 所示。利用表 17.1 求出固端约束力和约束力矩。将固端约束力和约束力矩的方向反过来,并作用于节点 1 和 2,得图 17.13c 所示杆系。由公式(17.7)求出单元①和②的单元刚度矩阵为

$$\boldsymbol{k}_1 = \frac{EI}{l^3}\begin{pmatrix} 12 & 6l & -12 & 6l \\ 6l & 4l^2 & -6l & 2l^2 \\ -12 & -6l & 12 & -6l \\ 6l & 2l^2 & -6l & 4l^2 \end{pmatrix} \qquad (\text{a})$$

$$\boldsymbol{k}_2 = \frac{EI}{(0.5l)^3}\begin{pmatrix} 12 & 3l & -12 & 3l \\ 3l & l^2 & -3l & l^2/2 \\ -12 & -3l & 12 & -3l \\ 3l & l^2/2 & -3l & l^2 \end{pmatrix}$$

$$= \frac{EI}{l^3} \begin{pmatrix} 96 & 24l & -96 & 24l \\ 24l & 8l^2 & -24l & 4l^2 \\ -96 & -24l & 96 & -24l \\ 24l & 4l^2 & -24l & 8l^2 \end{pmatrix} \qquad (\text{b})$$

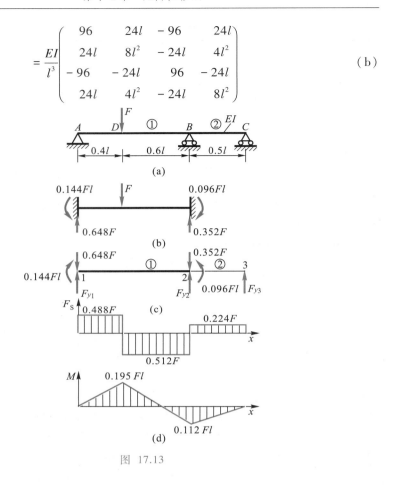

图 17.13

利用以上单元刚度矩阵,得图 17.13c 所示杆系的整体刚度方程为

$$\begin{pmatrix} F_{y1} \\ -0.144Fl \\ F_{y2} \\ 0.096Fl \\ F_{y3} \\ 0 \end{pmatrix}$$

$$
= \frac{EI}{l^3}
\begin{pmatrix}
12 & 6l & -12 & 6l & 0 & 0 \\
6l & 4l^2 & -6l & 2l^2 & 0 & 0 \\
-12 & -6l & 12+96 & -6l+24l & -96 & 24l \\
6l & 2l^2 & -6l+24l & 4l^2+8l^2 & -24l & 4l^2 \\
0 & 0 & -96 & -24l & 96 & -24l \\
0 & 0 & 24l & 4l^2 & -24l & 8l^2
\end{pmatrix}
\begin{pmatrix}
0 \\ \theta_1 \\ 0 \\ \theta_2 \\ 0 \\ \theta_3
\end{pmatrix}
\tag{c}
$$

从以上整体刚度方程中抽掉第一、第三和第五个方程式,得到

$$
\begin{pmatrix}
-0.144Fl \\
0.096Fl \\
0
\end{pmatrix}
= \frac{EI}{l^3}
\begin{pmatrix}
4l^2 & 2l^2 & 0 \\
2l^2 & 12l^2 & 4l^2 \\
0 & 4l^2 & 8l^2
\end{pmatrix}
\begin{pmatrix}
\theta_1 \\ \theta_2 \\ \theta_3
\end{pmatrix}
\tag{d}
$$

由方程式(d)解出

$$
\theta_1 = -0.045\,3\,\frac{Fl^2}{EI}, \qquad \theta_2 = 0.018\,7\,\frac{Fl^2}{EI}, \qquad \theta_3 = -0.009\,35\,\frac{Fl^2}{EI}
$$

将 $\theta_1, \theta_2, \theta_3$ 的值代回整体刚度方程(c),可以求出三个节点上的所有节点载荷。

因为节点位移已知,利用单元刚度矩阵(a)和(b),可以计算单元①和②的节点力。单元①的节点力应是图 17.13c 和 b 两种情况的叠加,即

$$
\begin{pmatrix}
F_{S1}^1 \\
M_1^1 \\
F_{S2}^1 \\
M_2^1
\end{pmatrix}
= \frac{EI}{l^3}
\begin{pmatrix}
12 & 6l & -12 & 6l \\
6l & 4l^2 & -6l & 2l^2 \\
-12 & -6l & 12 & -6l \\
6l & 2l^2 & -6l & 4l^2
\end{pmatrix}
\begin{pmatrix}
0 \\ -0.045\,3 \\ 0 \\ 0.018\,7
\end{pmatrix}
\frac{Fl^2}{EI}
+
\begin{pmatrix}
0.648F \\
0.144Fl \\
0.352F \\
-0.096Fl
\end{pmatrix}
$$

$$
=
\begin{pmatrix}
0.488F \\
0 \\
0.512F \\
-0.112Fl
\end{pmatrix}
$$

至于单元②的节点力,则应为

$$
\begin{pmatrix}
F_{S2}^2 \\
M_2^2 \\
F_{S3}^2 \\
M_3^2
\end{pmatrix}
= \frac{EI}{l^3}
\begin{pmatrix}
96 & 24l & -96 & 24l \\
24l & 8l^2 & -24l & 4l^2 \\
-96 & -24l & 96 & -24l \\
24l & 4l^2 & -24l & 8l^2
\end{pmatrix}
\begin{pmatrix}
0 \\ 0.018\,7 \\ 0 \\ -0.009\,35
\end{pmatrix}
\frac{Fl^2}{EI}
$$

$$= \begin{pmatrix} 0.224F \\ 0.112Fl \\ -0.224F \\ 0 \end{pmatrix}$$

节点力就是单元两端的内力,因此,可根据单元①和②的节点力作剪力图和弯矩图,如图 17.13d 所示。

§17.6 组合变形杆件的刚度方程

在拉伸(压缩)、扭转和弯曲组合变形下的杆件如图 17.14 所示。杆件 i, j 两端的节点力有轴力 F_{Ni}^m 和 F_{Nj}^m、扭矩 T_i^m 和 T_j^m、剪力 F_{Si}^m 和 F_{Sj}^m、弯矩 M_i^m 和 M_j^m。节点力记为

$$\boldsymbol{F}_m = \begin{pmatrix} F_{Ni}^m & F_{Si}^m & T_i^m & M_i^m & F_{Nj}^m & F_{Sj}^m & T_j^m & M_j^m \end{pmatrix}^T \tag{a}$$

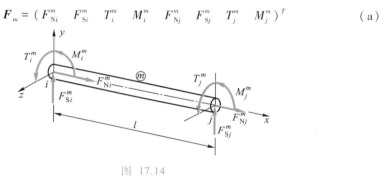

图 17.14

i, j 两端相应的节点位移是沿 x 轴的位移 u_i 和 u_j、扭转角 φ_i 和 φ_j、挠度 w_i 和 w_j、截面转角 θ_i 和 θ_j。节点位移记为

$$\boldsymbol{\delta}_m = \begin{pmatrix} u_i & w_i & \varphi_i & \theta_i & u_j & w_j & \varphi_j & \theta_j \end{pmatrix}^T \tag{b}$$

如同第八章所讨论的情况,认为组合变形下叠加原理可以使用。于是叠加杆件受拉、受扭和受弯时的单元刚度方程,就可得出组合变形杆件的单元刚度方程为

$$\boldsymbol{F}_m = \boldsymbol{k}_m \boldsymbol{\delta}_m \tag{c}$$

式中 $\boldsymbol{k}_m$ 为单元刚度矩阵,是一 8×8 阶的对称方阵。叠加拉伸(压缩)、扭转和弯曲时的单元刚度矩阵,得到 $\boldsymbol{k}_m$ 为

$$\boldsymbol{k}_m = \begin{pmatrix} \dfrac{EA}{l} & 0 & 0 & 0 & -\dfrac{EA}{l} & 0 & 0 & 0 \\[2mm] 0 & \dfrac{12EI}{l^3} & 0 & \dfrac{6EI}{l^2} & 0 & -\dfrac{12EI}{l^3} & 0 & \dfrac{6EI}{l^2} \\[2mm] 0 & 0 & \dfrac{GI_p}{l} & 0 & 0 & 0 & -\dfrac{GI_p}{l} & 0 \\[2mm] 0 & \dfrac{6EI}{l^2} & 0 & \dfrac{4EI}{l} & 0 & -\dfrac{6EI}{l^2} & 0 & \dfrac{2EI}{l} \\[2mm] -\dfrac{EA}{l} & 0 & 0 & 0 & \dfrac{EA}{l} & 0 & 0 & 0 \\[2mm] 0 & -\dfrac{12EI}{l^3} & 0 & -\dfrac{6EI}{l^2} & 0 & \dfrac{12EI}{l^3} & 0 & -\dfrac{6EI}{l^2} \\[2mm] 0 & 0 & -\dfrac{GI_p}{l} & 0 & 0 & 0 & \dfrac{GI_p}{l} & 0 \\[2mm] 0 & \dfrac{6EI}{l^2} & 0 & \dfrac{2EI}{l} & 0 & -\dfrac{6EI}{l^2} & 0 & \dfrac{4EI}{l} \end{pmatrix} \tag{17.9}$$

因为轴力 F_{Ni}^m 和 F_{Nj}^m 与位移 $w_i,\theta_i,\varphi_i,w_j,\theta_j,\varphi_j$ 无关,所以在 $\boldsymbol{k}_m$ 的第一行和第五行中各有 6 个元素为零。其他等于零的元素都可作同样的解释。

上面讨论了在组合变形下,单元刚度矩阵的建立。对一个由 n 个单元组成的共线杆系,整体刚度方程仍可写成下面的一般形式:

$$\boldsymbol{F} = \boldsymbol{K}\boldsymbol{\delta} \tag{d}$$

式中 $\boldsymbol{F}$ 和 $\boldsymbol{\delta}$ 分别为节点载荷和节点位移的列阵,$\boldsymbol{K}$ 为整体刚度矩阵。整体刚度矩阵由各单元的单元刚度矩阵来组成。下面用例题来说明。

例 17.6 两端固定的组合变形杆如图 17.15 所示。设单元①的 $E_1A_1 = 6\ 000$ MN(1 MN = 10^6 N),$E_1I_1 = 30$ MN·m^2,$G_1I_{p1} = 24$ MN·m^2。单元②的 $E_2A_2 = 4\ 200$ MN,$E_2I_2 = 15$ MN·m^2,$G_2I_{p2} = 12$ MN·m^2。试求节点位移及各单元的节点力。

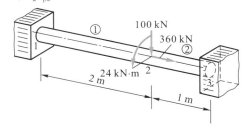

图 17.15

解：对单元①，

$$\frac{E_1 A_1}{l_1} = \frac{6\,000 \times 10^6\ \text{N}}{2\ \text{m}} = 3\,000 \times 10^6\ \text{N/m}$$

$$\frac{E_1 I_1}{l_1^3} = \frac{30 \times 10^6\ \text{N} \cdot \text{m}^2}{(2\ \text{m})^3} = 3.75 \times 10^6\ \text{N/m}$$

$$\frac{E_1 I_1}{l_1^2} = 7.5 \times 10^6\ \text{N}, \qquad \frac{E_1 I_1}{l_1} = 15 \times 10^6\ \text{N} \cdot \text{m}$$

$$\frac{G_1 I_{\text{p1}}}{l_1} = \frac{24 \times 10^6\ \text{N} \cdot \text{m}^2}{2\ \text{m}} = 12 \times 10^6\ \text{N} \cdot \text{m}$$

写出单元①的单元刚度方程（方程中 F_{N1}^1、F_{S1}^1、F_{N2}^1、F_{S2}^1 的单位为 N；T_1^1、M_1^1、T_2^1、M_2^1 的单位为 N·m；u_1、w_1、u_2、w_2 的单位为 m；φ_1、θ_1、φ_2、θ_2 的单位为 rad。单元刚度矩阵中，各元素的单位分别为：$\dfrac{EA}{l}$ 和 $\dfrac{EI}{l^3}$ 项的单位为 N/m；$\dfrac{EI}{l^2}$ 的单位为 N；$\dfrac{EI}{l}$ 和 $\dfrac{GI_{\text{p}}}{l}$ 的单位为 N·m。）

$$\begin{pmatrix} F_{\text{N1}}^1 \\ F_{\text{S1}}^1 \\ T_1^1 \\ M_1^1 \\ F_{\text{N2}}^1 \\ F_{\text{S2}}^1 \\ T_2^1 \\ M_2^1 \end{pmatrix} = 10^6 \begin{pmatrix} 3\,000 & 0 & 0 & 0 & -3\,000 & 0 & 0 & 0 \\ 0 & 45 & 0 & 45 & 0 & -45 & 0 & 45 \\ 0 & 0 & 12 & 0 & 0 & 0 & -12 & 0 \\ 0 & 45 & 0 & 60 & 0 & -45 & 0 & 30 \\ -3\,000 & 0 & 0 & 0 & 3\,000 & 0 & 0 & 0 \\ 0 & -45 & 0 & -45 & 0 & 45 & 0 & -45 \\ 0 & 0 & -12 & 0 & 0 & 0 & 12 & 0 \\ 0 & 45 & 0 & 30 & 0 & -45 & 0 & 60 \end{pmatrix} \begin{pmatrix} u_1 \\ w_1 \\ \varphi_1 \\ \theta_1 \\ u_2 \\ w_2 \\ \varphi_2 \\ \theta_2 \end{pmatrix} \qquad (\text{e})$$

同样可以写出单元②的单元刚度方程为（方程中各量的单位与式（e）相同）

$$\begin{pmatrix} F_{\text{N2}}^2 \\ F_{\text{S2}}^2 \\ T_2^2 \\ M_2^2 \\ F_{\text{N3}}^2 \\ F_{\text{S3}}^2 \\ T_3^2 \\ M_3^2 \end{pmatrix} = 10^6 \begin{pmatrix} 4\,200 & 0 & 0 & 0 & -4\,200 & 0 & 0 & 0 \\ 0 & 180 & 0 & 90 & 0 & -180 & 0 & 90 \\ 0 & 0 & 12 & 0 & 0 & 0 & -12 & 0 \\ 0 & 90 & 0 & 60 & 0 & -90 & 0 & 30 \\ -4\,200 & 0 & 0 & 0 & 4\,200 & 0 & 0 & 0 \\ 0 & -180 & 0 & -90 & 0 & 180 & 0 & -90 \\ 0 & 0 & -12 & 0 & 0 & 0 & 12 & 0 \\ 0 & 90 & 0 & 30 & 0 & -90 & 0 & 60 \end{pmatrix} \begin{pmatrix} u_2 \\ w_2 \\ \varphi_2 \\ \theta_2 \\ u_3 \\ w_3 \\ \varphi_3 \\ \theta_3 \end{pmatrix} \qquad (\text{f})$$

　　杆系有 3 个节点,每个节点有 4 个位移,共有 12 个节点位移。杆系的整体刚度矩阵 **K** 是一个 12×12 的方阵。把式(e),式(f)两式中的单元刚度矩阵扩大为 **K** 的贡献矩阵,叠加后求出 **K**。最后得出杆系的整体刚度方程(g)(见下页)。

　　由于杆系两端固定,故有

$$u_1 = w_1 = \theta_1 = \varphi_1 = u_3 = w_3 = \varphi_3 = \theta_3 = 0$$

代入整体刚度方程式(g)后,式(g)中的第五,六,七,八这四式化为

$$10^3 \begin{pmatrix} 360 \\ -100 \\ 24 \\ 0 \end{pmatrix} = 10^6 \begin{pmatrix} 3\,000 + 4\,200 & 0 & 0 & 0 \\ 0 & 45 + 180 & 0 & -45 + 90 \\ 0 & 0 & 12 + 12 & 0 \\ 0 & -45 + 90 & 0 & 60 + 60 \end{pmatrix} \begin{pmatrix} u_2 \\ w_2 \\ \varphi_2 \\ \theta_2 \end{pmatrix}$$

从以上方程式中解出

$$u_2 = 5 \times 10^{-5} \text{ m}, \quad w_2 = -0.48 \times 10^{-3} \text{ m}$$

$$\varphi_2 = 10^{-3} \text{rad}, \quad \theta_2 = 0.18 \times 10^{-3} \text{ rad}$$

　　把节点位移的数值代入式(e),求得单元①的节点力为

$$\boldsymbol{F}_1 = \begin{pmatrix} F_{N1}^1 & F_{S1}^1 & T_1^1 & M_1^1 & F_{N2}^1 & F_{S2}^1 & T_2^1 & M_2^1 \end{pmatrix}^T$$

$$= \begin{pmatrix} -150 & 29.7 & -12 & 27 & 150 & -29.7 & 12 & 32.4 \end{pmatrix}^T$$

同理,由式(f)求出单元②的节点力为

$$\boldsymbol{F}_2 = \begin{pmatrix} F_{N2}^2 & F_{S2}^2 & T_2^2 & M_2^2 & F_{N3}^2 & F_{S3}^2 & T_3^2 & M_3^2 \end{pmatrix}^T$$

$$= \begin{pmatrix} 210 & -70.3 & 12 & -32.4 & -210 & 70.3 & -12 & -37.9 \end{pmatrix}^T$$

在 $\boldsymbol{F}_1$ 和 $\boldsymbol{F}_2$ 中,力的单位为 kN,力矩的单位为 kN·m。两个单元上的节点力已分别表示于图 17.16 中。如有需要,可以根据这些节点力作轴力图、扭矩图、剪力图和弯矩图。

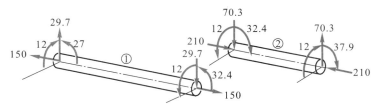

(图中力的单位为 kN,力矩的单位为 kN·m)

图 17.16

$$10^3\begin{Bmatrix} F_{x1} \\ F_{y1} \\ T_1 \\ M_1 \\ 360 \\ -100 \\ 24 \\ 0 \\ F_{x3} \\ F_{y3} \\ T_3 \\ M_3 \end{Bmatrix} = 10^6 \begin{bmatrix}
3\,000 & 0 & 0 & 0 & -3\,000 & 0 & 0 & 0 & 0 & 0 & 0 & 0 \\
0 & 45 & 0 & 45 & 0 & -45 & 0 & 45 & 0 & 0 & 0 & 0 \\
0 & 0 & 12 & 0 & 0 & 0 & -12 & 0 & 0 & 0 & 0 & 0 \\
0 & 45 & 0 & 60 & 0 & -45 & 0 & 30 & 0 & 0 & 0 & 0 \\
-3\,000 & 0 & 0 & 0 & 3\,000+4\,200 & 0 & 0 & 0 & -4\,200 & 0 & 0 & 0 \\
0 & -45 & 0 & -45 & 0 & 45+180 & 0 & -45+90 & 0 & -180 & 0 & 90 \\
0 & 0 & -12 & 0 & 0 & 0 & 12+12 & 0 & 0 & 0 & -12 & 0 \\
0 & 45 & 0 & 30 & 0 & -45+90 & 0 & 60+60 & 0 & -90 & 0 & 30 \\
0 & 0 & 0 & 0 & -4\,200 & 0 & 0 & 0 & 4\,200 & 0 & 0 & 0 \\
0 & 0 & 0 & 0 & 0 & -180 & 0 & -90 & 0 & 180 & 0 & -90 \\
0 & 0 & 0 & 0 & 0 & 0 & -12 & 0 & 0 & 0 & 12 & 0 \\
0 & 0 & 0 & 0 & 0 & 90 & 0 & 30 & 0 & -90 & 0 & 60
\end{bmatrix}\begin{Bmatrix} u_1 \\ w_1 \\ \varphi_1 \\ \theta_1 \\ u_2 \\ w_2 \\ \varphi_2 \\ \theta_2 \\ u_3 \\ w_3 \\ \varphi_3 \\ \theta_3 \end{Bmatrix}$$

(g)

§ 17.7 受拉(压)杆件的坐标变换

共线杆系中,各单元与整体杆系有同一的轴线。就以这一轴线为 x 轴,于是每一单元与整体杆系的参考坐标相同,各单元的节点力和节点位移都相互共线或平行。这给组成整体刚度方程带来一定的方便。但有些杆系,像桁架或刚架等,各单元的轴线并不相互重合(图 17.17)。这时,把以各单元的轴线为 $\bar{x}$ 的坐标系称为局部坐标系,而把为整体杆系选定的坐标系 x,y 称为整体坐标系。各单元对局部坐标的节点力和节点位移不一定平行于整体坐标。为了建立整体刚度方程,应把各单元对局部坐标的节点力、节点位移和单元刚度方程,转换成对整体坐标的节点力、节点位移和单元刚度方程。今后,把对应于局部坐标的量加一短划,如 $\bar{x},\bar{y},\overline{F}_{\mathrm{S}},\overline{M},\bar{u},\bar{w}$ 等,以区别于对应于整体坐标的量。

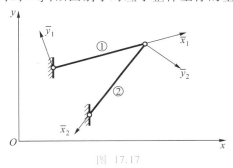

图 17.17

现在讨论受拉(压)杆件单元的坐标变换,桁架中的杆件就属于这种情况。对图 17.18a 所示局部坐标,由公式(17.2),节点力和节点位移之间的关系是

$$\begin{pmatrix} \overline{F}_{\mathrm{N}i}^{m} \\ \overline{F}_{\mathrm{N}j}^{m} \end{pmatrix} = \frac{EA}{l} \begin{pmatrix} 1 & -1 \\ -1 & 1 \end{pmatrix} \begin{pmatrix} \bar{u}_{i} \\ \bar{u}_{j} \end{pmatrix} \tag{a}$$

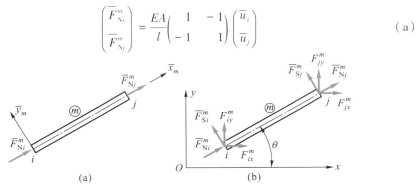

(a)   (b)

图 17.18

节点 i 和 j 除具有沿 $\bar{x}_m$ 方向（杆件轴线方向）的位移 $\bar{u}_i$ 和 $\bar{u}_j$ 外，还可能有沿 $\bar{y}_m$ 方向（垂直于轴线方向）的位移 $\bar{w}_i$ 和 $\bar{w}_j$。只是在小变形的条件下，位移 $\bar{w}_i$ 和 $\bar{w}_j$ 并不会引起杆件的内力。为了便于坐标转换，特地把对局部坐标的方程（a）扩大为

$$
\begin{pmatrix} \overline{F}_{Ni}^m \\ \overline{F}_{Si}^m \\ \overline{F}_{Nj}^m \\ \overline{F}_{Sj}^m \end{pmatrix} = \frac{EA}{l} \begin{pmatrix} 1 & 0 & -1 & 0 \\ 0 & 0 & 0 & 0 \\ -1 & 0 & 1 & 0 \\ 0 & 0 & 0 & 0 \end{pmatrix} \begin{pmatrix} \overline{u}_i \\ \overline{w}_i \\ \overline{u}_j \\ \overline{w}_j \end{pmatrix} \tag{b}
$$

这里引入了节点力 $\overline{F}_{Si}^m$ 和 $\overline{F}_{Sj}^m$ 和节点位移 $\bar{w}_i$ 和 $\bar{w}_j$，但同时在刚度矩阵中加入了相应的零元素，这就使式（a），式（b）两式并无差异。可以把式（b）缩写成

$$
\overline{\boldsymbol{F}}_m = \bar{\boldsymbol{k}}_m \, \overline{\boldsymbol{\delta}}_m
$$

式中的单元刚度矩阵 $\bar{\boldsymbol{k}}_m$ 是指式（b）中经过扩大的四阶矩阵，即

$$
\bar{\boldsymbol{k}}_m = \frac{EA}{l} \begin{pmatrix} 1 & 0 & -1 & 0 \\ 0 & 0 & 0 & 0 \\ -1 & 0 & 1 & 0 \\ 0 & 0 & 0 & 0 \end{pmatrix} \tag{c}
$$

在整体坐标系 x, y 中（图 17.18b），杆件的节点力和节点位移分别为

$$
\boldsymbol{F}_m = \begin{pmatrix} F_{ix}^m \\ F_{iy}^m \\ F_{jx}^m \\ F_{jy}^m \end{pmatrix}, \quad \boldsymbol{\delta}_m = \begin{pmatrix} u_i \\ w_i \\ u_j \\ w_j \end{pmatrix}
$$

设 $\bar{x}$（局部坐标轴）与 x（整体坐标轴）之间的夹角为 θ，且以从 x 到 $\bar{x}$ 为逆时针方向的 θ 为正，则在局部坐标系中的节点力与在整体坐标系中的节点力存在以下关系：

$$
\left. \begin{aligned} \overline{F}_{Ni}^m &= F_{ix}^m \cos\theta + F_{iy}^m \sin\theta \\ \overline{F}_{Si}^m &= -F_{ix}^m \sin\theta + F_{iy}^m \cos\theta \\ \overline{F}_{Nj}^m &= F_{jx}^m \cos\theta + F_{jy}^m \sin\theta \\ \overline{F}_{Sj}^m &= -F_{jx}^m \sin\theta + F_{jy}^m \cos\theta \end{aligned} \right\} \tag{d}
$$

可以把上式写成

$$\begin{pmatrix} \overline{F}_{Ni}^{m} \\ \overline{F}_{Si}^{m} \\ \overline{F}_{Nj}^{m} \\ \overline{F}_{Sj}^{m} \end{pmatrix} = \begin{pmatrix} \cos\theta & \sin\theta & 0 & 0 \\ -\sin\theta & \cos\theta & 0 & 0 \\ 0 & 0 & \cos\theta & \sin\theta \\ 0 & 0 & -\sin\theta & \cos\theta \end{pmatrix} \begin{pmatrix} F_{ix}^{m} \\ F_{iy}^{m} \\ F_{jx}^{m} \\ F_{jy}^{m} \end{pmatrix}$$

并缩写成

$$\overline{F}_{m} = \boldsymbol{\lambda} F_{m} \tag{e}$$

式中

$$\boldsymbol{\lambda} = \begin{pmatrix} \cos\theta & \sin\theta & 0 & 0 \\ -\sin\theta & \cos\theta & 0 & 0 \\ 0 & 0 & \cos\theta & \sin\theta \\ 0 & 0 & -\sin\theta & \cos\theta \end{pmatrix} \tag{17.10}$$

称为坐标变换矩阵。

　　用求得式(d)的同样方法,可以求得局部坐标系中节点位移 $\overline{\boldsymbol{\delta}}_{m}$ 与整体坐标系中节点位移 $\boldsymbol{\delta}_{m}$ 的关系是

$$\left. \begin{aligned} \overline{u}_{i} &= u_{i}\cos\theta + w_{i}\sin\theta \\ \overline{w}_{i} &= -u_{i}\sin\theta + w_{i}\cos\theta \\ \overline{u}_{j} &= u_{j}\cos\theta + w_{j}\sin\theta \\ \overline{w}_{j} &= -u_{j}\sin\theta + w_{j}\cos\theta \end{aligned} \right\} \tag{f}$$

也像由式(d)导出式(e)一样,由式(f)可以得到

$$\overline{\boldsymbol{\delta}}_{m} = \boldsymbol{\lambda}\boldsymbol{\delta}_{m} \tag{g}$$

显然式(e),式(g)两式中 $\boldsymbol{\lambda}$ 是相同的,即节点力和节点位移有相同的坐标变换矩阵。

　　最后,讨论单元刚度矩阵的变换。由式(e)解出

$$F_{m} = \boldsymbol{\lambda}^{-1}\overline{F}_{m} \tag{h}$$

式中 $\boldsymbol{\lambda}^{-1}$ 是 $\boldsymbol{\lambda}$ 的逆矩阵。$\overline{F}_{m}$ 可通过局部坐标系中的单元刚度方程表示为

$$\overline{F}_{m} = \overline{\boldsymbol{k}}_{m}\,\overline{\boldsymbol{\delta}}_{m}$$

式中 $\overline{\boldsymbol{k}}_{m}$ 是在局部坐标系中的单元刚度矩阵,也就是式(17.3)中的单元刚度矩阵。将上式和式(g)代入式(h),得

$$F_{m} = \boldsymbol{\lambda}^{-1}\overline{\boldsymbol{k}}_{m}\,\overline{\boldsymbol{\delta}}_{m} = \boldsymbol{\lambda}^{-1}\overline{\boldsymbol{k}}_{m}\boldsymbol{\lambda}\boldsymbol{\delta}_{m}$$

令

$$k_m = \lambda^{-1} \overline{k}_m \lambda \tag{17.11}$$

于是得到

$$F_m = k_m \delta_m \tag{17.12}$$

这里 F_m 和 δ_m 是在整体坐标系中的节点力和节点位移,所以 k_m 即为整体坐标系中的单元刚度矩阵,而公式(17.11)即为单元刚度矩阵的坐标变换公式。

还可证明,坐标变换矩阵的逆矩阵 λ^{-1} 和它的转置矩阵 λ^{T} 相等,即

$$\lambda^{T} = \lambda^{-1} \tag{i}$$

这由公式(17.10)便可证明:

$$\lambda\lambda^{T} = I$$

这里 I 为单位矩阵。又根据逆矩阵的定义,

$$\lambda\lambda^{-1} = I$$

比较以上两式即可得到式(i)。于是公式(17.11)化为

$$k_m = \lambda^{T} \overline{k}_m \lambda \tag{17.13}$$

把式(c)中的 $\overline{k}_m$、公式(17.10)中的 λ 和它的转置矩阵 λ^{T},一并代入公式(17.13),求出整体坐标中的单元刚度矩阵为

$$k_m = \lambda^{T} \overline{k}_m \lambda$$

$$= \frac{EA}{l} \begin{pmatrix} \cos^2\theta & \sin\theta\cos\theta & -\cos^2\theta & -\sin\theta\cos\theta \\ \sin\theta\cos\theta & \sin^2\theta & -\sin\theta\cos\theta & -\sin^2\theta \\ -\cos^2\theta & -\sin\theta\cos\theta & \cos^2\theta & \sin\theta\cos\theta \\ -\sin\theta\cos\theta & -\sin^2\theta & \sin\theta\cos\theta & \sin^2\theta \end{pmatrix} \tag{17.14}$$

将上式中的 k_m 代入公式(17.12),得

$$\begin{pmatrix} F_{ix}^{m} \\ F_{iy}^{m} \\ \hdashline F_{jx}^{m} \\ F_{jy}^{m} \end{pmatrix} = \frac{EA}{l} \left(\begin{array}{cc:cc} \cos^2\theta & \sin\theta\cos\theta & -\cos^2\theta & -\sin\theta\cos\theta \\ \sin\theta\cos\theta & \sin^2\theta & -\sin\theta\cos\theta & -\sin^2\theta \\ \hdashline -\cos^2\theta & -\sin\theta\cos\theta & \cos^2\theta & \sin\theta\cos\theta \\ -\sin\theta\cos\theta & -\sin^2\theta & \sin\theta\cos\theta & \sin^2\theta \end{array} \right) \cdot \begin{pmatrix} u_i \\ w_i \\ \hdashline u_j \\ w_j \end{pmatrix} \tag{j}$$

在上式中,用虚线将矩阵分割成子矩阵后,单元刚度矩阵 k_m 便可写成

$$k_m = \begin{pmatrix} k_{ii}^{m} & k_{ij}^{m} \\ k_{ji}^{m} & k_{jj}^{m} \end{pmatrix} \tag{k}$$

式中子矩阵的角标 i 和 j 是 ⓜ 单元两端的节点编码。

以上只讨论了整体坐标中的单元刚度矩阵。对整个杆系,还应建立整体刚度矩阵。这些将通过平面桁架的例题来说明。

例 17.7　图 17.19 所示为一平面桁架,各杆横截面面积均为 800 mm²。材料为碳钢,$E = 210$ GPa。各单元和节点的编号已示于图中。求桁架各节点的位移和各杆的内力。

解:取整体坐标系 Oxy 如图所示。为了建立整体刚度矩阵,首先分别写出各单元的单元刚度矩阵 $\boldsymbol{k}_m$。

单元①:$\theta = 0$

$$\frac{EA}{l} = \frac{(210 \times 10^9 \text{ Pa})(800 \times 10^{-6} \text{ m}^2)}{2 \text{ m}} = 84 \times 10^6 \text{ N/m}$$

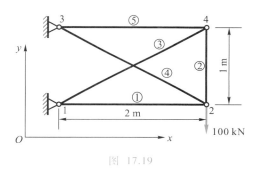

图 17.19

由公式(17.14)得整体坐标系中的单元刚度矩阵为

$$\boldsymbol{k}_1 = 10^6 \begin{pmatrix} 84 & 0 & -84 & 0 \\ 0 & 0 & 0 & 0 \\ -84 & 0 & 84 & 0 \\ 0 & 0 & 0 & 0 \end{pmatrix} = \begin{pmatrix} k_{11}^1 & k_{12}^1 \\ k_{21}^1 & k_{22}^1 \end{pmatrix} \tag{1}$$

单元②:$\theta = 90°$

$$\frac{EA}{l} = \frac{(210 \times 10^9 \text{ Pa})(800 \times 10^{-6} \text{ m}^2)}{1 \text{ m}} = 168 \times 10^6 \text{ N/m}$$

$$\boldsymbol{k}_2 = 10^6 \begin{pmatrix} 0 & 0 & 0 & 0 \\ 0 & 168 & 0 & -168 \\ 0 & 0 & 0 & 0 \\ 0 & -168 & 0 & 168 \end{pmatrix} = \begin{pmatrix} k_{22}^2 & k_{24}^2 \\ k_{42}^2 & k_{44}^2 \end{pmatrix} \tag{m}$$

在以上两式中,子矩阵的下角标是单元端点在杆系中的编号。例如,单元②的两端为 $i = 2, j = 4$,故子矩阵写成 k_{22}^2、k_{24}^2、k_{42}^2、k_{44}^2 等。

单元③:$\theta = \arccos \dfrac{2}{\sqrt{5}}$

$$\frac{EA}{l} = \frac{(210 \times 10^9 \text{ Pa})(800 \times 10^{-6} \text{ m}^2)}{\sqrt{5} \text{ m}} = 75 \times 10^6 \text{ N/m}$$

$$\boldsymbol{k}_3 = 10^6 \begin{pmatrix} 60 & 30 & -60 & -30 \\ 30 & 15 & -30 & -15 \\ \hline -60 & -30 & 60 & 30 \\ -30 & -15 & 30 & 15 \end{pmatrix} = \begin{pmatrix} k_{11}^3 & k_{14}^3 \\ k_{41}^3 & k_{44}^3 \end{pmatrix} \qquad (\text{n})$$

单元④: $\theta = \arccos\left(-\dfrac{2}{\sqrt{5}}\right)$, $\qquad \dfrac{EA}{l} = 75 \times 10^6 \text{ N/m}$

$$\boldsymbol{k}_4 = 10^6 \begin{pmatrix} 60 & -30 & -60 & 30 \\ -30 & 15 & 30 & -15 \\ \hline -60 & 30 & 60 & -30 \\ 30 & -15 & -30 & 15 \end{pmatrix} = \begin{pmatrix} k_{22}^4 & k_{23}^4 \\ k_{32}^4 & k_{33}^4 \end{pmatrix} \qquad (\text{o})$$

单元⑤: $\theta = 0$, $\qquad \dfrac{EA}{l} = 84 \times 10^6 \text{ N/m}$

$$\boldsymbol{k}_5 = 10^6 \begin{pmatrix} 84 & 0 & -84 & 0 \\ 0 & 0 & 0 & 0 \\ \hline -84 & 0 & 84 & 0 \\ 0 & 0 & 0 & 0 \end{pmatrix} = \begin{pmatrix} k_{33}^5 & k_{34}^5 \\ k_{43}^5 & k_{44}^5 \end{pmatrix} \qquad (\text{p})$$

桁架共有 4 个节点,每个节点有 2 个位移,故整体刚度矩阵 $\boldsymbol{K}$ 是 8×8 阶的矩阵。如按节点编号把 $\boldsymbol{K}$ 分割成子矩阵,整体刚度矩阵可以写成

节点号码→   1   2   3   4

$$\boldsymbol{K} = \begin{matrix} 1 \\ 2 \\ 3 \\ 4 \end{matrix} \begin{pmatrix} K_{11} & K_{12} & K_{13} & K_{14} \\ K_{21} & K_{22} & K_{23} & K_{24} \\ K_{31} & K_{32} & K_{33} & K_{34} \\ K_{41} & K_{42} & K_{43} & K_{44} \end{pmatrix} \qquad (\text{q})$$

按照式(q),把各单元的单元刚度矩阵扩大为贡献矩阵。例如以单元③为例,把式(n)表示的单元刚度矩阵扩大为

$$\boldsymbol{K}_3 = \begin{pmatrix} k_{11}^3 & 0 & 0 & k_{14}^3 \\ 0 & 0 & 0 & 0 \\ 0 & 0 & 0 & 0 \\ k_{41}^3 & 0 & 0 & k_{44}^3 \end{pmatrix}$$

同样可求出其他单元的贡献矩阵。叠加所有贡献矩阵,得整体刚度矩阵为

节点号码→1　　　　　2　　　　　3　　　　　4

$$
\boldsymbol{K} = \begin{array}{c} \downarrow 1 \\ 2 \\ 3 \\ 4 \end{array}
\begin{pmatrix}
k_{11}^1 + k_{11}^3 & k_{12}^1 & 0 & k_{14}^3 \\
k_{21}^1 & k_{22}^1 + k_{22}^2 + k_{22}^4 & k_{23}^4 & k_{24}^2 \\
0 & k_{32}^4 & k_{33}^4 + k_{33}^5 & k_{34}^5 \\
k_{41}^3 & k_{42}^2 & k_{43}^5 & k_{44}^2 + k_{44}^3 + k_{44}^5
\end{pmatrix}
$$

把式(1)~式(p)诸式中的各子矩阵放入上式中的相应位置,求出整体刚度矩阵。
从而列出整体刚度方程(方程中力的单位为 N,位移的单位为 m):

$$
\begin{pmatrix}
F_{x1} \\ F_{y1} \\ F_{x2} \\ F_{y2} \\ F_{x3} \\ F_{y3} \\ F_{x4} \\ F_{y4}
\end{pmatrix}
= 10^6
\begin{pmatrix}
144 & 30 & -84 & 0 & 0 & 0 & -60 & -30 \\
30 & 15 & 0 & 0 & 0 & 0 & -30 & -15 \\
-84 & 0 & 144 & -30 & -60 & 30 & 0 & 0 \\
0 & 0 & -30 & 183 & 30 & -15 & 0 & -168 \\
0 & 0 & -60 & 30 & 144 & -30 & -84 & 0 \\
0 & 0 & 30 & -15 & -30 & 15 & 0 & 0 \\
-60 & -30 & 0 & 0 & -84 & 0 & 144 & 30 \\
-30 & -15 & 0 & -168 & 0 & 0 & 30 & 183
\end{pmatrix}
\begin{pmatrix}
u_1 \\ w_1 \\ u_2 \\ w_2 \\ u_3 \\ w_3 \\ u_4 \\ w_4
\end{pmatrix}
\quad (r)
$$

在以上方程式中,引进已知的节点位移

$$ u_1 = w_1 = u_3 = w_3 = 0 $$

和已知的节点载荷

$$ F_{x2} = F_{x4} = F_{y4} = 0, \qquad F_{y2} = -100 \times 10^3 \text{ N} $$

整体刚度方程(r)的第三、四、七、八等四式化为

$$
\begin{pmatrix} 0 \\ -100 \\ 0 \\ 0 \end{pmatrix} 10^3 = 10^6
\begin{pmatrix}
144 & -30 & 0 & 0 \\
-30 & 183 & 0 & -168 \\
0 & 0 & 144 & 30 \\
0 & -168 & 30 & 183
\end{pmatrix}
\begin{pmatrix} u_2 \\ w_2 \\ u_4 \\ w_4 \end{pmatrix}
$$

由此解出

$$ u_2 = -1.22 \times 10^{-3} \text{ m}, \quad w_2 = -5.85 \times 10^{-3} \text{ m} $$

$$ u_4 = 1.16 \times 10^{-3} \text{ m}, \quad w_4 = -5.56 \times 10^{-3} \text{ m} $$

把所有已知的节点位移代入整体刚度方程(r),求出节点载荷

$$ \boldsymbol{F} = \begin{pmatrix} F_{x1} & F_{y1} & F_{x2} & F_{y2} & F_{x3} & F_{y3} & F_{x4} & F_{y4} \end{pmatrix}^{\mathrm{T}} $$

$$ = 10^3 \begin{pmatrix} 200 & 49 & 0 & -100 & -200 & 51 & 0 & 0 \end{pmatrix}^{\mathrm{T}} $$

节点载荷中,F_{x1}、F_{y1} 和 F_{x3}、F_{y3} 即为支座的约束力。

求得在整体坐标系中的节点位移后,利用单元刚度矩阵求出单元的节点力,再经坐标变换,把整体坐标中的节点力转变为局部坐标中的节点力,便可计算各杆件的内力和应力。现以单元②为例,在整体坐标中的节点力为

$$
\boldsymbol{F}_2 = \boldsymbol{k}_2 \boldsymbol{\delta}_2 = 10^6 \begin{pmatrix} 0 & 0 & 0 & 0 \\ 0 & 168 & 0 & -168 \\ 0 & 0 & 0 & 0 \\ 0 & -168 & 0 & 168 \end{pmatrix} \begin{pmatrix} -1.22 \\ -5.85 \\ 1.16 \\ -5.56 \end{pmatrix} \times 10^{-3}
$$

$$
= \begin{pmatrix} 0 \\ -49 \\ 0 \\ 49 \end{pmatrix} \times 10^3
$$

再经坐标变换,求出在局部坐标中的节点力为

$$
\overline{\boldsymbol{F}}_2 = \boldsymbol{\lambda} \boldsymbol{F}_2 = \begin{pmatrix} 0 & 1 & 0 & 0 \\ -1 & 0 & 0 & 0 \\ 0 & 0 & 0 & 1 \\ 0 & 0 & -1 & 0 \end{pmatrix} \begin{pmatrix} 0 \\ -49 \\ 0 \\ 49 \end{pmatrix} \times 10^3
$$

$$
= \begin{pmatrix} -49 \\ 0 \\ 49 \\ 0 \end{pmatrix} \times 10^3
$$

该结果具体描述为 $\overline{F}_{N2}^2 = -49 \times 10^3$ N,$\overline{F}_{N4}^2 = 49 \times 10^3$ N。即杆②在节点 2 受向下的轴力,在节点 4 受向上的轴力,也就是杆②受拉,轴力大小为 49×10^3 N。于是算得应力为

$$
\sigma_② = \frac{49 \times 10^3 \text{ N}}{800 \times 10^{-6} \text{ m}^2} = 61.2 \times 10^6 \text{ Pa} = 61.2 \text{ MPa}
$$

对其他单元也可进行同样的计算。最终得出各杆的应力分别是

$$
\sigma_① = -128 \text{ MPa}, \quad \sigma_② = 61.2 \text{ MPa}, \quad \sigma_③ = -136 \text{ MPa}
$$
$$
\sigma_④ = 143 \text{ MPa}, \quad \sigma_⑤ = 122 \text{ MPa}
$$

从以上例题看出,矩阵位移法可同时求得位移、内力和约束力。这种方法便于使用计算机进行计算,尤其适宜于对大型桁架的分析。采用这种方法时,无需区分静定结构或超静定结构,因为其求解过程是完全一样的。

§17.8 受弯杆件的坐标变换

组成平面刚架的杆件主要承受弯曲变形,但有时还受轴向拉伸或压缩,是弯曲与拉伸或压缩的组合变形(图 17.20a)。在局部坐标中,杆件的节点力和节点位移分别是

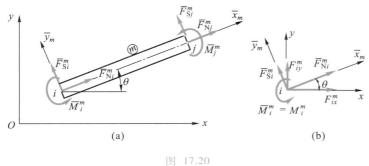

图 17.20

$$\overline{\boldsymbol{F}}_m = \begin{pmatrix} \overline{F}_{Ni}^m & \overline{F}_{Si}^m & \overline{M}_i^m & \overline{F}_{Nj}^m & \overline{F}_{Sj}^m & \overline{M}_j^m \end{pmatrix}^{\mathrm{T}}$$

$$\overline{\boldsymbol{\delta}}_m = \begin{pmatrix} \overline{u}_i & \overline{w}_i & \overline{\theta}_i & \overline{u}_j & \overline{w}_j & \overline{\theta}_j \end{pmatrix}^{\mathrm{T}}$$

这类杆件可以看作是图 17.14 所示组合变形的特殊情况,相当于在图 17.14 中令 $T_i^m = T_j^m = 0, \varphi_i = \varphi_j = 0$。这样,在公式(17.9)中除去与扭转变形有关的行和列,便可得到平面刚架的杆件在局部坐标系中的单元刚度矩阵为

$$\overline{\boldsymbol{k}}_m = \begin{pmatrix} \dfrac{EA}{l} & 0 & 0 & -\dfrac{EA}{l} & 0 & 0 \\[2mm] 0 & \dfrac{12EI}{l^3} & \dfrac{6EI}{l^2} & 0 & -\dfrac{12EI}{l^3} & \dfrac{6EI}{l^2} \\[2mm] 0 & \dfrac{6EI}{l^2} & \dfrac{4EI}{l} & 0 & -\dfrac{6EI}{l^2} & \dfrac{2EI}{l} \\[2mm] -\dfrac{EA}{l} & 0 & 0 & \dfrac{EA}{l} & 0 & 0 \\[2mm] 0 & -\dfrac{12EI}{l^3} & -\dfrac{6EI}{l^2} & 0 & \dfrac{12EI}{l^3} & -\dfrac{6EI}{l^2} \\[2mm] 0 & \dfrac{6EI}{l^2} & \dfrac{2EI}{l} & 0 & -\dfrac{6EI}{l^2} & \dfrac{4EI}{l} \end{pmatrix} \qquad (17.15)$$

在局部坐标中 $\overline{\boldsymbol{F}}_m$ 和 $\overline{\boldsymbol{\delta}}_m$ 的关系是

$$\overline{F}_m = \overline{k}_m \, \overline{\delta}_m$$

现在讨论受弯杆件的坐标变换。参照图 17.20b，容易求出，在 i 端局部坐标中的节点力与整体坐标中节点力之间的关系是

$$\begin{cases} \overline{F}_{Ni}^m = F_{ix}^m \cos\theta + F_{iy}^m \sin\theta \\ \overline{F}_{Si}^m = -F_{ix}^m \sin\theta + F_{iy}^m \cos\theta \\ \overline{M}_i^m = M_i^m \end{cases}$$

同理也可求出，在 j 端两坐标系中节点力之间的关系。将两端节点力之间的关系集合起来写成矩阵的形式：

$$\begin{pmatrix} \overline{F}_{Ni}^m \\ \overline{F}_{Si}^m \\ \overline{M}_i^m \\ \overline{F}_{Nj}^m \\ \overline{F}_{Sj}^m \\ \overline{M}_j^m \end{pmatrix} = \begin{pmatrix} \cos\theta & \sin\theta & 0 & 0 & 0 & 0 \\ -\sin\theta & \cos\theta & 0 & 0 & 0 & 0 \\ 0 & 0 & 1 & 0 & 0 & 0 \\ 0 & 0 & 0 & \cos\theta & \sin\theta & 0 \\ 0 & 0 & 0 & -\sin\theta & \cos\theta & 0 \\ 0 & 0 & 0 & 0 & 0 & 1 \end{pmatrix} \begin{pmatrix} F_{ix}^m \\ F_{iy}^m \\ M_i^m \\ F_{jx}^m \\ F_{jy}^m \\ M_j^m \end{pmatrix} \qquad (\text{a})$$

把上式缩写成

$$\overline{F}_m = \lambda F_m \qquad (\text{b})$$

式中

$$\lambda = \begin{pmatrix} \cos\theta & \sin\theta & 0 & 0 & 0 & 0 \\ -\sin\theta & \cos\theta & 0 & 0 & 0 & 0 \\ 0 & 0 & 1 & 0 & 0 & 0 \\ 0 & 0 & 0 & \cos\theta & \sin\theta & 0 \\ 0 & 0 & 0 & -\sin\theta & \cos\theta & 0 \\ 0 & 0 & 0 & 0 & 0 & 1 \end{pmatrix} \qquad (17.16)$$

是弯曲与拉伸（压缩）组合变形单元的坐标变换矩阵。

不难证明，对局部和整体两坐标系中的节点位移，可以导出与式（b）相同的关系：

$$\overline{\delta}_m = \lambda \delta_m \qquad (\text{c})$$

至于在整体坐标中的单元刚度方程和单元刚度矩阵，重复 §17.7 中导出公式（17.12）和公式（17.13）的过程，仍然可以得出相同的结果，即

$$F_m = k_m \delta_m \qquad (\text{d})$$

$$k_m = \boldsymbol{\lambda}^{\mathrm{T}} \, \overline{k}_m \boldsymbol{\lambda} \tag{e}$$

以上只讨论了整体坐标中的单元刚度矩阵 k_m。对整个刚架还应建立整体刚度矩阵,它由各单元的单元刚度矩阵组成。下面用例题来说明。

例 17.8　简单平面刚架如图 17.21 所示。$E = 210$ GPa。把组成刚架的杆件看作是拉(压)与弯组合变形的单元,试求节点位移和各杆的内力。

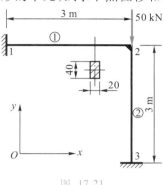

图　17.21

解:计算杆件横截面的面积 A 和惯性矩 I:

$$A = (40 \times 10^{-3} \text{ m})(20 \times 10^{-3} \text{ m}) = 800 \times 10^{-6} \text{ m}^2$$

$$I = \frac{1}{12}(20 \times 10^{-3} \text{ m})(40 \times 10^{-3} \text{ m})^3 = 10.67 \times 10^{-8} \text{ m}^4$$

计算杆件局部坐标系中单元刚度矩阵(17.15)中的各非零元素:

$$\frac{EA}{l} = \frac{(210 \times 10^9 \text{ Pa})(800 \times 10^{-6} \text{ m}^2)}{3 \text{ m}} = 56\,000 \times 10^3 \text{ N/m}$$

$$\frac{12EI}{l^3} = \frac{12(210 \times 10^9 \text{ Pa})(10.67 \times 10^{-8} \text{ m}^4)}{(3 \text{ m})^3} = 9.959 \times 10^3 \text{ N/m}$$

$$\frac{6EI}{l^2} = \frac{6(210 \times 10^9 \text{ Pa})(10.67 \times 10^{-8} \text{ m}^4)}{(3 \text{ m})^2} = 14.94 \times 10^3 \text{ N}$$

$$\frac{2EI}{l} = \frac{2(210 \times 10^9 \text{ Pa})(10.67 \times 10^{-8} \text{ m}^4)}{3 \text{ m}} = 14.94 \times 10^3 \text{ N·m}$$

$$\frac{4EI}{l} = 29.88 \times 10^3 \text{ N·m}$$

把以上数据代入公式(17.15),求出单元①和单元②在它们各自的局部坐标中的单元刚度矩阵同为

$$
\bar{k}_1 = \bar{k}_2 = 10^3 \begin{pmatrix}
56\,000 & 0 & 0 & -56\,000 & 0 & 0 \\
0 & 9.959 & 14.94 & 0 & -9.959 & 14.94 \\
0 & 14.94 & 29.88 & 0 & -14.94 & 14.94 \\
-56\,000 & 0 & 0 & 56\,000 & 0 & 0 \\
0 & -9.959 & -14.94 & 0 & 9.959 & -14.94 \\
0 & 14.94 & 14.94 & 0 & -14.94 & 29.88
\end{pmatrix} \quad \text{(f)}
$$

建立整体坐标系 Oxy 如图 17.21 所示。经坐标变换,把以上单元刚度矩阵转变为整体坐标中的单元刚度矩阵。

单元①:$\theta = 0, \cos\theta = 1, \sin\theta = 0$。由公式(17.16)看出,$\boldsymbol{\lambda}$ 变成单位矩阵,于是

$$
\boldsymbol{k}_1 = \boldsymbol{\lambda}^{\mathrm{T}} \bar{\boldsymbol{k}}_1 \boldsymbol{\lambda} = \boldsymbol{I} \bar{\boldsymbol{k}}_1 \boldsymbol{I} = \bar{\boldsymbol{k}}_1
$$

即在局部坐标中的单元刚度矩阵与在整体坐标中的相同。由于单元①的局部坐标与整体坐标平行,以上结论也是显然的。将 $\boldsymbol{k}_1$ 用虚线分块,如式(f)所示。

单元②:$\theta = -90°, \cos\theta = 0, \sin\theta = -1$。由公式(17.16)求得坐标变换矩阵为

$$
\boldsymbol{\lambda} = \begin{pmatrix}
0 & -1 & 0 & 0 & 0 & 0 \\
1 & 0 & 0 & 0 & 0 & 0 \\
0 & 0 & 1 & 0 & 0 & 0 \\
0 & 0 & 0 & 0 & -1 & 0 \\
0 & 0 & 0 & 1 & 0 & 0 \\
0 & 0 & 0 & 0 & 0 & 1
\end{pmatrix}
$$

于是求得

$$
\boldsymbol{k}_2 = \boldsymbol{\lambda}^{\mathrm{T}} \bar{\boldsymbol{k}}_2 \boldsymbol{\lambda}
$$

$$
= 10^3 \begin{pmatrix}
9.959 & 0 & 14.94 & -9.959 & 0 & 14.94 \\
0 & 56\,000 & 0 & 0 & -56\,000 & 0 \\
14.94 & 0 & 29.88 & -14.94 & 0 & 14.94 \\
-9.955 & 0 & -14.94 & 9.959 & 0 & -14.94 \\
0 & -56\,000 & 0 & 0 & 56\,000 & 0 \\
14.94 & 0 & 14.94 & -14.94 & 0 & 29.88
\end{pmatrix} \quad \text{(g)}
$$

把单元刚度矩阵扩大为贡献矩阵,叠加后求出整体刚度矩阵,得整体刚度方程(h)(见下页)。

由于节点 1 和 3 为固定端,故有

$$
u_1 = w_1 = \theta_1 = u_3 = w_3 = \theta_3 = 0
$$

$$
10^{3}
\begin{Bmatrix}
F_{x1}\\
F_{y1}\\
M_1\\
0\\
-50\\
0\\
F_{x3}\\
F_{y3}\\
M_3
\end{Bmatrix}
=10^{3}
\begin{bmatrix}
56\,000 & 0 & 0 & -56\,000 & 0 & 0 & 0 & 0 & 0\\
0 & 9.959 & 14.94 & 0 & -9.959 & 14.94 & 0 & 0 & 0\\
0 & 14.94 & 29.88 & 0 & -14.94 & 14.94 & 0 & 0 & 0\\
-56\,000 & 0 & 0 & 56\,010 & 0 & -14.94 & -9.959 & 0 & -14.94\\
0 & -9.959 & -14.94 & 0 & 56\,010 & -14.94 & 0 & -56\,000 & 0\\
0 & 14.94 & 14.94 & -14.94 & -14.94 & 59.76 & 14.94 & 0 & 14.94\\
0 & 0 & 0 & -9.959 & 0 & 14.94 & 9.959 & 0 & 14.94\\
0 & 0 & 0 & 0 & -56\,000 & 0 & 0 & 56\,000 & 0\\
0 & 0 & 0 & -14.94 & 0 & 14.94 & 14.94 & 0 & 29.88
\end{bmatrix}
\begin{Bmatrix}
u_1\\
w_1\\
\theta_1\\
u_2\\
w_2\\
\theta_2\\
u_3\\
w_3\\
\theta_3
\end{Bmatrix}
\qquad(\text{h})
$$

将以上已知位移代入式(h),得出

$$\begin{pmatrix} 0 \\ -50 \\ 0 \end{pmatrix}10^3 = 10^3\begin{pmatrix} 56\ 010 & 0 & 14.94 \\ 0 & 56\ 010 & -14.94 \\ 14.94 & -14.94 & 59.76 \end{pmatrix}\begin{pmatrix} u_2 \\ w_2 \\ \theta_2 \end{pmatrix}\qquad(\text{i})$$

由式(i)解出

$$u_2 = 5.954\times10^{-8}\ \text{m},\quad w_2 = -8.928\times10^{-4}\ \text{m},\quad \theta_2 = -2.232\times10^{-4}\ \text{rad}$$

求出节点位移后,利用单元刚度矩阵可以求得各单元的节点力,也就是求得了各杆端截面上的内力。这些留给读者去完成。

习　　题

17.1 图示简单杆系中,钢杆①和铝杆②的横截面面积皆为 400 mm^2。钢的弹性模量 E_1 = 210 GPa,铝的 E_2 = 70 GPa。设 AB 为刚性杆,其变形可以不计。F = 40 kN。求节点位移及各杆的轴力。

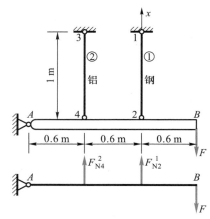

题 17.1 图

解:节点 1 和 3 为固定铰,而 AB 杆为刚性杆,所以容易看出

$$u_1 = u_3 = 0$$
$$u_4 = 0.5u_2$$

钢杆①的单元刚度方程是

$$\begin{pmatrix} F_{N1}^1 \\ F_{N2}^1 \end{pmatrix} = \frac{AE_1}{l}\begin{pmatrix} 1 & -1 \\ -1 & 1 \end{pmatrix}\begin{pmatrix} u_1 \\ u_2 \end{pmatrix} = 84\times10^6\begin{pmatrix} 1 & -1 \\ -1 & 1 \end{pmatrix}\begin{pmatrix} 0 \\ u_2 \end{pmatrix}\qquad(\text{a})$$

铝杆②的单元刚度方程是

$$\begin{pmatrix} F_{N3}^2 \\ F_{N4}^2 \end{pmatrix} = \frac{AE_2}{l} \begin{pmatrix} 1 & -1 \\ -1 & 1 \end{pmatrix} \begin{pmatrix} u_3 \\ u_4 \end{pmatrix} = 28\times10^6 \begin{pmatrix} 1 & -1 \\ -1 & 1 \end{pmatrix} \begin{pmatrix} 0 \\ 0.5u_2 \end{pmatrix} \qquad (\text{b})$$

由 AB 杆的平衡方程 $\sum M_1 = 0$,得出

$$F_{N4}^2 + 2F_{N2}^1 - 3\times(40\times10^3 \text{ N}) = 0$$

把单元刚度方程(a),(b)中的 F_{N2}^1 和 F_{N4}^2 代入以上方程,得

$$0.5u_2(28\times10^6 \text{ N/m}) + 2u_2(84\times10^6 \text{ N/m}) - 3\times(40\times10^3 \text{ N}) = 0$$

由此解出

$$u_2 = 0.659\times10^{-3} \text{ m}$$

将 u_2 代入式(a)及式(b),求出

$$F_{N2}^1 = 84\times10^6 u_2 = 55.4 \text{ kN}$$

$$F_{N4}^2 = 28\times10^6\times0.5u_2 = 9.22 \text{ kN}$$

这就是①,②两杆的轴力。

17.2　图示圆钢杆与铝套筒在端截面刚性连接。两者的横截面面积分别为:$A_{钢} = 1\,000 \text{ mm}^2$,$A_{铝} = 500 \text{ mm}^2$。$l = 1 \text{ m}$。弹性模量分别为:$E_{钢} = 210 \text{ GPa}$,$E_{铝} = 70 \text{ GPa}$。若左端固定,且铝套筒内的应力为 100 MPa 时,试求拉力 F。

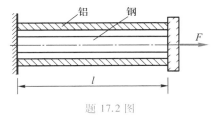

题 17.2 图

17.3　横截面面积 $A = 50\times20 \text{ mm}^2$ 的钢杆如图所示,$E = 210 \text{ GPa}$。试求各节点的节点位移和杆的最大应力。

17.4　图示杆系由钢和铜两种材料制成,$A_{钢} = 2\,000 \text{ mm}^2$,$A_{铜} = 1\,000 \text{ mm}^2$,$E_{钢} = 200 \text{ GPa}$,$E_{铜} = 100 \text{ GPa}$。试求支座约束力和各单元的应力。

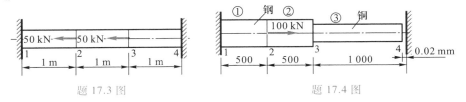

题 17.3 图　　　　　　　　　　　题 17.4 图

17.5　在图示结构中,杆件①由钢制成,$A_1 = 2\,000 \text{ mm}^2$,$E_1 = 200 \text{ GPa}$,杆件②由铜制成,$A_2 = 1\,000 \text{ mm}^2$,$E_2 = 100 \text{ GPa}$。若 AB 杆可视为刚体,试求节点位移和①,②两杆的应力。

17.6　图示变截面钢轴上的 $M_{e2} = 1.8 \text{ kN·m}$,$M_{e3} = 1.2 \text{ kN·m}$,直径 $d_1 = 75 \text{ mm}$,$d_2 = 50 \text{ mm}$,材料的切变模量 $G = 80 \text{ GPa}$。试求最大切应力和左右两端端截面的相对扭转角。

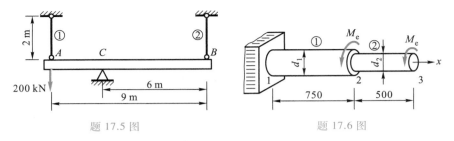

題 17.5 圖　　　　　　　　　　題 17.6 圖

17.7　两端固定的圆杆如图所示，直径 $d = 80$ mm，$M_{e2} = 12$ kN·m，材料的 $G = 80$ GPa。求固定端截面上的约束力偶矩和杆内最大切应力。

17.8　图示杆系中，杆件①为实心钢杆，$G_1 = 80$ GPa，直径 $d_1 = 50$ mm；杆件②为空心铝杆，$G_2 = 25$ GPa，外径 $D_2 = 60$ mm，内径 $d_2 = 40$ mm。试求各杆的最大切应力。

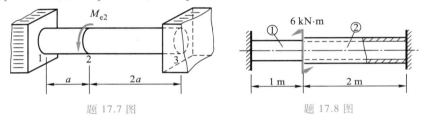

題 17.7 圖　　　　　　　　　　題 17.8 圖

17.9　图示简支梁的横截面为圆形，$d = 50$ mm，材料的 $E = 200$ GPa。已知 $\theta_1 = 0.002$ rad，$\theta_2 = 0.001$ rad，求端点载荷。

17.10　受弯杆件如图所示，已知单元①的 $EI = 8$ MN·m^2，单元②的 $EI = 16$ MN·m^2。若 $\boldsymbol{\delta} = (w_1 \quad \theta_1 \quad w_2 \quad \theta_2 \quad w_3 \quad \theta_3)^{\mathrm{T}} = (0 \quad 0 \quad 0.01 \quad 0 \quad 0 \quad 0)^{\mathrm{T}}$，求节点载荷并作弯矩图。

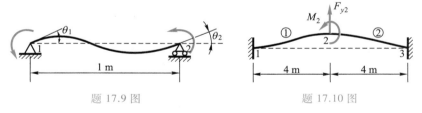

題 17.9 圖　　　　　　　　　　題 17.10 圖

17.11　两端固定的梁如图所示，$EI = 8 \times 10^6$ N·m^2。试求集中力作用点的位移和固定端的约束力。

17.12　图示等截面钢梁直径 $d = 50$ mm，$E = 200$ GPa。求节点位移和支座约束力，并作

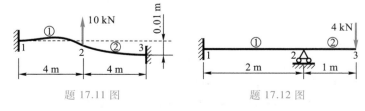

題 17.11 圖　　　　　　　　　　題 17.12 圖

弯矩图。

17.13 图示钢梁 $E = 200$ GPa，$I = 40×10^6$ mm^4。求 C 点的挠度和转角。

17.14 图示连续梁的右端支座 C 比 A,B 两支座高 δ。若 EI 为已知，试作梁的弯矩图。

17.15 设图示各梁的 EI 已知，试求各支座约束力并作弯矩图。

17.16 图示简支工字梁受偏心拉力作用，横截面的尺寸如右图所示。若 $e = 10$ mm，$E = 210$ GPa，试求端点位移。

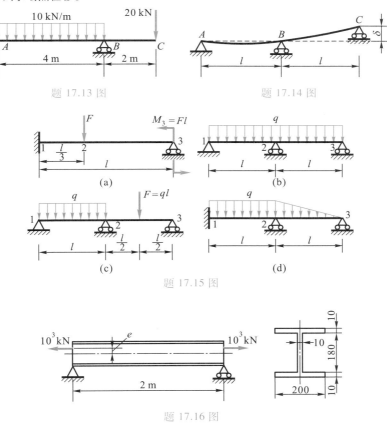

题 17.13 图   题 17.14 图

题 17.15 图

题 17.16 图

17.17 等截面圆杆的 $I_p = 2I = 16\ 000$ mm^4，受力情况如图所示，弹性模量 $E = 200$ GPa，切变模量 $G = 80$ GPa。试求各支座约束力和节点位移。

17.18 图示桁架各杆横截面面积均为 800 mm^2，且均为钢杆，$E = 210$ GPa。试求桁架各杆的内力和各节点的位移。

17.19 对弯曲与拉伸(压缩)的组合变形杆件，试证单元刚度矩阵的坐标变换公式仍为公式(17.13)，即

$$\boldsymbol{k}_m = \boldsymbol{\lambda}^\mathrm{T} \overline{\boldsymbol{k}}_m \boldsymbol{\lambda}$$

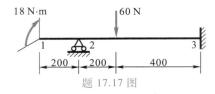

题 17.17 图

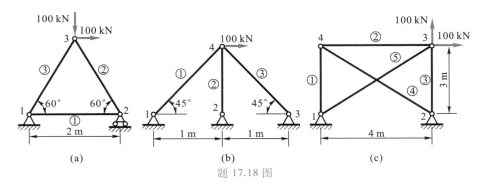

(a)   (b)   (c)

题 17.18 图

17.20 图示刚架各杆 EI 和 EA 均相等，$E = 200$ GPa，$A = 2\,000$ mm^2，$I = 1.2 \times 10^7$ mm^4，$l = 2$ m。试作刚架的弯矩图。

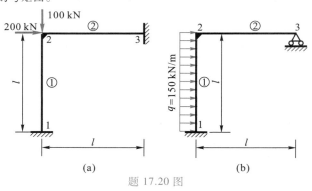

(a)   (b)

题 17.20 图

17.21 写出图示刚架的整体刚度方程。设刚架各杆的 EI 和 EA 皆相等，且 $E = 200$ GPa，$A = 30 \times 10^{-4}$ m^2，$I = 2\,400 \times 10^{-8}$ m^4。

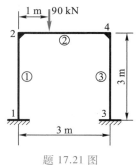

题 17.21 图

第十八章 杆件的塑性变形

§18.1 概　　述

工程实际中,绝大部分构件必须在弹性范围内工作,不允许出现塑性变形。所以,以前主要讨论杆件在线弹性阶段内的变形和强度,对塑性变形很少论及。但有些问题确须考虑塑性变形,如工件表层可能因加工引起塑性变形,零件的某些部位也往往因应力过高出现塑性变形。此外,对构件极限承载能力的计算和残余应力的研究,都需要塑性变形的知识。至于金属的压力加工,则更是利用了塑性变形不能恢复的性质。

本章仅讨论常温、静载下,材料的一些塑性性质、杆件基本变形的塑性阶段和极限载荷计算、应力非均匀分布的杆件因塑性变形引起的残余应力等。至于对塑性变形更深入的讨论,应参考有关塑性力学的著作。

§18.2 金属材料的塑性性质

关于材料的力学性能,在第二章中曾经讨论过。现将与塑性变形有关的部分作一简单回顾。图 18.1 是低碳钢拉伸的应力－应变曲线,图中 a, b, c 三点对应的应力分别是比例极限 σ_p、弹性极限 σ_e、屈服极限 σ_s。应力在 σ_p 以下,材料是线弹性的,应力和应变服从胡克定律。应力超过 σ_s 后,将出现明显的塑性变形。由于 a, b, c 三点相当接近,所以可以近似地把 σ_s 作为线弹性范围的边界。

过屈服极限后,应力和应变的关系是非线性的,应变中将包含弹性应变 ε_e 和塑性应变 ε_p 两部分,即

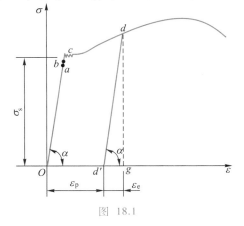

图 18.1

$$\varepsilon = \varepsilon_e + \varepsilon_p \qquad\qquad (18.1)$$

这时如再将外力逐渐解除,在卸荷过程中,应力和应变沿直线 dd' 变化,且 dd' 近似地平行于弹性范围的直线 Oa。当外力完全解除,应力等于零时,已经恢复的应变 $d'g$ 为弹性应变 ε_e,不再消失的应变 Od' 即为塑性应变 ε_p。由于塑性应变不能恢复,所以它是不可逆的。加载过程和卸载过程中,应力–应变关系遵循不同的规律,是塑性阶段与弹性阶段的重要区别。

为了减少问题的复杂性,通常把应力–应变关系作必要的简化。图 18.2 中给出了四种简化方案。若材料有较长的屈服流动阶段,且应变并未超出这一阶段,或者材料的强化程度不明显,都可简化成理想弹塑性材料,其应力–应变关系如图 18.2a 所示。若理想弹塑性材料的塑性变形较大,致使应变中的弹性部分可以略去不计,则可简化成刚塑性材料,其应力–应变关系如图 18.2b 所示。对强化比较明显的材料,如以斜直线表示强化阶段,把应力–应变关系简化成图 18.2c 所表示的情况,这样的材料称为线性强化弹塑性材料。在上述情况中,如再省略应变中的弹性部分,就成为线性强化刚塑性材料,其应力–应变关系如图 18.2d 所示。有时也把应力–应变关系近似地表示为幂函数

$$\sigma = c\varepsilon^n$$

式中 c 和 n 皆为常量。

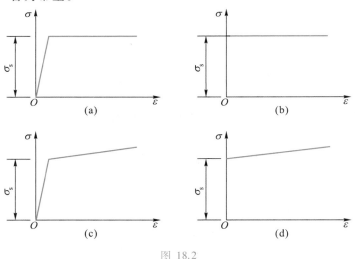

图 18.2

以上是单向应力的情况。在复杂应力状态下,当应力满足屈服条件时,材料即出现塑性变形(§7.11)。根据最大切应力理论,屈服条件是

$$\sigma_1 - \sigma_3 = \sigma_s \qquad\qquad (18.2)$$

这一屈服条件也称为特雷斯卡（Tresca）屈服准则。根据最大畸变能密度理论，屈服条件是

$$(\sigma_1 - \sigma_2)^2 + (\sigma_2 - \sigma_3)^2 + (\sigma_3 - \sigma_1)^2 = 2\sigma_s^2 \tag{18.3}$$

这一屈服条件也称为米泽斯（Mises）屈服准则。复杂应力状态下，塑性变形的应力－应变关系要更复杂一些，这里不再介绍，读者可参看有关书籍。

§18.3　拉伸和压缩杆系的塑性分析

在静定拉压杆系例如静定桁架中，各杆的轴力皆可由静力平衡条件求出。应力最大的杆件将首先出现塑性变形。若材料为理想弹塑性材料，当杆系中有一根杆件发生塑性变形时，杆系已成为几何可变的"机构"，丧失了承载能力。这时的载荷也就是极限载荷。所以，静定杆系的塑性分析一般说是比较简单的。至于超静定拉压杆系，则比较复杂些。现以图 18.3a 所示两端固定的杆件为例，当载荷 F 逐渐增加时，开始杆件是弹性状态（参看题 2.40），杆件两端的约束力是

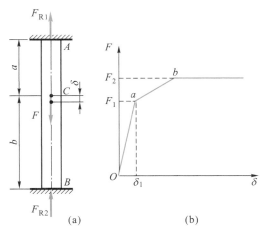

图 18.3

$$F_{R1} = \frac{Fb}{a+b}, \quad F_{R2} = \frac{Fa}{a+b} \tag{a}$$

F 力作用点的位移是

$$\delta = \frac{F_{R1}a}{EA} = \frac{Fab}{EA(a+b)} \tag{b}$$

如 $b>a$，则 $F_{R1}>F_{R2}$。随着 F 的增加，AC 段的应力将首先达到屈服极限。若相应

的载荷为 F_1，载荷作用点的位移为 δ_1，则由式（a），式（b）两式求得

$$F_{R1} = \frac{F_1 b}{a+b} = A\sigma_s, \quad F_1 = \frac{A\sigma_s(a+b)}{b}$$

$$\delta_1 = \frac{\sigma_s a}{E}$$

在上述加载过程中，F 及 δ 的关系由图 18.3b 中的直线 Oa 来表示。如按照应力不能超出弹性阶段的强度要求，这里的 F_1 就是危险载荷。但是，虽然这时 AC 已进入塑性阶段，而 CB 段仍然是弹性的，杆件并未丧失承载能力，载荷还可以继续增加。若材料为理想弹塑性材料（图 18.2a），当载荷 F 大于 F_1 时，AC 段的变形可以增大，但轴力保持为常量 $A\sigma_s$。这样，由平衡方程可知

$$F_{R2} = F - A\sigma_s \tag{c}$$

载荷作用点 C 的位移为

$$\delta = \delta_1 + \frac{(F-F_1)b}{EA} \tag{d}$$

载荷一直增加到 CB 段也进入塑性阶段时，$F_{R2} = A\sigma_s$，由式（c）求出相应的载荷为

$$F_2 = 2A\sigma_s$$

载荷达到 F_2 后，整根杆件都已进入塑性变形。因为是理想弹塑性材料，杆件可持续发生塑性变形，而无需再增加载荷，它已失去了承载能力。F_2 就称为极限载荷，用 F_p 来表示。式（d）表明，从 F_1 到 F_2，载荷 F 与位移 δ 的关系为图 18.3b 中的直线 ab。达到极限载荷后，F 与 δ 的关系变成水平线。

　　以上讨论了载荷从零增加到极限载荷的全过程。如果只是求极限载荷，则可令 AC 和 BC 两段的轴力皆等于极限值 $A\sigma_s$，于是由平衡方程可以直接得出极限载荷为

$$F_p = F_2 = 2A\sigma_s$$

可见，极限载荷的确定反而比弹性分析简单。

　　例 18.1　在图 18.4a 所示静不定结构中，设三杆的材料相同，均为理想弹塑性材料，横截面面积同为 A。试求使结构开始出现塑性变形的载荷 F_1 和极限载荷 F_p。

　　解：以 F_{N1} 和 F_{N2} 分别表示 AC 和 AD 杆的轴力，F_{N3} 表示 AB 杆的轴力。在 §2.10 的弹性分析结果中，令 $E_1 = E_3$，$A_1 = A_3$，得

$$F_{N1} = F_{N2} = \frac{F\cos^2\alpha}{1+2\cos^3\alpha}, \qquad F_{N3} = \frac{F}{1+2\cos^3\alpha} \tag{e}$$

可见 $F_{N3} > F_{N1}$。当载荷逐渐增加时，AB 杆的应力首先达到 σ_s，这时的载荷即为

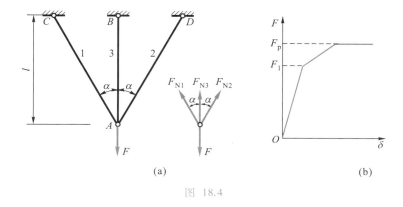

图　18.4

F_1。由式(e)的第二式得

$$F_{N3} = A\sigma_s = \frac{F_1}{1 + 2\cos^3 \alpha}$$

由此解出

$$F_1 = A\sigma_s(1 + 2\cos^3 \alpha)$$

载荷继续增加,中间杆的轴力 F_{N3} 保持为 $A\sigma_s$,两侧杆件仍然是弹性的。直至两侧杆件的轴力 F_{N1} 和 F_{N2} 也达到 $A\sigma_s$,相应的载荷即为极限载荷 F_p。这时由节点 A 的平衡方程知

$$F_p = 2A\sigma_s\cos \alpha + A\sigma_s = A\sigma_s(2\cos \alpha + 1)$$

　　加载过程中,载荷 F 与 A 点位移 δ 的关系已表示于图 18.4 b 中,详细的分析由读者去完成。

§ 18.4　圆轴的塑性扭转

　　圆轴受扭时,在线弹性阶段,横截面上的切应力沿半径按线性规律分布,并由公式(3.9)计算,即

$$\tau = \frac{T\rho}{I_p} \tag{a}$$

随着扭矩的逐渐增加,截面边缘处的最大切应力首先达到剪切屈服极限 τ_s(图 18.5a)。若相应的扭矩为 T_1,由式(a)知

$$T_1 = \frac{\tau_s I_p}{r} = \frac{1}{2}\pi r^3 \tau_s \tag{b}$$

设切应力和切应变的关系也是理想弹塑性的(图 18.5b),当扭矩继续增加时,横

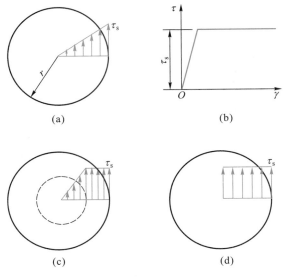

图　18.5

截面上屈服区域逐渐增大,且切应力保持为 τ_s,而弹性区域逐渐缩小(图18.5c)。最后只剩下圆心周围一个很小的核心是弹性的。它对抵抗外载荷的贡献甚小,可以认为整个截面上切应力均匀分布,如图 18.5d 所示。与此相应的扭矩即为极限扭矩 T_p,其值为

$$T_p = \int_A \rho \tau_s dA$$

取 $dA = 2\pi\rho d\rho$ 代入上式后完成积分,得

$$T_p = \frac{2}{3}\pi r^3 \tau_s \tag{18.4}$$

比较式(b)和式(18.4)两式,可见从开始出现塑性变形到极限状态,扭矩增加了三分之一。

达到极限扭矩后,不需要再增加扭矩而轴的扭转变形将持续加大,轴已经丧失承载能力。当然这只表示在 T_p 的方向丧失了承载能力,至于在相反的方向,却并非如此。在机器中轴类零件的破坏主要是疲劳引起的,极限扭矩只是扭矩沿一个方向单调增加的极限值,所以实际意义是有限的。

例 18.2　设材料受扭时切应力和切应变的关系如图 18.6a 所示,并可近似地表示为

$$\tau^m = B\gamma \quad (m>1) \tag{c}$$

式中 m 和 B 皆为常量。试导出实心圆轴扭转时应力和变形的计算公式。

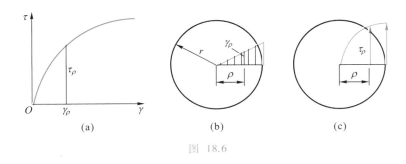

图 18.6

解：根据圆轴扭转的平面假设，可以直接引用 §3.4 中的式（b），求得横截面上任意点处的切应变为

$$\gamma_\rho = \rho \frac{\mathrm{d}\varphi}{\mathrm{d}x} \qquad (\mathrm{d})$$

式中 $\dfrac{\mathrm{d}\varphi}{\mathrm{d}x}$ 是扭转角沿轴线的变化率，ρ 为横截面上一点到圆心的距离，γ_ρ 即为该点切应变。式（d）表明，沿横截面半径，各点的切应变是按直线规律变化的（图 18.6b）。由式（c），式（d）两式求出

$$\tau_\rho^m = B \frac{\mathrm{d}\varphi}{\mathrm{d}x} \cdot \rho \qquad (\mathrm{e})$$

或者写成

$$\tau_\rho = \left(B \frac{\mathrm{d}\varphi}{\mathrm{d}x} \cdot \rho \right)^{\frac{1}{m}} \qquad (\mathrm{f})$$

比较式（c），式（e）两式，可见沿横截面半径，切应力的分布规律（图 18.6c）与图 18.6a 中的 $\tau - \gamma$ 曲线是相似的。

横截面上的扭矩应为

$$T = \int_A \rho \cdot \tau_\rho \mathrm{d}A$$

取 $\mathrm{d}A = 2\pi\rho\mathrm{d}\rho$，并以式（f）代入上式，

$$T = 2\pi \left(B \frac{\mathrm{d}\varphi}{\mathrm{d}x} \right)^{\frac{1}{m}} \int_0^r \rho^{\frac{2m+1}{m}} \mathrm{d}\rho = 2\pi \left(B \frac{\mathrm{d}\varphi}{\mathrm{d}x} \right)^{\frac{1}{m}} \cdot \frac{m}{3m+1} r^{\frac{3m+1}{m}} \qquad (\mathrm{g})$$

从式（f）和式（g）两式中消去 $\left(B \dfrac{\mathrm{d}\varphi}{\mathrm{d}x} \right)^{\frac{1}{m}}$，得切应力的计算公式

$$\tau_\rho = \frac{T}{2\pi r^3} \cdot \frac{3m+1}{m} \left(\frac{\rho}{r} \right)^{\frac{1}{m}} \qquad (\mathrm{h})$$

令 $\rho = r$，得最大切应力为

$$\tau_{\max} = \frac{T}{2\pi r^3} \cdot \frac{3m+1}{m} = \frac{Tr}{I_{\mathrm{p}}} \cdot \frac{3m+1}{4m}$$

当 $m = 1$ 时，材料变为线弹性的，上式变为

$$\tau_{\max} = \frac{T \cdot r}{I_{\mathrm{p}}}$$

由式（e）知

$$\tau_{\max}^m = B \frac{\mathrm{d}\varphi}{\mathrm{d}x} \cdot r$$

故有

$$\frac{\mathrm{d}\varphi}{\mathrm{d}x} = \frac{\tau_{\max}^m}{Br} = \frac{1}{Br}\left(\frac{Tr}{I_{\mathrm{p}}} \cdot \frac{3m+1}{4m}\right)^m$$

积分求得相距为 l 的两个横截面的相对扭转角为

$$\varphi = \frac{1}{B}\left(\frac{Tr}{I_{\mathrm{p}}} \cdot \frac{3m+1}{4m}\right)^m \frac{l}{r} \tag{i}$$

当 $m = 1$，$B = G$ 时，上式化为

$$\varphi = \frac{Tl}{GI_{\mathrm{p}}}$$

这就是公式（3.16）。

§18.5　塑性弯曲和塑性铰

讨论直梁塑性弯曲时，仍设梁有一纵向对称面，且载荷皆作用于这一对称面内。现分成纯弯曲和横力弯曲两种情况进行讨论。

1. 纯弯曲　根据平面假设（§5.1），横截面上距中性轴为 y 的点的应变为

$$\varepsilon = \frac{y}{\rho} \tag{a}$$

式中 $\dfrac{1}{\rho}$ 是挠曲线的曲率。因为式（a）是按纯几何的分析得到的，与材料的性质无关，所以无论材料是线弹性的或塑性的，结果完全一样。又因是纯弯曲，所以横截面上的轴力等于零，由 $\sigma\mathrm{d}A$ 组成的内力系最终合成为一个力偶矩，也就是横截面上的弯矩。这样，我们得出下面的静力方程：

$$\int_A \sigma\mathrm{d}A = 0 \tag{b}$$

$$\int_A y\sigma \mathrm{d}A = M \qquad\qquad (\mathrm{c})$$

如认为各纵向纤维之间并无正应力,则每一纵向纤维皆可看作是单向拉伸或压缩。设材料为理想弹塑性材料,拉伸和压缩的性能相同,应力-应变关系如图18.2a 所示。在线弹性阶段,也就是 §5.2 讨论的情况,中性轴通过截面形心,沿截面高度正应力按线性规律分布,且由公式(5.2)计算,即

$$\sigma = \frac{My}{I} \qquad\qquad (\mathrm{d})$$

显然,在正应力最大的边缘处首先出现塑性变形。若以 M_1 表示开始出现塑性变形时的弯矩,由式(d)知

$$M_1 = \frac{I\sigma_\mathrm{s}}{y_{\max}} \qquad\qquad (\mathrm{e})$$

载荷逐渐增加,横截面上塑性区逐渐扩大,且塑性区内的应力保持为 σ_s(图18.7b)。最后,横截面上只剩下邻近中性轴的很小区域内材料是弹性的。这时可简化成图 18.7c 所表示的极限情况。这种情况下,无论在拉应力区或压应力区,都有

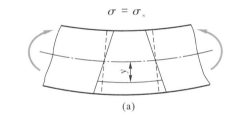

(a)

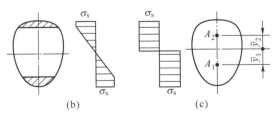

(b) (c)

图 18.7

如以 A_1 和 A_2 分别表示中性轴两侧拉应力区和压应力区的面积,则静力方程(b)化为

$$\int_A \sigma \mathrm{d}A = \int_{A_1} \sigma_\mathrm{s} \mathrm{d}A - \int_{A_2} \sigma_\mathrm{s} \mathrm{d}A = \sigma_\mathrm{s}(A_1 - A_2) = 0$$

$$A_1 = A_2$$

若整个横截面面积为 A,则应有

$$A_1 + A_2 = A$$

故有

$$A_1 = A_2 = \frac{A}{2} \tag{18.5}$$

可见在极限情况下,中性轴将截面分成面积相等的两部分,因而它不一定通过截面形心。只有当横截面有两个对称轴时,中性轴才通过形心。

极限情况下的弯矩即为极限弯矩 M_p,由静力方程(c)得

$$M_p = \int_A y\sigma_s \mathrm{d}A = \sigma_s \left(\int_{A_1} y\mathrm{d}A + \int_{A_2} y\mathrm{d}A \right) = \sigma_s(A_1 \bar{y}_1 + A_2 \bar{y}_2)$$

式中 $\bar{y}_1$ 和 $\bar{y}_2$ 分别是 A_1 和 A_2 的形心到中性轴的距离。利用公式(18.5)又可把上式写成

$$M_p = \frac{1}{2}A\sigma_s(\bar{y}_1 + \bar{y}_2) \tag{18.6}$$

例 **18.3**　在纯弯曲情况下,计算矩形截面梁和圆截面梁开始出现塑性变形时的弯矩 M_1 和极限弯矩 M_p。

解:对矩形截面梁(图 18.8),由式(e)得开始出现塑性变形的弯矩 M_1 为

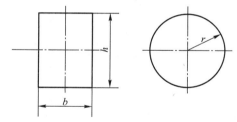

图 18.8

$$M_1 = \frac{I\sigma_s}{y_{max}} = \frac{bh^2}{6}\sigma_s$$

由公式(18.6)求得极限弯矩 M_p 为

$$M_p = \frac{1}{2}A\sigma_s(\bar{y}_1 + \bar{y}_2) = \frac{1}{2}bh\sigma_s\left(\frac{h}{4} + \frac{h}{4}\right) = \frac{bh^2}{4}\sigma_s$$

M_1 和 M_p 之比为

$$\frac{M_p}{M_1} = 1.5$$

所以从出现塑性变形到极限情况,弯矩增加了 50%。

对圆截面梁,

$$M_1 = \frac{I\sigma_s}{y_{max}} = \frac{\pi r^3}{4}\sigma_s$$

$$M_p = \frac{1}{2}A\sigma_s(\bar{y}_1 + \bar{y}_2) = \frac{1}{2}\pi r^2\sigma_s \cdot \left(\frac{4r}{3\pi} + \frac{4r}{3\pi}\right) = \frac{4r^3}{3}\sigma_s$$

$$\frac{M_p}{M_1} = \frac{16}{3\pi} = 1.7$$

从开始塑性变形到极限情况,弯矩增加了 70%。

2. 横力弯曲 横力弯曲情况下,弯矩沿梁轴线变化,横截面上除弯矩外还有剪力。也像研究弹性弯曲一样,可忽略剪力的影响。为说明横力弯曲下的塑性弯曲,现以图 18.9 所示简支梁为例,并设梁的横截面为矩形。由于跨度中点截面上弯矩最大,载荷逐渐增大时,必然在这一截面上首先出现塑性变形,以后向两侧扩展。图 18.9a 中画阴影线的部分,即为梁内形成的塑性区。把坐标原点放在跨度中点,并将坐标为 x 的横截面上的应力分布情况放大成图 18.9b。在这一截面的塑性区内,$\sigma = \sigma_s$;弹性区内,$\sigma = \sigma_s\dfrac{y}{\eta}$。$\eta$ 为塑性区和弹性区的分界线到中性轴的距离。故截面上的弯矩应为

$$M = \int_A y\sigma\,\mathrm{d}A = 2\int_\eta^{h/2} y\sigma_s \cdot b\,\mathrm{d}y + 2\int_0^\eta y \cdot \sigma_s\frac{y}{\eta} \cdot b\,\mathrm{d}y$$

$$= b\left(\frac{h^2}{4} - \frac{\eta^2}{3}\right)\sigma_s \tag{18.7}$$

还可由载荷及约束力算出这一横截面上的弯矩为

$$M = \frac{F}{2}\left(\frac{l}{2} - x\right)$$

令以上两式相等,得

$$\frac{F}{2}\left(\frac{l}{2} - x\right) = b\left(\frac{h^2}{4} - \frac{\eta^2}{3}\right)\sigma_s \tag{f}$$

这就是梁内塑性区边界的方程,它是抛物线。设开始出现塑性变形的截面的坐标为 a,在式(f)中,令 $x = a$,$\eta = \dfrac{h}{2}$,得

$$\frac{F}{2}\left(\frac{l}{2} - a\right) = \frac{bh^2}{6}\sigma_s$$

由此求得塑性区的长度为

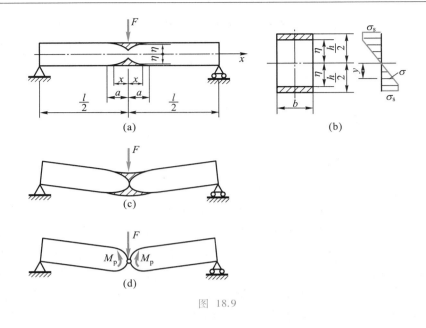

图 18.9

$$2a = l\left(1 - \frac{bh^2}{6}\sigma_s \cdot \frac{4}{Fl}\right) = l\left(1 - \frac{M_1}{M_{max}}\right) \qquad (g)$$

式中

$$M_1 = \frac{bh^2}{6}\sigma_s, \qquad M_{max} = \frac{Fl}{4}$$

随着载荷的增加,跨度中点截面上的最大弯矩最终达到极限值 $M_p = \dfrac{bh^2}{4}\sigma_s$。由于材料是理想弹塑性的,这一截面上拉应力和压应力皆保持为 σ_s,所以截面上的弯矩保持不变,而截面的转动却已不受"限制"(图 18.9c)。这相当于在截面上有一个铰链,而且在铰链的两侧作用着数值等于 M_p 的力偶矩(图 18.9d)。这种情况一般称为塑性铰。当然,塑性铰形成后,只是对 M_p 方向的转动没有约束,对相反方向仍然是有约束的。与塑性铰的变形相比,梁在塑性铰两侧部分的变形可以不计,因而可以把塑性铰两侧部分看成刚体。这时梁已成为用铰链把两根刚杆连接起来的"机构",如继续加载,显然它已丧失了承载能力。

§18.6　梁的塑性分析

静定梁的弯矩可由平衡方程求出,进行塑性分析比较简单。例如,对图18.9a

中的静定梁,由静力方程直接求出跨度中点截面上的最大弯矩为 $M_{max} = \dfrac{Fl}{4}$。当 M_{max} 达到极限弯矩 M_p 时,梁就在最大弯矩的截面上出现塑性铰,变成"机构"。这就是梁的极限状态,这时的载荷也就是极限载荷 F_p。即在极限状态下,

$$M_{max} = \frac{F_p l}{4} = M_p$$

$$F_p = \frac{4M_p}{l}$$

若梁的截面为矩形,$M_p = \dfrac{bh^2}{4}\sigma_s$,于是极限载荷为

$$F_p = \frac{bh^2\sigma_s}{l}$$

对其他形式的静定梁,也可按同样的方法进行塑性分析。

超静定梁由于有多余约束,个别截面上出现塑性铰时,一般说并不一定表示整个结构达到极限状态。现以图 18.10a 所示超静定梁为例,说明超静定梁塑性分析的特点。在线弹性阶段,按超静定梁分析,得弯矩图如图 18.10b 所示。随着载荷逐渐增加,显然在固定端 A 首先出现塑性铰。但在 A 端形成塑性铰后,原来的超静定梁相当于图 18.10 c 中的静定梁,并未丧失承载能力,载荷仍然可以继续增加。直到在截面 C 再形成一个塑性铰(图 18.10d),梁变成了一个机构,这才是极限状态。这时的载荷才是极限载荷。

为了求出极限载荷,一般无需研究从弹性到塑性的全过程以及塑性铰出现的先后次序,开始就可确定使超静定梁变成机构的极限状态,例如图 18.10d 所表示的情况,然后根据塑性铰上的力偶矩为 M_p,并利用平衡方程,便可求得极限载荷。仍以图 18.10d 所示极限状态为例,由 BC 段的平衡方程 $\sum M_C = 0$,得

$$F_{RB} = \frac{2M_p}{l}$$

再由整根梁的平衡方程 $\sum M_A = 0$,得

$$F_{RB} l - F_p \cdot \frac{l}{2} + M_p = 0$$

把 F_{RB} 的值代入上式后,解出

$$F_p = \frac{6M_p}{l}$$

从以上分析看出,在超静定梁的塑性分析中,确定了梁的极限状态后,由静力学即可求得极限载荷,它比弹性分析反而简单。

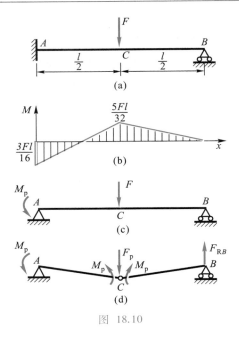

图 18.10

例 **18.4**　在均布载荷作用下的超静定梁如图 18.11a 所示。试求载荷 q 的极限值 q_p。

解：梁的极限状态一般是跨度 AB 或跨度 BC 变成机构。现将上述两种情况分别进行讨论。

要使 AB 跨变成机构，除 A,B 两截面形成塑性铰外，还必须在跨度内的某一截面 D 上形成塑性铰（图 18.11b）。由于对称的原因，塑性铰 D 一定在跨度中点，且 $F_{RA} = F_{RB} = \dfrac{ql}{2}$。再由 AD 部分的平衡方程 $\sum M_D = 0$，得

$$F_{RA} \cdot \frac{l}{2} - 2M_p - \frac{q}{2}\left(\frac{l}{2}\right)^2 = 0$$

将 F_{RA} 代入上式，解出

$$q = \frac{16M_p}{l^2} \tag{a}$$

这是使 AB 跨达到极限状态时的均布载荷。

现在讨论跨度 BC。要使它变成机构，除支座截面 B 要成为塑性铰外，还要在跨度内的某一截面 E 上也形成塑性铰。设截面 E 到支座 C 的距离为 a,a 的数值则尚待确定。由于塑性铰应在弯矩最大的截面上形成，而弯矩最大的截面

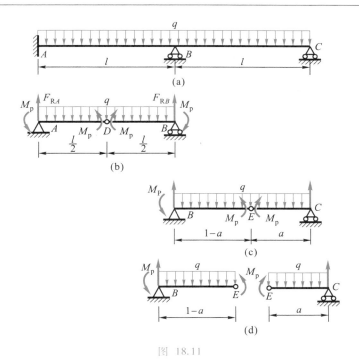

图　18.11

上剪力应等于零,因而在截面上除有极限弯矩 M_p 外,剪力等于零。这样可把 BC 跨分成图 18.11d 中的 BE 和 EC 两部分。对这两部分分别列出以下平衡方程:

$$\sum M_C = 0, \qquad M_p - \frac{q}{2}a^2 = 0 \left.\right\}$$
$$\sum M_B = 0, \qquad 2M_p - \frac{q}{2}(l-a)^2 = 0 \left.\right\} \qquad (\,\mathrm{b}\,)$$

从以上两式中消去 M_p,得

$$a^2 + 2al - l^2 = 0$$
$$a = (\,-1\pm\sqrt{2}\,)\,l$$

显然应取 $\sqrt{2}$ 前的正号,即

$$a = (\sqrt{2} - 1)\,l$$

将 a 的值代入式(b)的第一式,求出

$$q = \frac{2M_p}{(\sqrt{2} - 1)^2 l^2} = 11.66 M_p / l^2 \qquad (\,\mathrm{c}\,)$$

这是使 BC 跨达到极限状态时的均布载荷。比较式（a）和式（c）两式，可见整个超静定梁的极限载荷是 $q_p = 11.66\ M_p/l^2$。

例 18.5　试以图 18.10a 所示超静定梁为例，用虚位移原理求梁的极限载荷。

解：把图 18.10a 所示超静定梁的极限状态（图 18.12），看作是用铰将两根刚性杆连接起来的系统，而且这一系统处于平衡状态。根据虚位移原理，若系统中的 AC 杆有一虚位移 θ，则作用于系统上的所有力作虚功的总和应等于零，即

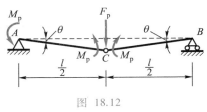

图　18.12

$$F_p \cdot \frac{l}{2}\theta - 3M_p\theta = 0$$

$$F_p = \frac{6M_p}{l}$$

§18.7　残余应力的概念

载荷作用下的构件，当其某些局部的应力超过屈服极限时，这些部位将出现塑性变形，但构件的其余部分还是弹性的。如再将载荷解除，已经发生塑性变形的部分不能恢复到其原来尺寸，必将阻碍弹性部分变形的恢复，从而引起内部相互作用的应力，这种应力称为残余应力。

以矩形截面梁为例，设材料为理想弹塑性材料（图 18.2a），且设在弯矩最大的截面上已有部分区域进入塑性区（图 18.13a）。把卸载过程设想为在梁上作用一个逐渐增加的弯矩，其方向与加载时弯矩的方向相反，当这一弯矩在数值上等于原来的弯矩时，载荷即已完全解除。但是在卸载过程中，应力–应变关系是线性的，由图 18.13b 中的直线 dd' 来表示。因而与上述卸载弯矩对应的应力是按线性规律分布的（图 18.13 c）。将加载和卸载两种应力叠加，得卸载后余留的应力如图 18.13d 所示，这就是残余应力。

对具有残余应力的梁，如再作用一个与第一次加载方向相同的弯矩，则应力–应变关系沿图 18.13b 中的直线 $d'd$ 变化。新增加的应力沿梁截面高度也是线性分布的。就最外层的纤维而言，直到新增加的应力与残余应力叠加的结果等于 σ_s 时，才再次出现塑性变形。可见，只要第二次加载与第一次加载的方向相同，则因第一次加载出现的残余应力，提高了第二次加载的弹性范围。

上述关于弯曲变形残余应力的讨论，只要略作改变，就可用于扭转问题。

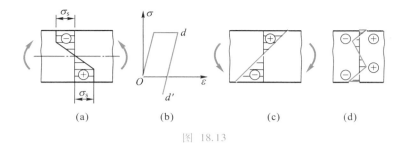

图 18.13

对于拉压超静定杆系,若在某些杆件发生塑性变形后卸载,也将引起残余应力。例如对图 18.4a 所示桁架,如在 AB 杆已发生塑性变形,而 AC 和 AD 两杆仍然是弹性的情况下卸载,则 AB 杆的塑性变形阻碍 AC 和 AD 两杆恢复原长度,这就必然引起残余应力。当载荷 F 完全卸除后,AB 有残余压应力而 AC 和 AD 杆有残余拉应力。这与由于 AB 杆有加工误差而引起装配应力是相似的。

例 18.6 在矩形截面梁形成塑性区后,将载荷卸尽,试求梁截面边缘处的残余应力。设材料是理想弹塑性的。

解:当矩形截面梁的横截面上出现塑性区时,应力分布表示于图 18.9b。根据公式(18.7),截面上的弯矩为

$$M = b\sigma_s\left(\frac{h^2}{4} - \frac{\eta^2}{3}\right)$$

这时梁内的最大应力为 σ_s。

卸载过程相当于把与上列弯矩数值相等、方向相反的另一弯矩加于梁上,且它引起的应力按线弹性公式计算,即最大应力为

$$\sigma = \frac{M}{W} = \frac{6}{bh^2} \cdot b\sigma_s\left(\frac{h^2}{4} - \frac{\eta^2}{3}\right) = \frac{\sigma_s}{2}\left(3 - \frac{4\eta^2}{h^2}\right)$$

叠加两种情况,得截面边缘处的残余应力为

$$\sigma - \sigma_s = \frac{\sigma_s}{2}\left(1 - \frac{4\eta^2}{h^2}\right)$$

由正弯矩引起的残余应力,在上边缘处为拉应力,下边缘处为压应力,如图 18.13d 所示。

§18.8 厚壁圆筒的塑性变形

线弹性厚壁圆筒的应力和变形已于第十六章中讨论过。设圆筒只受内压 p 作用(图 18.14a),假设沿圆筒轴线变形等于零,即 $\varepsilon_z = 0$(这类问题也称为平面

应变问题）；且材料是理想弹塑性的。在线弹性阶段，根据公式（16.3），筒壁内径向应力和周向应力分别为

$$\left.\begin{array}{l} \sigma_\rho = -\dfrac{pa^2}{b^2-a^2}\left(\dfrac{b^2}{\rho^2}-1\right) \\[3mm] \sigma_\varphi = \dfrac{pa^2}{b^2-a^2}\left(\dfrac{b^2}{\rho^2}+1\right) \end{array}\right\} \qquad (\text{a})$$

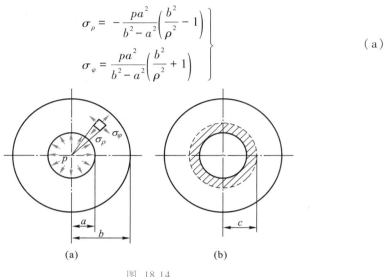

图　18.14

从上式看出，σ_ρ 处处为压应力，而 σ_φ 处处为拉应力。且因两者同为主应力，由式（a）求出最大及最小主应力之差为

$$\sigma_\varphi - \sigma_\rho = \frac{2pa^2b^2}{(b^2-a^2)\rho^2} \qquad (\text{b})$$

在圆筒内侧面上 $\rho = a$，$(\sigma_\varphi - \sigma_\rho)$ 达到最大值。按照最大切应力理论的屈服条件（特雷斯卡屈服准则），当 $(\sigma_\varphi - \sigma_\rho)$ 的最大值达到 σ_s 时，圆筒在内侧面处开始出现塑性变形。把这时的内压力记为 p^0，由式（b）得

$$(\sigma_\varphi - \sigma_\rho)_{\rho=a} = \frac{2p^0b^2}{b^2-a^2} = \sigma_s$$

由此求出

$$p^0 = \frac{\sigma_s}{2}\left(1-\frac{a^2}{b^2}\right) \qquad (18.8)$$

随着内压力的增加，靠近内侧面的塑性区逐渐扩大，圆筒进入弹塑性状态（图 18.14b）。半径为 c 的柱面以内部分为塑性区，以外部分为弹性区。在塑性区内，σ_ρ 和 σ_φ 应满足屈服条件，即

$$\sigma_\varphi - \sigma_\rho = \sigma_s \qquad (\text{c})$$

此外，σ_φ 和 σ_ρ 还应满足单元体的平衡方程。由于平衡方程是单元体上内力之

间的静力关系,并未涉及材料的性质,所以塑性区的平衡方程与弹性区是相同的,仍应为 § 16.2 中的式(c),即

$$\frac{\mathrm{d}\sigma_\rho}{\mathrm{d}\rho} + \frac{\sigma_\rho - \sigma_\varphi}{\rho} = 0 \qquad (\mathrm{d})$$

从式(c),式(d)两式中消去 σ_φ,得

$$\rho \frac{\mathrm{d}\sigma_\rho}{\mathrm{d}\rho} = \sigma_s$$

积分以上微分方程,求得

$$\sigma_\rho = \sigma_s \ln \rho + A \qquad (\mathrm{e})$$

由边界条件:

$$\rho = a \text{ 时},\sigma_\rho = -p$$

确定积分常数

$$A = -p - \sigma_s \ln a$$

把积分常数 A 代入式(e)求得 σ_ρ,再将所得出的 σ_ρ 代入屈服条件(c)确定 σ_φ。最后得到

$$\left.\begin{array}{l} \sigma_\rho = \sigma_s \ln \dfrac{\rho}{a} - p \\[2mm] \sigma_\varphi = \sigma_s \left(1 + \ln \dfrac{\rho}{a}\right) - p \end{array}\right\} \qquad (18.9)$$

这就是塑性区内的应力计算公式。

弹性区相当于一个内半径为 c、外半径为 b 的弹性厚壁圆筒,且其内侧面恰巧开始出现塑性变形。于是由公式(18.8)算出其相应的内压力为

$$p_c = \frac{\sigma_s}{2}\left(1 - \frac{c^2}{b^2}\right)$$

以 p_c 代替式(a)中的 p,并将该式中的 a 改写为 c,便可得到弹性区的应力计算公式是

$$\left.\begin{array}{l} \sigma_\rho = -\dfrac{\sigma_s}{2}\dfrac{c^2}{b^2}\left(\dfrac{b^2}{\rho^2} - 1\right) \\[2mm] \sigma_\varphi = \dfrac{\sigma_s}{2}\dfrac{c^2}{b^2}\left(\dfrac{b^2}{\rho^2} + 1\right) \end{array}\right\} \qquad (18.10)$$

现在确定分界面的半径 c。由公式(18.9)和公式(18.10)的第一式,分别算出塑性区和弹性区在分界面上的径向应力是

$$\left(\sigma_\rho\right)_{\rho=c} = \sigma_s \ln \frac{c}{a} - p$$

$$\left(\sigma_\rho\right)_{\rho=c} = -\frac{\sigma_s}{2} \frac{c^2}{b^2}\left(\frac{b^2}{c^2} - 1\right)$$

由于在分界面上径向应力是连续的,故从以上两式求得的径向应力应该相等。由此得到

$$\sigma_s\left(\ln \frac{c}{a} + \frac{b^2 - c^2}{2b^2}\right) = p \tag{f}$$

从以上方程式中解出 c,便可确定分界面的位置。

　　随着内压力 p 的继续增加,塑性区不断扩大。当 $c = b$ 时,整个厚壁圆筒发生塑性变形,这便是极限状态。这时筒内任一点的应力皆由公式(18.9)计算。若把引起极限状态的内压力记为 p_p,在式(f)中令 $c = b$,便得到极限压力 p_p 为

$$p_p = \sigma_s \ln \frac{b}{a} \tag{18.11}$$

以 p_p 代入公式(18.9),得到极限状态下的应力计算公式

$$\left.\begin{array}{l} \sigma_\rho = -\sigma_s \ln \dfrac{b}{\rho} \\[3mm] \sigma_\varphi = \sigma_s\left(1 - \ln \dfrac{b}{\rho}\right) \end{array}\right\} \tag{18.12}$$

在图 18.15a,b 和 c 中,分别表示出弹性状态、弹塑性状态和极限状态下,应力沿筒壁厚度分布的情况[①]。

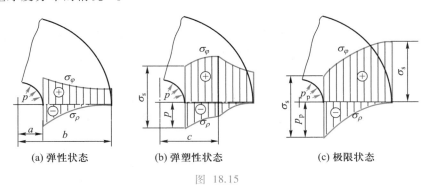

(a) 弹性状态　　　　(b) 弹塑性状态　　　　(c) 极限状态

图　18.15

---

①　图 18.15b 和 c 是指 $\dfrac{b}{a} < e = 2.718\,28$ 时的应力分布情况。

由公式(18.11)和公式(18.8)求得 p_p 与 p^0 的比值是

$$\frac{p_p}{p^0} = \frac{2b^2}{b^2 - a^2}\ln\frac{b}{a} \tag{g}$$

可见这一比值与圆筒的内、外半径 a 和 b 有关,它随 $\dfrac{b}{a}$ 的增大而增加。例如当 $\dfrac{b}{a}$ = 2 时, $\dfrac{p_p}{p^0}$ = 1.85;而当 $\dfrac{b}{a}$ = 2.5 时, $\dfrac{p_p}{p^0}$ = 2.18。

　　如在厚壁圆筒内预加压力,使其达到弹塑性状态或极限状态,然后卸载,则将在筒壁内留下残余应力。把卸载过程设想为在圆筒内作用一个与预加内压相反的载荷,并按线弹性状态的公式计算应力。把所得应力与预加内压时的应力叠加,结果即为残余应力。和组合厚壁圆筒相似,残余应力的存在,降低了实际载荷作用下内侧面附近的最大拉应力,改善了沿壁厚应力的分布情况。承受高压的厚壁筒有时就采用预加内压并使厚壁筒达到弹塑性状态的工艺措施。

　　例 18.7　厚壁圆筒的内、外半径分别为 a = 20 mm, b = 40 mm,在预加内压力作用下,处于弹塑性状态,并已知弹性区和塑性区分界面的半径为 c = 30 mm。圆筒材料为碳素钢, σ_s = 300 MPa。试求产生这一弹塑性状态的预加内压力,计算筒壁内半径分别为 20 mm,30 mm 和 40 mm 诸点处的应力,并讨论卸载后的残余应力。

　　解:　将 a,b 和 c 的值代入式(f),求得产生这一弹塑性状态的预加内压力为

$$p = \sigma_s\left(\ln\frac{c}{a} + \frac{b^2 - c^2}{2b^2}\right) = 187.3 \text{ MPa}$$

在以上预加内压力作用下,在塑性区内,由公式(18.9)分别求出:

$\rho = a = 20$ mm 时,

$$\sigma_\rho = \sigma_s\ln\frac{\rho}{a} - p = -187.3 \text{ MPa}$$

$$\sigma_\varphi = \sigma_s\left(1 + \ln\frac{\rho}{a}\right) - p = 112.7 \text{ MPa}$$

$\rho = 30$ mm 时,

$$\sigma_\rho = \sigma_s\ln\frac{\rho}{a} - p = -65.7 \text{ MPa}$$

$$\sigma_\varphi = \sigma_s\left(1 + \ln\frac{\rho}{a}\right) - p = 234.3 \text{ MPa}$$

在弹性区内,由公式(18.10)求出:

$\rho = b = 40$ mm 时，

$$\sigma_\rho = -\frac{\sigma_s c^2}{2b^2}\left(\frac{b^2}{\rho^2} - 1\right) = 0$$

$$\sigma_\varphi = \frac{\sigma_s c^2}{2b^2}\left(\frac{b^2}{\rho^2} + 1\right) = 168.8 \text{ MPa}$$

卸载时设想作用一个与预加内压力相反的载荷，即 $p = -187.3$ MPa，并用式（a）计算应力，从而求得：

$\rho = a = 20$ mm 时，

$$\sigma_\rho = -\frac{pa^2}{b^2 - a^2}\left(\frac{b^2}{\rho^2} - 1\right) = 187.3 \text{ MPa}$$

$$\sigma_\varphi = \frac{pa^2}{b^2 - a^2}\left(\frac{b^2}{\rho^2} + 1\right) = -312.2 \text{ MPa}$$

$\rho = 30$ mm 时，

$$\sigma_\rho = -\frac{pa^2}{b^2 - a^2}\left(\frac{b^2}{\rho^2} - 1\right) = 48.56 \text{ MPa}$$

$$\sigma_\varphi = \frac{pa^2}{b^2 - a^2}\left(\frac{b^2}{\rho^2} + 1\right) = -173.4 \text{ MPa}$$

$\rho = b = 40$ mm 时，

$$\sigma_\rho = -\frac{pa^2}{b^2 - a^2}\left(\frac{b^2}{\rho^2} - 1\right) = 0$$

$$\sigma_\varphi = \frac{pa^2}{b^2 - a^2}\left(\frac{b^2}{\rho^2} + 1\right) = -124.9 \text{ MPa}$$

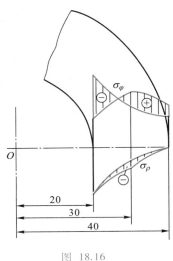

图 18.16

叠加预加内压力和卸载两种情况下的应力，得残余应力如图 18.16 中画阴影线的部分所示。

习　　题

18.1　图示结构的水平杆为刚杆，1,2 两杆由同一理想弹塑性材料制成，横截面面积皆为 A。试求使结构开始出现塑性变形的载荷 F_1 和极限载荷 F_p。

18.2　图示杆件的上端固定，下端与固定支座间有 0.02 mm 的间隙。材料为理想弹塑性材料。$E = 200$ GPa，$\sigma_s = 220$ MPa。杆件在 AB 部分的横截面面积为 200 mm²，BC 部分为 100 mm²。若作用于截面 B 上的载荷 F 从零开始逐渐增加到极限值，作图表示 F 力作用点位移 δ 与 F 的关系。

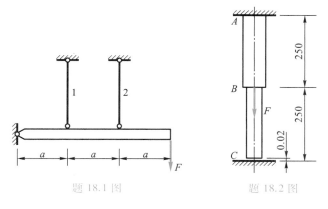

题 18.1 图　　　　　　　　题 18.2 图

18.3　试求图示结构开始出现塑性变形时的载荷 F_1 和极限载荷 F_p。设材料是理想弹塑性的,且各杆的材料相同,横截面面积皆为 A。

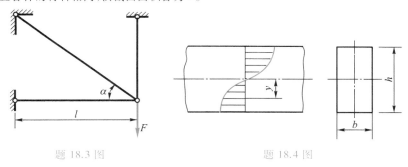

题 18.3 图　　　　　　　　题 18.4 图

18.4　设材料单向拉伸的应力－应变关系为 $\sigma = C\varepsilon^n$,式中 C 及 n 皆为常量,且 $0 \leqslant n \leqslant 1$。若单向压缩的应力－应变关系与拉伸的相同。梁截面是高为 h、宽为 b 的矩形。试导出纯弯曲时弯曲正应力的计算公式。

解：根据平面假设,变形几何关系是 §18.5 的式(a),即

$$\varepsilon = \frac{y}{\rho}$$

因而距中性层为 y 的纤维的应力是

$$\sigma = C\varepsilon^n = C\frac{y^n}{\rho^n} \tag{a}$$

对于矩形截面梁,应力分布对中性层是反对称的。

静力条件仍然是 §18.5 的式(b)和式(c),即

$$\int_A \sigma \, \mathrm{d}A = 0$$

$$\int_A y\sigma \, \mathrm{d}A = M$$

由于应力对中性层反对称,中性轴通过截面形心,第一个静力方程自动满足。将式(a)代入

第二个静力方程,得

$$M = \int_A y\sigma\,\mathrm{d}A = 2\int_0^{\frac{h}{2}} \frac{C}{\rho^n} y^{n+1} b\,\mathrm{d}y = \frac{2Cb}{(n+2)\rho^n}\left(\frac{h}{2}\right)^{n+2} \tag{b}$$

从式(a),式(b)两式中消去 $\dfrac{C}{\rho^n}$,得

$$\sigma = \frac{My^n}{b\left(\dfrac{h}{2}\right)^{n+2}} \cdot \frac{n+2}{2} \tag{c}$$

令 $y = \dfrac{h}{2}$,得最大应力为

$$\sigma_{\max} = \frac{My_{\max}}{I} \cdot \frac{n+2}{3} \tag{d}$$

式中 $I = \dfrac{bh^3}{12}$,$y_{\max} = \dfrac{h}{2}$。如 $n = 1$,上式就化为线弹性的弯曲公式。

18.5 由理想弹塑性材料制成的圆轴,受扭时横截面上已形成塑性区,沿半径应力分布如图所示。试证明相应的扭矩是

$$T = \frac{2}{3}\pi r^3 \tau_s\left(1 - \frac{1}{4}\frac{c^3}{r^3}\right)$$

18.6 在图示梁的截面 C 和 D 上,分别作用集中力 F 和 βF,这里 β 是一个正的系数,且 $0 < \beta < 1$。试求极限载荷 F_p。并问 β 为什么数值时,梁上的总载荷的极限值为最大。

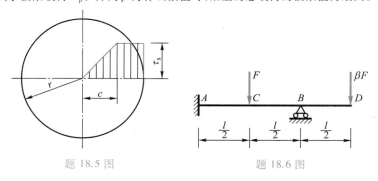

题 18.5 图　　　　　　题 18.6 图

18.7 图示左端固定、右端铰支的梁,受两个相等的载荷 F 作用。试求载荷的极限值。

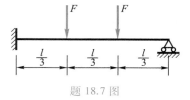

题 18.7 图

18.8　双跨梁上的载荷如图所示,试求载荷的极限值。

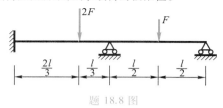

题 18.8 图

18.9　平均半径为 R 的薄壁圆环受沿直径的两个 F 力作用,如图所示。试求极限载荷 F_p。

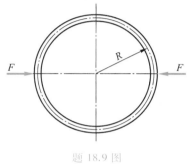

题 18.9 图

18.10　圆轴扭转达到极限状态后卸载。若材料为理想弹塑性材料,试求卸载后的残余应力。

18.11　厚壁圆筒的内、外半径分别为 $a = 10$ mm,$b = 25$ mm。材料为碳钢,$\sigma_s = 240$ MPa。预加内压力使其达到极限状态,然后卸载。若材料为理想弹塑性的,试计算内侧面和外侧面内的残余应力,并作图表示沿壁厚残余应力分布的情况。

参 考 文 献

[1] 孙训方,方孝淑,陆耀洪.材料力学[M]:上册.2版.北京:高等教育出版社,
1987.

[2] 孙训方,方孝淑,陆耀洪.材料力学[M]:下册.2版.北京:高等教育出版社,
1991.

[3] [苏]别辽耶夫 H M.材料力学[M].王光远,干光瑜,顾震隆,译.北京:高等
教育出版社,1992.

[4] [苏]奥多谢夫 B И.材料力学[M].蒋维城,赵九江,俞茂铉,等,译.北京:
高等教育出版社,1985.

[5] 刘鸿文.高等材料力学[M].北京:高等教育出版社,1985.

[6] 刘鸿文.简明材料力学[M].3版.北京:高等教育出版社,2016.

[7] Gere J M,Timoshenko S P. Mechanics of materials[M]. Second SI Edition,
New York:Van Nostrand Reinhold,1984.

[8] Popov E P. Mechanics of materials[M]. 2nd ed. New Jersey:Prentice-Hall
Inc, 1976.

[9] 庄表中,王惠明,马景槐,等.工程力学的应用、演示和实验[M].北京:高等
教育出版社,2015.

[10] 陈建桥.复合材料力学概论[M].北京:科学出版社,2006.

[11] Lim T C.Auxetic materials and structures[M].Singapore:Springer,2015.

部分习题答案

第十章 动 载 荷

10.1 $\sigma_d = \dfrac{1}{A}\left[F_1 + \dfrac{x}{l}(F_2 - F_1)\right]$。

10.2 $\sigma_{dmax} = \rho g l\left(1 + \dfrac{a}{g}\right)$。

10.3 梁中央截面上的最大应力的增量 $\Delta\sigma_{max} = 15.6\ \text{MPa}$；

吊索应力的增量 $\Delta\sigma_{max} = 2.55\ \text{MPa}$。

10.4 $\sigma_{dmax} = 4.63\ \text{MPa}$。

10.5 $\sigma_{dmax} = 12.5\ \text{MPa}$。

10.6 $\tau_{dmax} = 10\ \text{MPa}$。

10.7 CD 杆：$\sigma_{dmax} = 2.29\ \text{MPa} < [\sigma]$，安全；

AB 轴：$\sigma_{dmax} = 68.8\ \text{MPa} < [\sigma]$，安全。

10.8 $M_{dmax} = \dfrac{Pl}{3}\left(1 + \dfrac{b\omega^2}{3g}\right)$。

10.9 $\sigma_{dmax} = 107\ \text{MPa}$。

10.10 $\sigma_{dmax} = 88\ \text{MPa}$。

10.11 （1）$l = 1.05\ \text{m}$。

（2）$l = 0.882\ \text{m}$，$B = 3.21\times10^{-4}\,\text{m}$，$\sigma_{dmax} = 42.9\ \text{MPa}$。

10.12 $\sigma_{dmax} = \dfrac{2Pl}{9W}\left(1 + \sqrt{1 + \dfrac{243EIh}{2Pl^3}}\right)$，

$w_{\frac{1}{2}} = \dfrac{23Pl^3}{1296EI}\left(1 + \sqrt{1 + \dfrac{243EIh}{2Pl^3}}\right)$。

10.13 $\sigma_{dmax} = \sqrt{\dfrac{3EIv^2P}{gaW^2}}$。

10.14 $\sigma_d^{(a)} = \sqrt{\dfrac{8hPE}{\pi ld^2\left[\dfrac{3}{5}\left(\dfrac{d}{D}\right)^2 + \dfrac{2}{5}\right]}}$，$\sigma_d^{(b)} = \sqrt{\dfrac{8hPE}{\pi lD^2}}$。

10.15 所需静载荷 $P = 10.4\ \text{N}$；$\tau_{dmax} = 63.1\ \text{MPa}$，$\Delta_d = 100\ \text{mm}$。

10.16 （a）$\sigma_{st} = 0.028\ 3\ \text{MPa}$；

（b）σ_d = 6.9 MPa；

（c）σ_d = 1.2 MPa。

10.17 有弹簧时 h = 389 mm， 无弹簧时 h = 9.66 mm。

10.18 h = 24.3 mm。

10.19 轴内最大切应力 τ_d = 80.8 MPa；

绳内最大正应力 σ_d = 142.8 MPa。

10.21 F_d = 55.3 kN。

10.22 二梁最大应力之比 $\dfrac{\sigma_{CD}}{\sigma_{AB}} = \dfrac{1}{2}$；

二梁吸收能量之比 $\dfrac{V_{\varepsilon CD}}{V_{\varepsilon AB}} = \dfrac{1}{4}$。

10.23 $\sigma_{d\max} = \sqrt{\dfrac{3.05 EIv^2 P}{glW^2}}$。

10.24 n = 2.3<n_{st} = 2.5，不安全。

第十一章 交 变 应 力

11.1 $\sigma_{\max}$ = $-\sigma_{\min}$ = 75.5 MPa， r = -1。

11.2 σ_m = 549 MPa， σ_a = 12 MPa， r = 0.957。

11.3 τ_m = 275 MPa， τ_a = 118 MPa， r = 0.4。

11.4 K_σ = 1.55， K_τ = 1.26， ε_σ = 0.77， ε_τ = 0.81。

11.5 1 – 1 截面：n_σ = 1.62>n， 安全；

2 – 2 截面：n_σ = 2.03>n， 安全。

11.6 （a） α = 90°。

（b） α = 63°26′。

（c） α = 45°。

（d） α = 33°41′。

11.8 按疲劳强度计算：n_τ = 5.06>n， 安全；

按屈服强度计算：n_τ = 7.37>n_s， 安全。

11.9 最大载荷 $P_{\max}$ = 88.3 kN。

11.10 n_τ = 1.15。

11.11 点 1：r = -1， n_σ = 2.77；

点 2：r = 0， n_σ = 2.46；

点 3：r = 0.87， n_σ = 2.14；

点 4：r = 0.5， n_σ = 2.14。

11.12 （a） $[M]$ = 409 N·m。

（b） $[M]$ = 636 N·m。

11.13 $n_{\sigma\tau}$ = 1.88。

11.14 $n_{\sigma\tau} = 2.24 > n$,安全。

11.15 $n_{\sigma} = \dfrac{\sigma_{b}}{\dfrac{K_{\sigma}}{\varepsilon_{\sigma}\beta}\sigma_{a}\psi_{\sigma} + \sigma_{m}}$, 式中 $\psi_{\sigma} = \dfrac{\sigma_{b} - \dfrac{\sigma_{0}}{2}}{\dfrac{\sigma_{0}}{2}}$。

第十二章 弯曲的几个补充问题

12.1 $\sigma_{max} = 151.5$ MPa $< [\sigma]$, 安全; $\varphi = 0$ 时 $\sigma_{max} = 43.4$ MPa, 前者比后者增长了 2.5 倍。

12.3 $h = 180$ mm, $b = 90$ mm。

12.4 No.16 工字钢。

12.5 $\sigma_{tmax} = 99.6$ MPa, $\sigma_{cmax} = -145.9$ MPa。

12.6 $\sigma_{A} = 106.7$ MPa, $\sigma_{B} = -106.7$ MPa, $\sigma_{C} = 0$。

12.7 $e = \dfrac{\delta_{2}b_{2}^{3}h}{\delta_{1}b_{1}^{3} + \delta_{2}b_{2}^{3}}$。

12.8 $e = \dfrac{b(2h + 3b)}{2h + 6b}$。

12.9 $e = \dfrac{2b^{2} + 2\pi br + 4r^{2}}{4b + \pi r}$。

12.14 $EIw = \dfrac{q_{0}a}{16}x^{3} - \dfrac{q_{0}}{360a}\langle x - a \rangle^{5} - \dfrac{133q_{0}a^{3}}{160}x$。

12.16 $F_{RA} = 0.382q_{0}l$(向上), $M_{A} = 0.101q_{0}l^{2}$(逆时针);

 $F_{RB} = 0.368q_{0}l$(向上)。

12.17 (a) $EIw = -\dfrac{1}{24}qax^{3} - \dfrac{1}{24}q\langle x - a \rangle^{4} + \dfrac{9}{24}qa\langle x - 2a \rangle^{3} + \dfrac{1}{24}q\langle x - 2a \rangle^{4} + \dfrac{3}{16}qa^{3}x$

 (b) $EIw = \dfrac{1}{24}qax^{3} - \dfrac{1}{2}qa^{2}\langle x - a \rangle^{2} + \dfrac{1}{8}qa\langle x - 2a \rangle^{3} - \dfrac{1}{24}q\langle x - 2a \rangle^{4} + \dfrac{1}{12}qa^{3}x$

12.18 $\sigma_{tmax} = 118.7$ MPa, $\sigma_{cmax} = 96.9$ MPa。

12.19 $M_{1} = \dfrac{(D^{4} - d^{4})ql^{2}}{4(2D^{4} - d^{4})}$, $M_{2} = \dfrac{d^{4}ql^{2}}{8(2D^{4} - d^{4})}$。

第十三章 能量方法

13.1 (a) $V_{\varepsilon} = \dfrac{2F^{2}l}{\pi Ed^{2}}$ (b) $V_{\varepsilon} = \dfrac{7F^{2}l}{8\pi Ed^{2}}$。

13.2 $V_{\varepsilon} = 0.957\dfrac{F^{2}l}{EA}$。

13.3 (a) $V_{\varepsilon} = \dfrac{3F^{2}l}{4EA}$。 (b) $V_{\varepsilon} = \dfrac{M_{e}^{2}l}{18EI}$。 (c) $V_{\varepsilon} = \dfrac{\pi F^{2}R^{3}}{8EI}$。

13.4 $V_\varepsilon = 60.4$ N·mm。

13.5 $\Delta_C = \dfrac{M_e l^2}{16EI}$。

13.6 $w_C = \dfrac{5Fa^3}{3EI}$（向下）； $\theta_B = \dfrac{4Fa^2}{3EI}$（顺）。

13.7 （a）$w_B = \dfrac{qa^3}{24EI}(4l - a)$（向下）； $\theta_B = \dfrac{qa^3}{6EI}$（顺）。

   （b）$w_B = \dfrac{5Fl^3}{384EI}$（向下）； $\theta_B = \dfrac{Fl^2}{12EI}$（顺）。

13.8 （a）$w_B = \dfrac{5Fa^3}{12EI}$（向下）； $\theta_A = \dfrac{5Fa^2}{4EI}$（逆）。

   （b）$w_B = \dfrac{5Fa^3}{6EI}$（向下）； $\theta_A = \dfrac{Fa^2}{EI}$（顺）。

13.9 （a）$y_A = \dfrac{Fabh}{EI}$（向上）； $x_A = \dfrac{Fbh^2}{2EI}$（向右）； $\theta_C = \dfrac{Fb(b + 2h)}{2EI}$（顺）。

   （b）$y_A = \dfrac{5ql^4}{384EI}$（向下）， $x_B = \dfrac{qhl^3}{12EI}$（向右）。

   （c）$y_A = \dfrac{Fl^2}{3EI}(l + 3h)$（向下）， $x_A = \dfrac{Flh^2}{2EI}$（向右）； $\theta_C = \dfrac{Fl}{2EI}(l + 2h)$（顺）。

13.12 端截面的转角 $\theta = \dfrac{q^2 l^5}{240(CI^*)^2}$。

13.13 $F_{N1} = \dfrac{F}{1 + 2\cos^2 \alpha}$， $F_{N2} = F_{N3} = \dfrac{F\cos \alpha}{1 + 2\cos^2 \alpha}$。

13.14 （a）$x_A = \dfrac{Fhl^2}{8EI_2}$（向左）； $\theta_A = \dfrac{Fl^2}{16EI_2}$（顺）。

   （b）$x_A = \dfrac{Fh^2}{3E}\left(\dfrac{2h}{I_1} + \dfrac{3l}{I_2}\right)$（向右）； $\theta_A = \dfrac{Fh}{2E}\left(\dfrac{h}{I_1} + \dfrac{l}{I_2}\right)$（逆）。

13.15 $x_D = 21.1$ mm（向左）； $\theta_D = 0.011\ 7$ rad（顺）。

13.16 $x_C = 3.83\dfrac{Fl}{EA}$（向左）， $y_C = \dfrac{Fl}{EA}$（向上）。

13.17 $\delta_{BD} = 2.71\dfrac{Fl}{EA}$（靠近）。

13.18 （a）$\delta_{AB} = \dfrac{Fh^2}{3EI}(2h + 3a)$（靠近）， $\theta_{AB} = \dfrac{Fh}{EI}(h + a)$。

   （b）不考虑轴力的影响 $\delta_{AB} = \dfrac{Fl^3}{3EI}$（移开）， $\theta_{AB} = \dfrac{\sqrt{2}Fl^2}{2EI}$；

   考虑轴力的影响 $\delta_{AB} = \dfrac{Fl^3}{3EI} + \dfrac{Fl}{EA}$（移开）。

13.20 $\delta_C = 0.6$ mm（向下）。

13.21 $\delta_C = 0.937$ mm（向下）。

13.22 $\delta_C = \dfrac{Fa^3}{6EI} + \dfrac{3Fa}{4EA}$（向下）。

13.23 $\theta_A = 16.5 \dfrac{Fl^2}{EI}$（逆）。

13.24 $y_B = \dfrac{FR^3}{2EI}$（向下）， $x_B = 0.356 \dfrac{FR^3}{EI}$（向右）； $\theta_B = 0.571 \dfrac{FR^2}{EI}$（顺）。

13.25 $x_B = \dfrac{FR^3}{2EI}$（向左）， $y_B = 3.36 \dfrac{FR^3}{EI}$（向下）。

13.26 $\delta_C = \dfrac{2Fa^3}{3EI} + \dfrac{Fa^3}{GI_p}$（向上）。

13.28   自由端截面的线位移 $= \dfrac{32M_e h^2}{E\pi d^4}$（向前）；

        自由端截面的转角 $= \dfrac{32M_e l}{G\pi d^4} + \dfrac{64M_e h}{E\pi d^4}$。

13.29 $x_A = 3.5 \dfrac{Fa^3}{EI}$（向左）；$x_C = Fa^3 \left(\dfrac{3}{2EI} + \dfrac{1}{GI_t} \right)$（向左）。

13.30 $\delta = \dfrac{5Fl^3}{6EI} + \dfrac{3Fl^3}{2GI_t}$（移开）。

13.31 $\delta_B = FR^3 \left(\dfrac{0.785}{EI} + \dfrac{0.356}{GI_p} \right)$（向下）。

13.32 $M_{max} = \dfrac{2EIe}{3\pi R^2}$。

13.33   相对线位移 $\delta = \dfrac{\pi FR^3}{EI} + \dfrac{3\pi FR^3}{GI_p}$。

13.34 $\theta_{AB} = \dfrac{2Fa^2}{EI}$。

13.35   缺口的张开量 $\delta = \dfrac{3\pi a^5 \rho A \omega^2}{EI}$。

13.36   两端相对转角 $\theta = \dfrac{32nDM_e}{d^4} \left(\dfrac{2\cos^2\alpha}{E} + \dfrac{\sin^2\alpha}{G} \right)$。

13.37 $F_{RC} = \dfrac{7qa}{16}$；$M_{max} = \dfrac{49}{512}qa^2$。

13.38 $\delta_{Bx} = \dfrac{2\sqrt{3}}{3} \dfrac{Fa}{EA}$， $\delta_{By} = \dfrac{2Fa}{EA}$。

13.39 $\delta_{By} = (3\pi - 1)(2 - \sqrt{3}) \dfrac{FR^3}{2EI}$。

13.40 $\delta_{By} = \dfrac{3}{2} \left[\sqrt{2} \left(\dfrac{3 - \sqrt{3}}{\sqrt{2}} \right)^{\frac{5}{2}} + 2(\sqrt{3} - 1)^{\frac{5}{2}} \right] h \left(\dfrac{F}{AK} \right)^{\frac{3}{2}}$。

第十四章　超静定结构

14.3 （a）$F_{RA} = F_{RB} = \dfrac{ql}{2}$（向上），　$M_A = \dfrac{ql^2}{12}$（逆），　$M_B = \dfrac{ql^2}{12}$（顺）。

（b）$F_{RA} = \dfrac{Fb^2(l+2a)}{l^3}$（向上），　$F_{RB} = \dfrac{Fa^2(l+2b)}{l^3}$（向上），　$M_A = \dfrac{Fab^2}{l^2}$（逆），

$M_B = \dfrac{Fa^2b}{l^2}$（顺）。

14.4 （a）$M_{max} = M_A = \dfrac{5}{8}Fa$。

（b）$M_{max} = M_A = \dfrac{3}{8}qa^2$。

（c）$M_{max} = M_C = 19.8 \text{ kN·m}$。

14.5 （a）$F_{NAD} = F_{NBD} = \dfrac{F\cos^2\alpha}{1+2\cos^3\alpha}$（拉），　$F_{NCD} = \dfrac{F}{1+2\cos^3\alpha}$（拉）。

（b）$F_{NAD} = \dfrac{F}{2\sin\alpha}$（拉），　$F_{NBD} = \dfrac{F}{2\sin\alpha}$（压），$F_{NCD} = 0$。

（c）$F_{NAD} = \dfrac{F\sin^2\alpha}{1+\cos^3\alpha+\sin^3\alpha}$（拉），　$F_{NBD} = \dfrac{F(1+\cos^3\alpha)}{1+\cos^3\alpha+\sin^3\alpha}$（拉），

$F_{NCD} = \dfrac{F\sin^2\alpha\cos\alpha}{1+\cos^3\alpha+\sin^3\alpha}$（压）。

14.6 $F_{NAB} = 82.8 \text{ kN}$（压）。

14.7 $X_1 = \dfrac{Pe(2L-l)}{8I\left(\dfrac{e^2}{I}+\dfrac{1}{A}+\dfrac{1}{A_1}\right)}$。

14.8 AB 杆轴力 $X_1 = \dfrac{F}{2}\cdot\dfrac{1}{1+\dfrac{3I}{5Aa^2}}$。

14.9 B 端约束力：$X_1 = \dfrac{7}{16}F$（向上），　$X_2 = \dfrac{F}{4}$（向左）。

$X_3 = \dfrac{Fa}{12}$（逆时针）。

14.10 $M_{max} = FR\left(\dfrac{R+a}{\pi R+2a}\right)$。

14.11 $M_{max} = \dfrac{Fl_1}{8}\left(1+\dfrac{I_1l_2}{I_2l_1+I_1l_2}\right)$。

14.12 F 力作用点的垂直位移 $w = 4.86 \text{ mm}$。

14.13 $M_A = -0.099\,PR$

14.14 水平截面上：$X_1 = Fa\left(\dfrac{2}{\pi}-\dfrac{1}{2}\right)$。

任意横截面上 $: F_N(\varphi) = \dfrac{F}{2}(\sin\varphi + \cos\varphi)$，

$$F_S(\varphi) = \dfrac{F}{2}(\sin\varphi - \cos\varphi),$$

$$M(\varphi) = Fa\left(\dfrac{2}{\pi} - \dfrac{\sin\varphi + \cos\varphi}{2}\right)。$$

14.15　中间截面上 $X_1 = -\dfrac{6}{7}F$。

14.18　$W \geqslant 417\ \mathrm{cm}^3$，选用 No.25b 工字梁。

14.21　（a）$F_{RA} = 45.75\ \mathrm{N}(向上)$，　$F_{RB} = 47.26\ \mathrm{N}(向上)$，

　　　　　$F_{RC} = 20.85\ \mathrm{N}(向上)$，　$F_{RD} = 5.87\ \mathrm{N}(向下)$；

　　　　　$M_B = -39.5\ \mathrm{N\cdot m}$，　　$M_C = -29.3\ \mathrm{N\cdot m}$。

　　　（b）$F_{RA} = \dfrac{3}{8}F(向下)$，　$F_{RB} = \dfrac{11}{8}F(向上)$；　$M_A = \dfrac{Fl}{8}$。

　　　（c）$F_{RA} = \dfrac{qa}{2}(向上)$，　$F_{RB} = \dfrac{197}{108}qa(向上)$，　$F_{RC} = \dfrac{38}{108}qa(向上)$，

　　　　　$F_{RD} = \dfrac{35}{108}qa(向上)$；　$M_B = -qa^2$，　$M_C = -\dfrac{1}{36}qa^2$。

　　　（d）$F_{RA} = 10.58\ \mathrm{kN}(向上)$，　$F_{RB} = 1.05\ \mathrm{kN}(向上)$，　$F_{RC} = 13.37\ \mathrm{kN}(向上)$；

　　　　　$M_B = 2.32\ \mathrm{kN\cdot m}$，　$M_C = -11.16\ \mathrm{kN\cdot m}$。

14.22　$w_D = 0.019\ 9\ \mathrm{mm}(向上)$。

第十五章　平面曲杆

15.1　$\sigma_{max} = 98.5\ \mathrm{MPa}$。

15.2　按曲杆公式计算 $:\sigma_内 = 154.1\ \mathrm{MPa}$，　$\sigma_外 = 87.5\ \mathrm{MPa}$。

　　　按直梁公式计算 $:\sigma = 112.5\ \mathrm{MPa}$。

　　　误差 $:\Delta_内 = 27.0\ \%$，　$\Delta_外 = 28.6\ \%$。

15.3　$\sigma_{max} = 103\ \mathrm{MPa}$。

15.5　$\sigma_{max} = 142\ \mathrm{MPa}$。

15.6　$\sigma_A = 26.1\ \mathrm{MPa}$，　$\sigma_B = -60.9\ \mathrm{MPa}$。

15.7　$\sigma_外 = -1.62\ \mathrm{MPa}$，　$\sigma_内 = 2.41\ \mathrm{MPa}$。

15.8　$\dfrac{\sigma_曲杆}{\sigma_直杆} = 1.44$。

15.9　$F = 3.48\ \mathrm{kN}$。

15.10　垂直位移 $\delta = 0.040\ 3\ \mathrm{mm}(向上)$；　水平位移 $\delta = 0.006\ 03\ \mathrm{mm}(向右)$。

15.11　$F = 79\ \mathrm{N}$。

15.12　$\delta = 0.008\ 24\ \mathrm{mm}$。

第十六章 厚壁圆筒和旋转圆盘

16.1 $\sigma_\varphi = 40.4$ MPa, $\sigma_\rho = -20$ MPa; $\sigma_{r3} = 60.4$ MPa。

16.2 $p = 27.6$ MPa。

16.3 $\sigma_\varphi = 255$ MPa, $\sigma_\rho = -120$ MPa。

16.4 $\delta \geqslant 26.5$ mm。

16.5 $p = 73.7$ MPa, $\delta = 0.018\,7$ mm。

16.6 $p = 3.91$ MPa, $\delta = 0.139$ mm。

第十七章 矩阵位移法

17.2 $F = 350$ kN。

17.3 $u_1 = u_4 = 0$, $u_2 = u_3 = -0.238$ mm; $\sigma_{max} = 50$ MPa。

17.4 $F_{x1} = -91.6$ kN, $F_{x4} = -8.4$ kN; $\sigma_① = 45.8$ MPa,
$\sigma_② = -4.2$ MPa, $\sigma_③ = -8.4$ MPa。

17.5 $u_A = 0.5$ mm, $u_B = -1$ mm, $\sigma_① = -\sigma_② = 50$ MPa。

17.6 $\tau_{max} = 48.9$ MPa, $\varphi_3 = 0.021$ rad。

17.7 $T_1 = 8$ kN·m, $T_3 = 4$ kN·m; $\tau_{max} = 80$ MPa。

17.8 $\max \tau_① = 194$ MPa, $\max \tau_② = 36.4$ MPa。

17.9 $F_{y1} = 1.1$ kN, $M_1 = 614$ N·m, $F_{y2} = -1.1$ kN, $M_2 = 491$ N·m。

17.10 $F_{y1} = -15$ kN, $M_1 = -30$ kN·m, $F_{y2} = 45$ kN,
$M_2 = 30$ kN·m, $F_{y3} = -30$ kN, $M_3 = 60$ kN·m。

17.11 $w_2 = -1.67$ mm, $\theta_2 = -1.875 \times 10^{-3}$ rad;
$F_{y1} = -3.125$ kN, $M_1 = -2.5$ kN·m, $F_{y3} = -6.875$ kN,
$M_3 = 17.5$ kN·m。

17.12 $w_1 = w_2 = 0$, $w_3 = -54.3$ mm, $\theta_1 = 0$, $\theta_2 = -0.032\,6$ rad,
$\theta_3 = -0.065\,2$ rad; $F_{y1} = -3$ kN, $M_1 = -2$ kN·m,
$F_{y2} = 7$ kN。

17.13 $w_C = -\dfrac{4}{300}$ m, $\theta_C = -\dfrac{5}{600}$ rad。

17.14 $F_{yA} = F_{yC} = \dfrac{3EI}{2l^3} \cdot \delta$, $F_{yB} = -\dfrac{3EI}{l^3} \cdot \delta$。

17.15 (a) $F_{y1} = 2.352\,F$, $F_{y3} = -1.352\,F$, $M_1 = 0.685\,Fl$。

(b) $F_{y1} = F_{y3} = \dfrac{3}{8}ql$, $F_{y2} = \dfrac{5}{4}ql$。

(c) $F_{y1} = F_{y3} = \dfrac{11}{32}ql$, $F_{y2} = \dfrac{21}{16}ql$。

(d) $F_{y1} = \dfrac{18}{35}\,ql$, $M_1 = \dfrac{37}{420}ql^2$, $F_{y2} = \dfrac{25}{28}ql$, $F_{y3} = \dfrac{13}{140}ql$。

17.16 $u_1 = 0$, $u_2 = 1.64$ mm, $\theta_1 = -\theta_2 = 1.16 \times 10^{-3}$ rad。

17.17 $F_{y2} = 31.1$ N, $F_{y3} = 28.9$ N, $T_3 = 18$ N·m,

     $M_3 = -5.33$ N·m;

     $\boldsymbol{\delta} = (\, w_1 \quad \varphi_1 \quad \theta_1 \quad w_2 \quad \varphi_2 \quad \theta_2 \quad w_3 \quad \varphi_3 \quad \theta_3\,)^{\mathrm{T}}$

     $= (\, 0.1 \quad -11.3 \times 10^{-3} \quad -0.5 \times 10^{-3} \quad 0 \quad -8.44 \times 10^{-3} \quad -0.5 \times 10^{-3} \quad 0 \quad 0 \quad 0\,)^{\mathrm{T}}$。

     上列结果中,各量的单位如下:力——N,力矩——N·m,位移——mm,角度——rad。

17.18   (a) $\overline{\boldsymbol{F}}_1 = \begin{pmatrix} -78.8 \\ 78.8 \end{pmatrix}$, $\overline{\boldsymbol{F}}_2 = \begin{pmatrix} 157 \\ -157 \end{pmatrix}$, $\overline{\boldsymbol{F}}_3 = \begin{pmatrix} -42.6 \\ 42.6 \end{pmatrix}$;

       $\boldsymbol{\delta} = (\, u_1 \quad w_1 \quad u_2 \quad w_2 \quad u_3 \quad w_3 \,)^{\mathrm{T}}$

       $= (\, 0 \quad 0 \quad 0.938 \quad 0 \quad 2.85 \quad -1.06 \,)^{\mathrm{T}}$。

     (b) $\overline{\boldsymbol{F}}_1 = \begin{pmatrix} -70.7 \\ 70.7 \end{pmatrix}$, $\overline{\boldsymbol{F}}_2 = 0$, $\overline{\boldsymbol{F}}_3 = \begin{pmatrix} 70.7 \\ -70.7 \end{pmatrix}$;

       $\boldsymbol{\delta} = (\, u_1 \quad w_1 \quad u_2 \quad w_2 \quad u_3 \quad w_3 \quad u_4 \quad w_4 \,)^{\mathrm{T}}$

       $= \left(\, 0 \quad 0 \quad 0 \quad 0 \quad 0 \quad 0 \quad \dfrac{\sqrt{2}}{1.68} \quad 0 \,\right)^{\mathrm{T}}$。

     (c) $\overline{\boldsymbol{F}}_1 = \begin{pmatrix} -23.6 \\ 23.6 \end{pmatrix}$, $\overline{\boldsymbol{F}}_2 = \begin{pmatrix} -31.5 \\ 31.5 \end{pmatrix}$, $\overline{\boldsymbol{F}}_3 = \begin{pmatrix} -48.6 \\ 48.6 \end{pmatrix}$,

       $\overline{\boldsymbol{F}}_4 = \begin{pmatrix} 39.4 \\ -39.4 \end{pmatrix}$, $\overline{\boldsymbol{F}}_5 = \begin{pmatrix} -85.6 \\ 85.6 \end{pmatrix}$;

       $\boldsymbol{\delta} = (\, u_1 \quad w_1 \quad u_2 \quad w_2 \quad u_3 \quad w_3 \quad u_4 \quad w_4 \,)^{\mathrm{T}}$

       $= (\, 0 \quad 0 \quad 0 \quad 0 \quad 2.533 \quad 0.869 \quad 1.783 \quad 0.422 \,)^{\mathrm{T}}$。

     上列结果中,各量的单位如下:力——kN,位移——mm。

17.20   (a) $\boldsymbol{F} = (\, F_{x1} \quad F_{y1} \quad M_1 \quad F_{x2} \quad F_{y2} \quad M_2 \quad F_{x3} \quad F_{y3} \quad M_3 \,)^{\mathrm{T}}$

       $= (\, -2.9 \quad 97.6 \quad 3.1 \quad 200 \quad -100 \quad 0 \quad -197 \quad 2.4 \quad -2.2 \,)^{\mathrm{T}}$。

     (b) $\boldsymbol{F} = (\, F_{x1} \quad F_{y1} \quad M_1 \quad F_{x2} \quad F_{y2} \quad M_2 \quad F_{x3} \quad F_{y3} \quad M_3 \,)^{\mathrm{T}}$

       $= (\, -300 \quad -37.5 \quad 225 \quad 0 \quad 0 \quad 0 \quad 0 \quad 37.5 \quad 0 \,)^{\mathrm{T}}$。

     上列结果中,各量的单位如下:力——kN,力矩——kN·m。

第十八章　杆件的塑性变形

18.1 $F_1 = \dfrac{5}{6} \sigma_s A$, $F_p = \sigma_s A$。

18.2 $F_0 = 3.2$ kN, $\delta_0 = 0.02$ mm; $F_1 = 64.4$ kN, $\delta_1 = 0.275$ mm;

     $F_2 = 66$ kN, $\delta_2 = 0.295$ mm。

18.3 $F_1 = \dfrac{\sigma_s A (1 + \cos^3 \alpha + \sin^3 \alpha)}{1 + \cos^3 \alpha}$, $F_p = \sigma_s A (1 + \sin \alpha)$。

18.6 $\beta \geqslant \dfrac{1}{4}$ 时, $F_p = \dfrac{2 M_p}{\beta l}$;

$\beta \leqslant \dfrac{1}{4}$ 时， $F_{\mathrm{p}} = \dfrac{6M_{\mathrm{p}}}{(1-\beta)l}$。

$\beta = \dfrac{1}{4}$ 时，梁上的总载荷的极限值为最大。

18.7 $F_{\mathrm{p}} = \dfrac{4M_{\mathrm{p}}}{l}$。

18.8 $F_{\mathrm{p}} = \dfrac{9M_{\mathrm{p}}}{2l}$。

18.9 $F_{\mathrm{p}} = \dfrac{4M_{\mathrm{p}}}{R}$。

18.10   卸载后的残余应力,圆轴中心处为 τ_{s}, 边缘处为 $\dfrac{1}{3}\tau_{\mathrm{s}}$。

18.11   内侧面内的残余应力: $\sigma_{\rho} = 0$, $\sigma_{\varphi} = -284$ MPa;

外侧面内的残余应力: $\sigma_{\rho} = 0$, $\sigma_{\varphi} = 156$ MPa。

作 者 简 介

刘鸿文（1924—2012）　浙江大学教授。长期从事固体力学教学工作。曾任教育部教材编审委员会委员，国家教委（教育部）工科力学课程教学指导委员会主任委员兼材料力学课程教学指导组组长。1989 年被授予全国优秀教师。1991 年起享受政府特殊津贴。杭州市第六届人大代表，浙江省第四届政协常委，全国政协第六、七、八届委员。

著作有：《材料力学》，《高等材料力学》，《板壳理论》，《材料力学教程》，《材料力学实验》，《简明材料力学》等。以上诸书先后分别在高等教育出版社、浙江大学出版社和机械工业出版社出版。《材料力学》第 2 版并于 1990 年由台湾高等教育出版社以繁体字再版。

《材料力学》第 2 版于 1987 年被评为全国高等学校优秀教材获国优奖。《材料力学》第 3 版于 1997 年获国家级教学成果一等奖，并获国家科技进步二等奖。

郑重声明

高等教育出版社依法对本书享有专有出版权。任何未经许可的复制、销售行为均违反《中华人民共和国著作权法》，其行为人将承担相应的民事责任和行政责任；构成犯罪的，将被依法追究刑事责任。为了维护市场秩序，保护读者的合法权益，避免读者误用盗版书造成不良后果，我社将配合行政执法部门和司法机关对违法犯罪的单位和个人进行严厉打击。社会各界人士如发现上述侵权行为，希望及时举报，本社将奖励举报有功人员。

反盗版举报电话　（010）58581999　58582371　58582488

反盗版举报传真　（010）82086060

反盗版举报邮箱　dd@hep.com.cn

通信地址　北京市西城区德外大街4号　高等教育出版社法律事务与
　　　　　版权管理部

邮政编码　100120

防伪查询说明

用户购书后刮开封底防伪涂层，利用手机微信等软件扫描二维码，会跳转至防伪查询网页，获得所购图书详细信息。也可将防伪二维码下的20位密码按从左到右、从上到下的顺序发送短信至106695881280，免费查询所购图书真伪。

反盗版短信举报

编辑短信"JB，图书名称，出版社，购买地点"发送至10669588128

防伪客服电话

（010）58582300